无人机专业岗课赛证素养赋能活页式创新教材

无人机维保检修

主编 马明芳 应世杰 杨 苡

参编 秦英杰 王星宇 杨睿轩
　　　 孙冶秋 梁健和 严 标
　　　 赵重光 刘 伟

二维码总码

机械工业出版社

《无人机维保检修》从无人机维护保养、无人机检查修理、无人机故障排除、无人机培训考证等工作岗位提炼了无人机日常维保、检查性维保、零部件及子系统测试、整机及任务载荷系统测试、系统调试、故障诊断、改造优化主要工作任务，结合无人机培训考证的职业技能标准以及"1+X"技能鉴定要求构建7个学习情境，并将本课程学习目标所要求的知识点、技能点、素养点遵循操控技术流程，按照由简到繁、由易到难循序渐进的逻辑原则拆分融合分配到各个学习情境中。通过这些情境的学习，学生能掌握无人机维保检修技能，从而考取相关职业资格证书，还能培养职业素养、职业精神、工匠精神，使自身具备未来可持续发展的综合职业能力。

本书可作为中等职业院校、高等职业院校、应用技术型本科院校、技工技师院校的无人机应用专业教材与培训考证教材，也可作为企业的岗位培训教程。

图书在版编目（CIP）数据

无人机维保检修 / 马明芳，应世杰，杨苡主编.
北京：机械工业出版社，2024.9. —— （无人机专业岗课赛证素养赋能活页式创新教材）. —— ISBN 978-7-111-76559-2

Ⅰ．V279

中国国家版本馆CIP数据核字第2024BJ8367号

机械工业出版社（北京市百万庄大街22号　邮政编码100037）
策划编辑：李　军　　　　　责任编辑：李　军　丁　锋
责任校对：刘雅娜　李　婷　　封面设计：马精明
责任印制：单爱军
北京虎彩文化传播有限公司印刷
2024年10月第1版第1次印刷
184mm×260mm・16印张・372千字
标准书号：ISBN 978-7-111-76559-2
定价：59.90元

电话服务　　　　　　　　　网络服务
客服电话：010-88361066　　机　工　官　网：www.cmpbook.com
　　　　　010-88379833　　机　工　官　博：weibo.com/cmp1952
　　　　　010-68326294　　金　　书　　网：www.golden-book.com
封底无防伪标均为盗版　　机工教育服务网：www.cmpedu.com

编委会

主　　任：吉　利（北京教育科学研究院）
副 主 任：柯玉宝（中国民航飞行员协会）
　　　　　贾东清（北京交通运输职业学院）
　　　　　郑艳秋（北京市昌平职业学校）
　　　　　巫　云（东莞理工学校）
院校编委：马明芳（北京交通运输职业学院）
　　　　　应世杰（北京交通运输职业学院）
　　　　　肖　莹（北京电子科技职业学院）
　　　　　赵小平（北京工业职业技术学院）
　　　　　李学礼（北京信息职业技术学院）
　　　　　郭　辉（北京农业职业学院）
　　　　　徐国栋（北京交通职业技术学院）
　　　　　朱　伟（华北机电学校）
　　　　　王志刚（河北科技工程职业技术大学）
　　　　　樊新乾（河北机电职业技术学院）
　　　　　常生德（山东工业职业学院）
　　　　　殷镜波（山东水利职业学院）
　　　　　王　浩（青岛港湾职业技术学院）
　　　　　刘振华（西安汽车职业大学）
　　　　　刘　晨（陕西职业技术学院）
　　　　　岳　进（成都农业科技职业学院）
　　　　　宋　晶（武汉城市职业学院）
　　　　　肖明星（贵州航空职业技术学院）
　　　　　钟柱培（东莞理工学校）
　　　　　李欣璐（惠州工程职业学院）
　　　　　刘发生（江西司法警官职业学院）
　　　　　尹俊峰（福建省长乐职业中专学校）
　　　　　陈惠敏（昌吉学院）
　　　　　方荣卫（北京市昌平职业学校）
　　　　　张　瑶（北京市丰台区职业教育中心学校）
　　　　　王永娟（北京市密云区职业学校）
　　　　　蒋冬厚（北京市延庆区第一职业学校）
　　　　　王胜旭（北京市房山区第二职业高中）
　　　　　赵晓涛（新密市职教中心）
企业编委：范广辉（北京京东乾石科技有限公司）
　　　　　杨　苡［北方天途航空技术发展（北京）有限公司］
　　　　　董亚欣（广州南方测绘科技股份有限公司）
　　　　　李洪江（广州中海达卫星导航技术股份有限公司）
　　　　　赵　酝［云农京飞（北京）科技股份有限公司］
　　　　　秦雪良（北京中科浩电科技有限公司）
　　　　　朱旭伟（北京鲲鹏堂科技有限公司）

丛书序

2019年1月，国务院颁发《国家职业教育改革实施方案》，全面推进职业教育领域"三全育人""三教改革""岗课赛证融通"综合育人改革试点工作，把思想政治理论课程与专业课程并重、同向、同行，努力实现课程教学与岗位能力要求、培训考证、技能竞赛高度融会贯通。2019年5月，教育部发布了《教育部办公厅关于全面推进现代学徒制工作的通知》，在国家层面提出培养模式的创新与改革，强调要着力培养学生的专业精神、职业精神和工匠精神，提升学生的职业道德、职业技能和就业创业能力。

国家大力支持"岗课赛证融通"教学模式改革与"三教改革"，对课程思政与立德树人有新的要求，目前市面上急需与国家及教育部要求相匹配的教材。本套教材就是在这样的背景下，依托"素养赋能教育教学改革培养项目"将职业素养、职业精神与职业技能高度融合，把教育部的"立德树人"落地实施，调整改进教育教学内容实现课证融通，在培养学生专业能力的同时，着重培养学生的非专业能力和职业素养、职业精神、工匠精神、创新精神与就业创业能力。

在信息化、智能化、新业态、新模式的背景下，随着无人机技术的快速发展，无人机行业应用的相关专业建设在全国职业院校呈井喷式发展。而市场上无人机应用的相关资料甚少，各院校都处于一个从无到有的建设阶段。本套教材的规划是通过职教专家牵头，带领职业院校的骨干教师，前期对无人机应用行业的职业岗位群、培训考证、技能竞赛要求进行了大量专业的调研，通过典型职业活动的工作领域分析、整合、转化，形成既适合院校教育教学又适合企业职前职后培训的学习领域，再通过综合职业能力分析主要工作任务，整合转化为学习情境（学习任务），以"如何工作"为核心，按照工作流程优化打造学习过程，实施每一步任务的工作环节，配备能用、够用、好用的理实一体化的学习资源，从真正意义上实现了企业岗位生产实际、培训考证、技能大赛与院校教育教学的无缝衔接。

本套教材主要特色如下：

1. 编写内容完全实现"岗课赛证"融通

本套教材遵循岗课赛证、课证融通原则，充分调研了职业岗位能力需求，把企业真实的工作内容和"1+X"职业技能等级证书培训内容、教师教学能力大赛内容、学生技能竞赛内容充分融合进教材编写内容，实现教学内容和考证内容、竞赛内容的一体化、系统化设计开发。

2. "活页式"编写体例灵活适用

本套教材采用活页式教材编写体例，从整体上看是一个完整的工作任务实施过程，但每一个任务流程环节又都是相对独立的，都可以随时依据专业技术的发展情况、学校实际教学情况及教学需要、合作企业的企业需求情况、教育部的教育教学改革要求不同，甚至是教师本身的个性化需要，进行教学设计和教学资源的调整改变，包括对教学流程及教学环节的微调、对信息页和工作页内容的调整增减、教师使用和学生使用资源的分类等。

3. 视频资源辅助教学突破难点

本套教材在适当的、必要的环节配备有够用、好用的、带字幕的视频资料，突出重点、突破难点，学生可以通过无限次扫描二维码进行重复学习。在任务接受环节配套有任务接受剧本的中英文视频，帮助学生提高英语运用能力和沟通表达能力；在任务分析和理论学习环节依据需要会配备相应的视频资料，帮助学生有效学习；特别是在任务实施环节，全部配备有标准的、规范的实际操作视频，可以代替教师的示范操作，既可以解决教师示范操作时学生视线受局限的问题，也可以帮助学生观看视频进行无限次模拟操作。

4. 教学设计指导师生使用顺手

本套教材依据教师教学能力大赛的要求，在每一个环节都配备有教学设计指导，依据教学内容提供了丰富的教学方法和学习方法指导，既有实际使用说明，也有教师与学生的实施步骤，将教师的备课内容融入教材中，师生根据教材中的指引实施就能很好地利用"餐垫法""学习站法""小组拼图法""旋转木马法""概念地图法""速度二重奏法"等几十种教学方法培养学生的自主学习能力和综合职业能力。同时将教师的课前准备内容融入教材中，每一步教学都有详细说明，教师使用比较简单。

5. "行动导向理实一体化"教学模式

本套教材以"典型职业活动＋主要工作任务"转化为"学习领域＋学习情境"的理实一体化教学模式为编写模式，学习领域来自典型的职业活动的工作领域，学习情境来自相应工作领域主要的、重要的工作任务，能够覆盖未来重要的行业应用知识点、技能点与素养点。

6. 任务驱动教学流程

本套教材的呈现形式是以完成一个任务的完整工作过程转化而来的"十步教学"的教学流程设计，是从工作过程优化而来的学习过程。从教学准备开始，包括教学硬件设施准备和教学软件资源准备，经历了任务接受、任务分析、理实一体化学习、任务计划、任务决策、任务实施、任务检查和任务交付的完整行动过程，最后还有反思评价和巩固拓展的学习复盘过程。每一个环节的每一步设计都非常详细具体，与工作流程匹配，具有非常强的可操作性和可实施性，有利于培养训练学生的工作方法、工作思维及工作能力。

7. 配套资源充足符合学习思维层次

本套教材的内容架构以信息页和工作页一一对应的形式呈现，完全打破了传统的学科体系教材结构，以典型工作任务和工作情境为载体，突出专业能力和非专业能力培养并重，内容编排符合学生的学习思维和学习层次，实现了由简单到复杂、由容易到困难的螺旋式上升，教师与学生使用非常得心应手。

8. 课程思政点睛融入专业教学

本套教材以专业任务的专业教学为载体，以职业素养、职业精神和职业技能高度融合培养为目标进行开发，在教学设计和教学内容中融合课程思政内容，每一个环节都设计有课程思政点睛，匹配合适的教学方法与教学资源，每个环节培养的素养点比较具体，教材整体编写比较符合国家全面培养复合型人才和立德树人、课程思政的要求，推广意义较大。

9. 教学实践运行后整理编写

本套教材自 2020 年 7 月开始已经在北京交通运输职业学院无人机测绘专业以校本教材的形式进行了两届学生的实践运行，从学生及教师的使用情况、学生的课堂实际表现情况及培养目标的实现情况来看，充分验证了本套教材好用、适用，具有可操作性、可实施性与普遍推广性，同时也充分论证了使用本套教材能够真正培养学生的综合职业能力，真正实现"素养赋能"，培养学生的未来可持续发展能力。

10. 信息化平台助力线上线下混合教学

本套教材适合线上线下混合教学模式，充分的教学资源如信息页、工作页、视频资料等助力教师的主导性"教"与学生的自主性"学"，真正实现了线上与线下教学的信息化融合。

本套教材可作为中等职业院校、高职高专院校、应用技术型本科院校、技工技师院校的无人机应用专业的教材与培训考证教材，也可作为企业的岗位培训教程。

随着无人机技术发展及无人机应用行业的日趋广泛，本书能够满足读者对于无人机操控、无人机组装调试、无人机相关应用的技术标准与应用规范的迫切需求。

无人机自身特点决定了其消费者、应用者和创业者群体在不断增长，作为普适性阅读资料，这部分人员对本书也有一定程度的需求，可以作为无人机驾驶员、无人机集群表演、无人机测绘、无人机航拍、无人机巡检、无人机物流、无人机植保、无人机组装调试等应用行业的工程技术人员及技术管理人员的培训教材。

本套教材在编写过程中得到了以北京教育科学研究院职业教育研究所吉利所长为首的职教专家的大力支持，在职教专家团队的引领和指导下，借鉴了德国、澳大利亚、美国、新西兰等多国职业教育理念与方法。本套教材得到了中国民航飞行员协会的大力帮助，并与北京京东乾石科技有限公司、北方天途航空技术发展（北京）有限公司、广州南方测绘科技股份有限公司、广州中海达卫星导航技术股份有限公司、北京中科浩电科技有限公司、北京鲲鹏堂科技有限公司等企业进行深度产教融合。

欢迎无人机应用专业师生、无人机爱好者、无人机行业应用相关人员等选用本套教材，并多提宝贵意见，在此表示衷心感谢。

编委会

前　言

《无人机维保检修》是依托行业企业调研结果、无人机装调工职业资格证书及"1+X"技能鉴定证书的培训考证要求，参照教师教学能力大赛、学生技能大赛标准及要求，在总结校企合作、产教融合课程改革经验并结合作者多年教学实践的基础上，本着够用、适用、好用的原则，为满足无人机专业需要而编写的"岗课赛证·素养赋能"理实一体化活页式教材。编写形式与企业的全生产流程相匹配，主要内容与企业的生产实际相结合，依据无人机维保检修技术的相关国家职业标准要求，以工作任务为载体，以培养学生综合职业能力为主线，将无人机维保检修技术技能、职业素养、创新创业精神等高度融合训练。教材致力于实现：在完成完整的维保检修任务过程中，水乳交融地进行学生现代综合职业能力及未来可持续发展能力的培养。

本书是"岗课赛证·素养赋能教育教学改革项目"的教学模式本土化学习领域之一，是职业院校无人机相关专业学生学习无人机维护保养、检测修理、故障诊断的知识与技能，取得无人机装调工职业资格证书，进行维护保养、检测修理、故障诊断专业技术技能实践训练，培养综合职业能力与职业素养的重要的理实一体化的专业核心主干课程。本书编写内容紧随行业发展现状，融合了无人机装调工培训考证的职业技能标准、无人机维保检修技能大赛要求以及"1+X"职业技能等级鉴定考核要求，以信息页的模块化学习分解学习任务降低学习难度，工作页通过制订工作方案重在对职业态度与职业精神进行训练。学生通过学习本课程能轻松顺利考取无人机装调工职业资格证书与"1+X"技能等级证书，并很好地胜任无人机相关行业应用的工作要求，同时本书还可供无人机相关行业的消费者、创业者参考使用。

本书的创编体例打破传统学科体系"理论+实训"的模式，采用"活页式"的教材形式。编写内容体现教育部"课程思政和立德树人"的培养要求，以工作任务的模块化为编写内容，以工作流程为编写流程，完全理实一体化，教学设计中融入了课程思政与职业素养，有课程思政点睛，有教学设计指导，教师与学生使用顺手。

本书是北京交通运输职业学院与北方天途航空技术发展（北京）有限公司校企深度合作产教融合的成果。北京交通运输职业学院作为北京市交通委直属唯一公办高职院校，其集团化办学在全国形成了鲜明的交通职业教育特色，多年致力于推广"产教融合·素养赋能教育教学改革"内涵建设，为首都交通体系建设培养了大批高素质技术技能人才与职业管理人才。北方天途航空技术发展（北京）有限公司作为全国最早一批中国航空器拥有者及驾驶员协会（AOPA）审定合格的培训基地以及教育部"1+X"无人机专业技能鉴定机构，培养了大批民航 AOPA 无人机驾驶人才，连续被评为"中国 AOPA 年度最佳无人机驾驶员训练机构"，获得教育部科学进步一等奖。

本书由北京交通运输职业学院马明芳教授、应世杰副教授，北方天途航空技术发展（北京）有限公司 CEO 杨苡主编；北方天途航空技术发展（北京）有限公司的秦英杰、王星宇、杨睿轩、孙冶秋、梁健和、严标、赵重光、刘伟等技术培训人员参与编写和视频制作。本书虽是校企深度合作并经过教学实践运行之后精心整理编写，但因编者时间和精力不足，能力水平有限，书中难免有不当之处，欢迎使用者多提宝贵意见，随时沟通交流。

编　者

目 录

丛书序
前 言

学习情境 1　无人机日常维保

1.0　教学准备　...001
1.1　任务接受　...002
　　1.1.1　无人机日常维保任务接受剧本（中英文）　...002
　　1.1.2　无人机日常维保任务接受音视频（中英文）　...003
1.2　任务分析　...003
1.3　理实一体化学习　...004
　　1.3.1　无人机电池日常维保　...004
　　1.3.2　无人机发动机与电机日常维保　...012
　　1.3.3　整机及零部件日常维保　...020
　　1.3.4　任务载荷系统日常维保　...028
1.4　任务计划　...039
1.5　任务决策　...039
1.6　任务实施　...040
　　1.6.1　无人机电池日常维保操作视频　...040
　　1.6.2　无人机发动机及电机日常维保操作视频　...040
　　1.6.3　无人机整机及零部件日常保养操作视频　...040
　　1.6.4　无人机任务载荷系统日常维保操作视频　...041
　　1.6.5　无人机日常维保任务工单　...041
　　1.6.6　无人机日常维保任务实施评价表　...042
1.7　任务检查　...042
1.8　任务交付　...043
　　1.8.1　无人机日常维保任务交付剧本（中英文）　...043
　　1.8.2　无人机日常维保任务交付音视频（中英文）　...044
1.9　巩固拓展　...044

学习情境 2　无人机检查性维保

2.0　教学准备　...045
2.1　任务接受　...046
　　2.1.1　无人机检查性维保任务接受剧本（中英文）　...046
　　2.1.2　无人机检查性维保任务接受音视频（中英文）　...047
2.2　任务分析　...047
2.3　理实一体化学习　...048
　　2.3.1　飞行前后无人机电池检查性维保　...048
　　2.3.2　飞行前后整机及任务载荷系统检查性维保　...055
　　2.3.3　整机及任务载荷系统定期检查性维保　...064
2.4　任务计划　...073
2.5　任务决策　...073
2.6　任务实施　...074
　　2.6.1　飞行前后电池检查性维保操作视频　...074

2.6.2　飞行前后整机及任务载荷
　　　　　系统检查性维保操作视频 … 074
　　2.6.3　飞行前后整机及任务载荷
　　　　　系统定期检查性维保操作
　　　　　视频 … 074
　　2.6.4　无人机检查性维保任务
　　　　　工单 … 075
　　2.6.5　无人机检查性维保任务
　　　　　实施评价表 … 075
2.7　任务检查 … 076
2.8　任务交付 … 076
　　2.8.1　无人机检查性维保任务
　　　　　交付剧本（中英文） … 077
　　2.8.2　无人机检查性维保任务
　　　　　交付音视频（中英文） … 078
2.9　巩固拓展 … 078

学习情境 3　无人机零部件及子系统测试

3.0　教学准备 … 079
3.1　任务接受 … 080
　　3.1.1　无人机零部件及子系统测试任
　　　　　务接受剧本（中英文） … 080
　　3.1.2　无人机零部件及子系统测试任
　　　　　务接受音视频（中英文） … 081
3.2　任务分析 … 081
3.3　理实一体化学习 … 082
　　3.3.1　零部件外观完好性检查测试
　　　　　 … 082
　　3.3.2　零部件机械功能测试 … 085
　　3.3.3　电路连接可靠性检查测试 … 088
　　3.3.4　电气元件功能测试 … 091
　　3.3.5　动力系统测试 … 094
　　3.3.6　飞行控制与导航系统测试 … 098
　　3.3.7　通信系统测试 … 103
　　3.3.8　起飞着陆系统测试 … 106
3.4　任务计划 … 109

3.5　任务决策 … 109
3.6　任务实施 … 110
　　3.6.1　无人机零部件测试视频 … 110
　　3.6.2　无人机子系统测试视频 … 110
　　3.6.3　无人机零部件及子系统测试
　　　　　任务工单 … 110
　　3.6.4　无人机零部件及子系统测试
　　　　　任务实施评价表 … 111
3.7　任务检查 … 112
3.8　任务交付 … 112
　　3.8.1　无人机零部件及子系统测试任
　　　　　务交付剧本（中英文） … 113
　　3.8.2　无人机零部件及子系统测试任
　　　　　务交付音视频（中英文） … 114
3.9　巩固拓展 … 114

学习情境 4　无人机整机及任务载荷系统测试

4.0　教学准备 … 115
4.1　任务接受 … 116
　　4.1.1　无人机整机及任务载荷系统测
　　　　　试任务接受剧本（中英文） … 116
　　4.1.2　无人机整机及任务载荷系统测
　　　　　试任务接受音视频（中英文） … 117
4.2　任务分析 … 117
4.3　理实一体化学习 … 118
　　4.3.1　整机安全性与稳定性测试 … 118
　　4.3.2　整机飞行性能测试 … 122
　　4.3.3　飞行器平台整机功能测试 … 132
　　4.3.4　任务载荷系统功能测试 … 135
　　4.3.5　整机与任务载荷系统联机
　　　　　功能测试 … 138
　　4.3.6　视距内作业飞行测试 … 142
4.4　任务计划 … 145
4.5　任务决策 … 145
4.6　任务实施 … 146

4.6.1　无人机整机性能测试视频 ... 146
　　　4.6.2　无人机任务载荷系统测试视频
　　　　　 ... 146
　　　4.6.3　无人机整机及任务载荷系统
　　　　　　测试任务工单 ... 146
　　　4.6.4　无人机整机及任务载荷系统
　　　　　　测试任务实施评价表 ... 147
4.7　任务检查 ... 148
4.8　任务交付 ... 148
　　　4.8.1　无人机整机及任务载荷系统测
　　　　　　试任务交付剧本（中英文）
　　　　　　 ... 149
　　　4.8.2　无人机整机及任务载荷系统测
　　　　　　试任务交付音视频（中英文）
　　　　　　 ... 150
4.9　巩固拓展 ... 150

学习情境 5　无人机系统调试

5.0　教学准备 ... 151
5.1　任务接受 ... 152
　　　5.1.1　无人机系统调试任务接受
　　　　　　剧本（中英文） ... 152
　　　5.1.2　无人机系统调试任务接受
　　　　　　音视频（中英文） ... 153
5.2　任务分析 ... 153
5.3　理实一体化学习 ... 154
　　　5.3.1　动力系统调试 ... 154
　　　5.3.2　飞行控制与导航系统调试 ... 158
　　　5.3.3　通信系统调试 ... 162
　　　5.3.4　起飞着陆系统调试 ... 169
　　　5.3.5　任务载荷系统调试 ... 172
5.4　任务计划 ... 180
5.5　任务决策 ... 180
5.6　任务实施 ... 181
　　　5.6.1　无人机系统调试操作视频 ... 181
　　　5.6.2　无人机系统调试任务工单 ... 181

　　　5.6.3　无人机系统调试任务实施
　　　　　　评价表 ... 182
5.7　任务检查 ... 183
5.8　任务交付 ... 183
　　　5.8.1　无人机系统调试任务交付
　　　　　　剧本（中英文） ... 184
　　　5.8.2　无人机系统调试任务交付
　　　　　　音视频（中英文） ... 185
5.9　巩固拓展 ... 185

学习情境 6　无人机故障诊断

6.0　教学准备 ... 186
6.1　任务接受 ... 187
　　　6.1.1　无人机故障诊断任务接受
　　　　　　剧本（中英文） ... 187
　　　6.1.2　无人机故障诊断任务接受
　　　　　　音视频（中英文） ... 188
6.2　任务分析 ... 188
6.3　理实一体化学习 ... 189
　　　6.3.1　脚架收放故障诊断 ... 189
　　　6.3.2　动力电池故障诊断 ... 196
　　　6.3.3　磁罗盘故障诊断 ... 200
　　　6.3.4　无人机无法解锁故障诊断 ... 204
　　　6.3.5　定点悬停自转方向故障
　　　　　　诊断 ... 208
　　　6.3.6　飞行过程中突然上窜故障诊断
　　　　　　 ... 212
6.4　任务计划 ... 217
6.5　任务决策 ... 217
6.6　任务实施 ... 218
　　　6.6.1　无人机零部件故障诊断视频
　　　　　　 ... 218
　　　6.6.2　无人机及系统故障诊断视频
　　　　　　 ... 218
　　　6.6.3　无人机故障诊断任务工单 ... 218
　　　6.6.4　无人机故障诊断任务实施

		评价表	... 219
6.7	任务检查		... 220
6.8	任务交付		... 220
	6.8.1	无人机故障诊断任务交付剧本（中英文）	... 221
	6.8.2	无人机故障诊断任务交付音视频（中英文）	... 222
6.9	巩固拓展		... 222

学习情境 7　无人机改造优化

7.0	教学准备		... 223
7.1	任务接受		... 224
	7.1.1	无人机改造优化任务接受剧本（中英文）	... 224
	7.1.2	无人机改造优化任务接受音视频（中英文）	... 225
7.2	任务分析		... 225
7.3	理实一体化学习		... 226
	7.3.1	硬件系统升级	... 226
	7.3.2	软件系统升级	... 229
	7.3.3	起落架改造优化	... 232
	7.3.4	重心调整与配平优化	... 234
7.4	任务计划		... 237
7.5	任务决策		... 237
7.6	任务实施		... 238
	7.6.1	无人机改造优化操作视频	... 238
	7.6.2	无人机改造优化任务工单	... 238
	7.6.3	无人机改造优化任务实施评价表	... 239
7.7	任务检查		... 239
7.8	任务交付		... 240
	7.8.1	无人机改造优化任务交付剧本（中英文）	... 240
	7.8.2	无人机改造优化任务交付音视频（中英文）	... 241
7.9	巩固拓展		... 242

Studying Situation 01

学习情境 1
无人机日常维保

1.0 教学准备

知识目标
- 无人机日常维保项目内容及要求。
- 电池充电、放电和安全存放的内容、方法、流程及注意事项。
- 保养活塞发动机、燃气涡轮发动机的内容、方法、流程及注意事项。
- 保养电机的内容、方法、流程及注意事项。
- 整机及零部件的清洁、润滑、紧固、拆装和更换的方法、流程及注意事项。
- 常见任务载荷系统的清洁、润滑、紧固、拆装和更换的方法、流程及注意事项。
- 根据不同机型定制日常维保方案。
- 无人机日常维保的技术要点与规范标准。

技能目标
- 电池充电、放电与安全存放。
- 活塞发动机、电机的维护保养。
- 整机及零部件的清洁、润滑、紧固、拆装和更换。
- 常见任务载荷系统的清洁、润滑、紧固、拆装和更换。

素养目标
- 能够提炼总结简单的技术文本并建构自己的知识体系思维导图。
- 能够在两人对话中有效沟通并交换信息。
- 能够把自己的观点表达清楚。
- 能够在团队中承担自己的角色功能，平等、和谐、友善。
- 能够在团队中主动并有积极合作意识。
- 能够在制订计划时尽可能考虑全面并做到精益求精。
- 能够控制自己的情绪，跟伙伴友好合作。
- 能够认真倾听并及时记录。
- 能够进行恰当的图文展示。
- 能够以 ERP 沙盘演练的形式进行专业学习。
- 能够把企业经营理念与人文情怀贯穿到专业知识学习中。
- 能够具有创新、创业精神和意识。

1.1 任务接受

课程思政点睛

任务接受环节特别适合对学生进行平等、公平、友善、和谐价值观训练。如何做到和伙伴友善合作，如何做到站在公司立场为公司的利益和效率着想，如何做到站在客户角度为客户着想等，在指导学生进行任务接受话术训练时，教师要及时、适时地对学生进行引导训练，全面体现平等、公平、友善、和谐。

任务接受环节涉及第1个演练月的企业经营，在布置演练月财务核算任务时，严格要求学生具备诚信经营意识，做到严谨、规范、一丝不苟，同时还要有独特的创新意识和不屈不挠的创业精神。

教学实施指导

1）教师指导学生依据 1.1.1 无人机日常维保任务接受剧本，学习过程参考 1.1.2 任务接受中英文音视频，采取角色扮演的方法完成任务接受。

2）角色扮演之后明确工作任务。

1.1.1 无人机日常维保任务接受剧本（中英文）

学习情境描述

无人机越来越广泛地应用于测绘、航拍、巡检、植保、物流、应急救援等领域。你作为测绘设计研究院的无人机测绘项目部的某项目组员工，经常操控使用无人机进行专业性测绘工作，无人机的维保检修也是你的工作之一。为确保无人机的性能指标，无人机维保检修要做到以预防为主，以可靠性为中心。

请你按照相应类型与型号的无人机的日常维护、保养、检修的技术标准规范，选择合适的方法，制订维保检修流程，正确使用工量具、设备、仪器等，完成动力系统主要是动力电池及发动机、整机及零部件、常见任务载荷系统的日常维保检修，确保无人机具备正常飞行性能，能顺利完成专业的测绘任务。

希望通过各项目组的精诚合作，能够在3小时内完成日常维保项目，作业过程注意工作效率、经济效益与安全注意事项等。

组　　长：领导，您好！这次是什么任务？

Hi, Director! What's the mission?

项目负责人：您好！请你们完成我们项目组所有无人机的日常维保检修。

Hello! Please complete the routine maintenance and repair of all drones in our project team.

组　　长：好的！知道了。有什么特殊的具体要求吗？

All right! I see. But are there any specific requirements ?

项目负责人：没有什么特殊要求，你们按照相应类型与型号的无人机的日常维护、保养、检修的技术标准规范，选择合适的方法，正确使用工量具、设备、仪器等，能够确保无人机正常工作就行了。

Nothing special. You in accordance with the corresponding type and model of UAV daily maintenance, overhaul of the technical standards, choose the appropriate method, the correct use of measuring tools, equipment, instruments, etc., to ensure the normal operation of the UAV flight performance on the line.

组　　　长：好，没问题！规范和标准我们一定严格执行。
No problem! We will follow the specifications and standards strictly.

项目负责人：另外，维保检修过程要嘱咐组员，注意谨慎安全操作，千万别磕磕碰碰或掉落、损坏零部件，谁损坏，谁赔偿。尽量节约成本。
In addition, in the maintenance and repair process you should instruct the team members to pay attention to careful and safe operation, do not bump or drop, damage parts, whoever causes damage must compensate. Try to save costs.

组　　　长：好的！您放心，我会嘱咐团队成员小心安全操作。给我们多长时间完成？
All right! Don't worry. I will tell the group members to be careful. How much time we are allowed to finish the job?

项目负责人：3小时内必须保质保量完成。完成后，上交质检组检验。
It must be perfectly accomplished within 3 hours. Then the frames shall be submitted to the quality inspection team for inspection.

组　　　长：明白了。您放心！还有要嘱咐的吗？
I see. Don't worry about it. Anything more?

项目负责人：没有了。那就拜托了。有问题随时联系。
No more. Just go ahead. Please contact me if you have any questions.

组　　　长：好的！您慢走！再联系。
OK. See you! Keep in touch.

1.1.2　无人机日常维保任务接受音视频（中英文）

1. 无人机日常维保任务接受音视频（中文）　　2. 无人机日常维保任务接受音视频（英文）

1.2　任务分析

课程思政点睛

任务分析环节以任务接受环节的学习情境描述为参考，对学生启发引导分析任务本身，有助于学生深入思考完成任务需要的知识点、技能点与素养点。教师要抓住机会及时训练学生在文本信息中提取的专注力、严谨、规范、标准、安全、精益求精的工匠精神，养成严谨、规范的逻辑思维意识，对任何信息不疏漏并善于利用，以此提升学生的信息获取能力、逻辑思维能力以及严谨认真的职业态度。

教学实施指导

教师指导学生制作思维导图完成任务分析。

1) 学生个人独立查阅学习情境描述，在笔记本上制作明确任务的思维导图1：包含任务背景、任务对象、任务要求、任务目标、任务结果、任务角色等。

2）学生个人独立思考完成本任务需要的知识、技能、能力要求，认真制作思维导图2。

3）学生小组合作讨论出本组的思维导图1与2。

4）教师指定小组讲解展示，其他小组领会理解，补充改进。

1.3 理实一体化学习

课程思政点睛

1）以大疆无人机的全球保有量，激发学生的爱国热情和民族自豪感，引导学生树立政治立场，坚定世界观。

2）以大疆无人机、天途无人机为教学内容，及时对学生进行科技强国教育与创新创业教育。

3）通过工作站方法的学习指导，引导学生养成独立、民主、自由、公平、友善、诚信、合作、和谐、敬业等价值观，培养学生严谨、规范、精益求精的职业态度和职业精神。

教学实施指导

教师提供给学生为完成本任务（无人机日常维保）必要的学习资料（4个模块），要求并指导学生利用工作站法完成理实一体化学习。学生按照教师的要求，认真完成4个模块的企业内部培训，力争自己解决问题。

工作站法学习：

1）学生分为4组。每组学生按照教师的要求进入自己的工作站，个人独立学习相应的信息页1.3.1~1.3.4，并完成各自对应的1.3.1~1.3.4工作页。同一个工作站的学生小组合作讨论，对工作页的结果进行更正、改进、完善，达成共识；在任务实施环节完成实际操作内容。学生按照教师指定的轮站顺序轮换工作站学习，直至完成1.3.1~1.3.4所有学习内容。

2）学生以竞争方式获得展示学习结果的机会，使用实物投影仪进行展示讲解，本小组的同学补充完善力求不给其他小组机会，一旦其他小组的同学倾听、补充、改进、完善都会获得相应的奖金。

1.3.1 无人机电池日常维保

1. 信息页

学习领域	无人机维保检修		
学习情境	LS1：无人机日常维保	学习时间	45min
工作任务	A：无人机电池日常维保	学习地点	理实一体化教室
无人机电池日常维保			

（1）学习目标

掌握电池充电、放电和安全存放操作。

（2）教具准备

1）6S无人机锂电池，容量22000mA·h，放电倍率25C，如图1所示。

无人机电池需要更轻、续航能力更持久，目前多采用LIPO锂聚合物电池，它具有能量密度高、更小型化、超薄化、轻量化、高安全性、低成本等综合优势，如图2所示。

图1　6S无人机锂电池　　　　图2　LIPO锂聚合物电池

电池容量是衡量电池性能的重要参数，电池容量用毫安时（mA·h）或安时（A·h）表示。例如，4000mA·h代表的电池的容量，就是以4000mA（mA是电流的单位，1A=1000mA）充/放电1h（h代表小时）可以充满/放尽。

电池的充放电能力用倍率（C）标识。放电倍率的大小决定了一块电池所放出的最大电流，而充电倍率决定了该电池可以承受的最大充电电流。例如，25C代表电池最大的放电能力，用4000mA乘以25得出100000mA就是电池的最大的放电电流100A。5C代表电池允许的最大充电电流，用4000mA·h乘以5等于20A。

电池的电压用伏特（V）表示。标称电压是电池生产厂家根据国家标准标识的电压。在实际过程中随着使用时间增加，电池电压是不断变化的。锂聚合物电池的标称电压为3.7V，充满电之后的电压可以达到4.2V，放电后最低电压为3.6V，长期储存电压为3.8~3.9V。

2）6S双路充电站，如图3所示。

3）B6版多功能平衡充电器，如图4所示。

图3　6S双路充电站　　　　图4　B6版多功能平衡充电器

所谓平衡充电，就是均衡电池特性的充电，是指在电池的使用过程中，因为电池的个体差异、温度差异等原因造成电池端电压不平衡，为了避免这种不平衡趋势的恶化，需要提高电池组的充电电压，对电池进行活化充电，主要是可以使电池寿命更长。

简易平衡充电器一般只能充电，如图5a所示。高级平衡充电器，既能充电也能放电，一般配专用电源使用。高档平衡充电器能同时充放多组电池，只是价格较贵，如图5b所示。

4）防爆箱，内置防火棉，如图6所示。

a）简易平衡充电器　　b）高档平衡充电器

图5　平衡充电器　　　　　　　　图6　防爆箱

电池防爆箱的性能：

①高强度、高可靠性的结构设计，确保了设备的高可靠性。

②工作室材料为SUS304不锈钢，抗腐蚀、冷热疲劳功能强，使用寿命长。

③高密度聚氨酯发泡绝热材料，确保将热量散失减小。

④表面喷塑处理，保证设备的持久防腐功能和外观寿命。

⑤高强度耐温硅橡胶密封条，确保了设备大门的高密封性。

⑥测试孔、记录仪、净水系统等多种可选功能，保证了用户多种功能和测试的需要。

⑦大面积电热防霜观察窗、内藏式照明，提供良好的观察效果。

⑧环保型制冷剂，确保设备更加符合您的环境保护要求。

⑨高低温湿热防爆试验箱，可根据用户要求定制尺寸、定制使用指标、定制各种选配功能温度控制。

（3）锂电池的安全使用

1）不能过放，不能过充。充电时使用具有平衡功能的或正规的匹配锂电池的充电器给锂聚合物电池充电。锂聚合物电池正常工作在2.75~4.2V范围内，低于2.75V属于过度放电，电池会膨胀，内部化学液体会结晶，严重时结晶可能刺穿内部结构层造成短路甚至是炸机。高于4.2V属于过度充电，内部化学反应过于激烈，电池会鼓起膨胀甚至燃烧。

2）内阻过大则放弃使用。长期使用的聚合物电池会因使用次数的增加而造成内阻过大。内阻过大的电池一定要注意安全充电，尽量选择较小的电流进行充电，过大的电流容易造成电池爆炸。为保证安全，放弃使用内阻过大的电池，且不在无人值守的情况下进行充电。

3）不以满电形式长久保存。充满电的电池长期保存会使电量在短时间内流失过大，电池损伤很大。一般不能以满电形式存放超过3天，若超过一周不进行放电，电池会鼓包甚至报废。正确做法是接到飞行任务再充电，若3天内没有飞行任务，将单片电芯电压控制在3.8~3.9V保存；若3个月内没有使用电池，将电池充放电一次后继续保存，以此延长电池寿命。电池不同电量在不同温度保存一年后自放电见表1。

表1　电池不同电量在不同温度保存一年后自放电

温度	充电40%时	充电100%时
0℃	98%	94%
25℃	96%	80%
40℃	85%	65%
60℃	75%	60%

4）不损坏外包装，防止外力冲击。电池铝塑外皮是防止电池爆炸和漏液起火的重要结构。使用过程中要轻拿轻放，磕碰与摩擦会引起电池外部均衡线短路导致电池打火或起火爆炸，用扎带稳固束紧在无人机上，防止无人机动作幅度大或摔机时电池被甩出造成外皮破损。运输时给电池单独套自封袋后置于防爆箱内防止外力冲击，避免与农药同时放置。

5）环境友好，温度适宜。日常使用中，刚充好的锂电池要搁置半个小时，待性能稳定后再使用。注意使用环境温度：充电温度为 0~45℃，放电温度为 -20~60℃。不要敲击、针刺、踩踏、改装、日晒电池，保存在干燥阴凉处或防爆箱内，不要将电池放置在微波、高压等环境中。

（4）电池充电操作

1）6S 双路充电站（快/慢充）。

步骤	操作内容	图示
1	准备一块需要充电的无人机 6S 锂电池，并准备适配（根据电池电芯数、放电倍率、电池不同的高低压、电池的不同聚合物材质选择）电池的平衡充电器。此电池为 6S 低压版锂聚合物材质，电源线为 XT90 插头（XT90 在行业内代表电源头的大小）	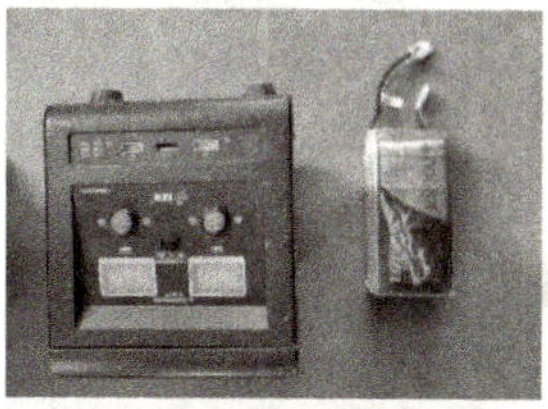
2	在电池的放电倍率允许并内阻较小的情况下，将平衡充电器工作模式（慢充 10A、快充 20A、储存）调整为快充模式。其中慢充和快充的工作模式区别于时间上，也都是在允许最大放电倍率之内的安全充放电流。由于充电器的输入电压为 220V，故连接至 220V 标准电压插板上，并拨开（ON）开关打开充电器	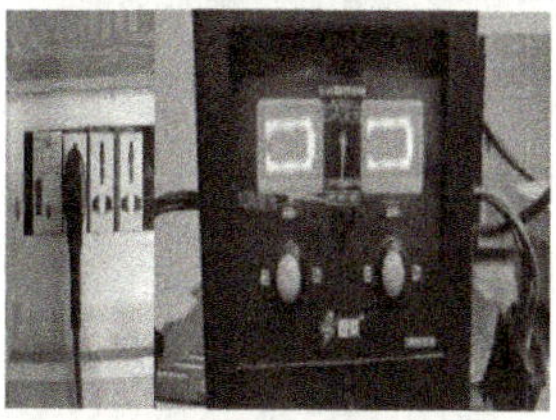
3	将电池平衡头与充电器的平衡插口对应连接，切勿反插	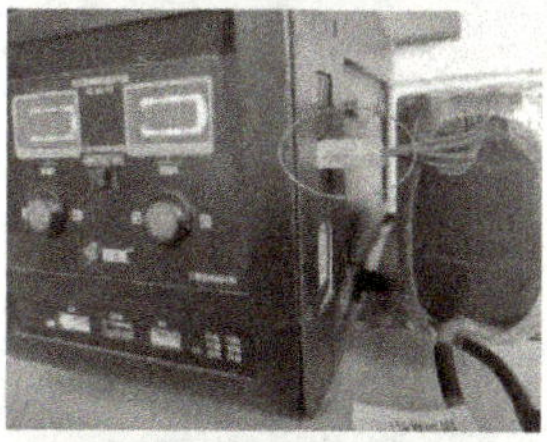
4	将电池的电源线（XT90）与充电器对应插口连接，注意平衡头与电源线的连接顺序	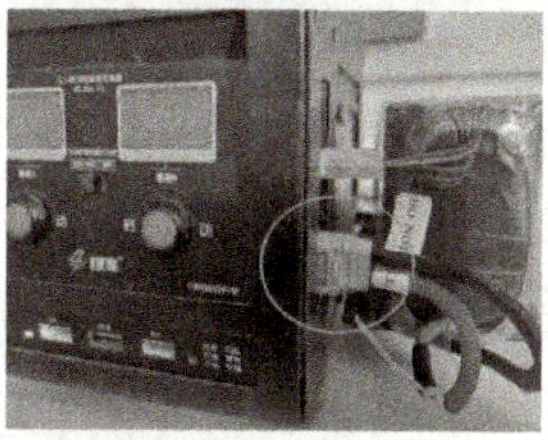
5	长按启动键，直至充电器发出"嘀嘀嘀"声响，同时充电器电量指示通道由左到右依次增加为正在充电	

2）B6版多功能平衡充电器。

步骤	操作内容	图示
1	将电源线连接到B6充电器左侧上方，将红、黑电源线连接到B6充电器的右侧下方，并接通220V电源自动开机 注意：黑红电源线切勿接反	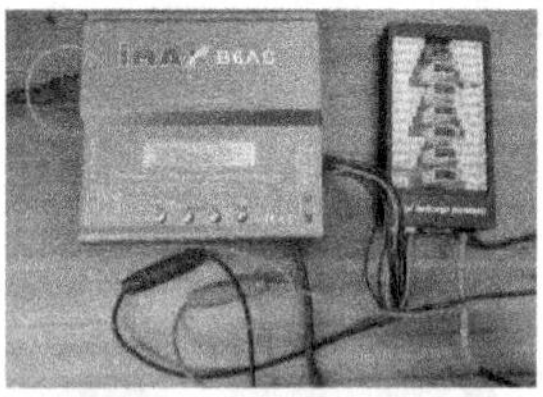
2	将电池XT头与充电器红色黑色输出线XT头相连，将平衡充插头与充电器对应插槽相连，右图所示为2S电池对应的插头 注意：电池电源线和电池平衡头连接时应注意正负极位置	
3	按下STOP键，选择锂电池/平衡模式，按下ENTER键确认，进行参数设置，LIPO BALANCE（充电）、4A、7.4V（2S） 注意：电池参数设置中的充电器模式、电池材质、电芯数、电池的放电倍率	
4	设置好电池类型、电流、电芯数量后，长按ENTER键，电池开始自检，自检完成后，按STOP取消充电或按ENTER开始充电	
5	充电完成后，蜂鸣器报警，按STOP键，同时拔下电池即可	

（5）电池放电操作

1）6S双路充电站放电。

步骤	操作内容	图示
1	准备一块需要充电的无人机6S锂电池，并准备适配（根据电池电芯数、电池不同的高低压、电池的不同聚合物质选择）电池的平衡充电器。此电池为6S低压版锂聚合物材质，电源线为XT90插头（XT90在行业内代表电源头的大小）	
2	将平衡充电器工作模式（慢充10A、快充20A、储存）调整为储存模式。用于储存的工作模式代表电池需要进行存放。由于充电器的输入电压为220V，故连接至220V标准电压插板上，并拨开（ON）开关打开充电器 注意：工作模式选择正确	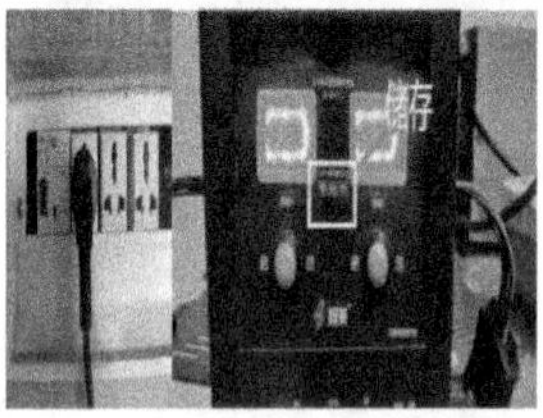

(续)

步骤	操作内容	图示
3	将电池平衡头与充电器的平衡插口对应连接,切勿反插	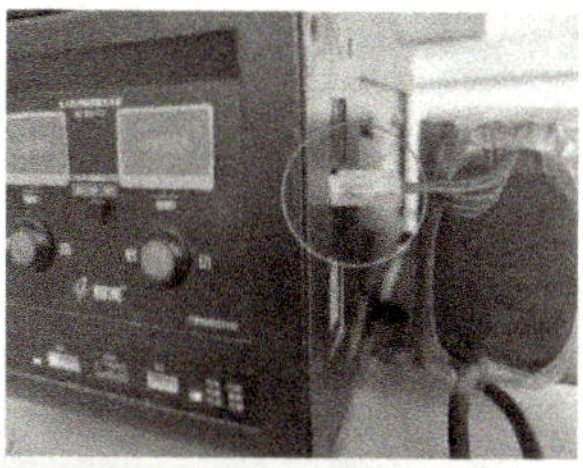
4	将电池的电源线(XT90)与充电器对应插口连接 注意:电池充放注意平衡头与电源线的连接顺序	
5	长按启动键,直至充电器发出"嘀嘀嘀"声响,同时充电器电量指示通道由右到左依次减少为正在放电	

2)B6 版多功能平衡充电器。

步骤	操作内容	图示
1	将电源线插到充电器左侧上方,红黑输出线插到充电器右侧下方,并接通 220V 电源自动开机 注意:黑红电源线切勿接反	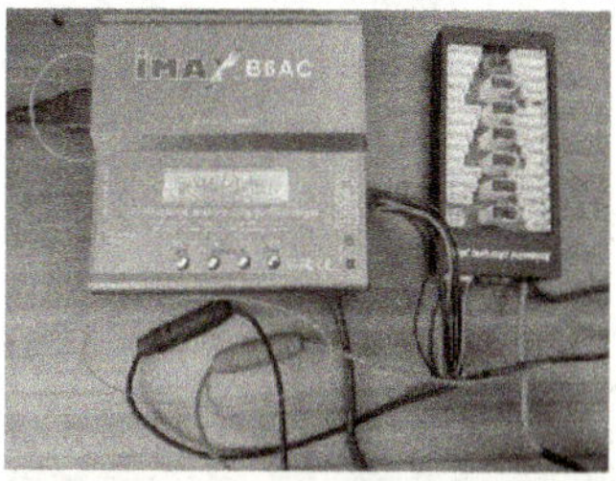
2	将电池 XT 头与充电器红黑输出 XT 头连接,将电池平衡充插头与充电器对应插槽连接,右图所示为 2S 电池对应的插头 注意:电池电源线和电池平衡头连接时应注意正负极位置	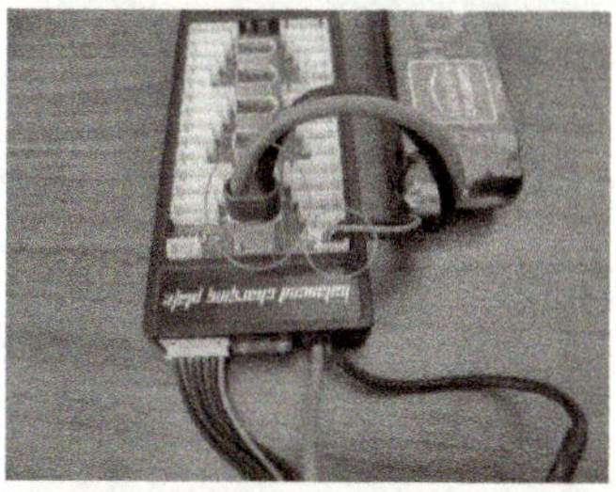
3	按 STOP 键,选择锂电池/放电模式,按 ENTER 键确认,进行参数设置,以 3S 电池为例,LIPO DISCHARGE(放电)、2A、6V(2S) 注意:电池参数设置中的充电器模式、电池材质、电芯数、电池的放电倍率	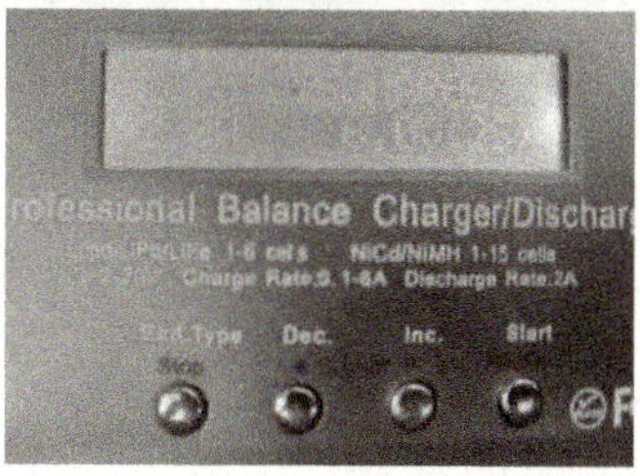

(续)

步骤	操作内容	图示
4	设置电池类型、电流、电芯数量后,长按 ENTER 键开始电池自检,自检完成后按 STOP 或 ENTER 键取消或开始放电	
5	放电完成后,充电器鸣响,按 STOP 键拔下电池即可	

(6) 电池安全存放

步骤	操作内容	图示
1	不可与其他金属混放,避免敲击、划伤、按压、暴晒并远离微波、高压环境	
2	长期不用时,保证单片电压在 3.8~3.9V,电池应放置于阴凉环境中,每隔 3 个月检查并充放电一次,避免电池因长时间不用导致电压产生变化,造成电池的不可逆损伤	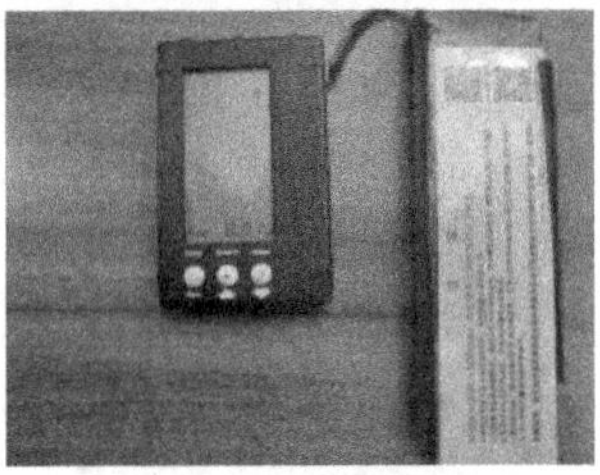
3	短期、少量存放时,可临时放置于仪器盒或设备箱中	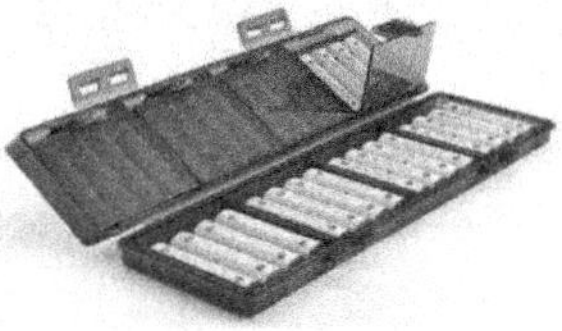
4	中期存放或存放数量较多时,则需要放置于专用电池防爆箱中,并检查防爆箱完整性和密封程度	
5	大量存放时,必须置于专用的防火柜或防火仓库中,注意湿度,注意防火,且不与易燃物一同存放,堆码不能超限	

2. 工作页

学校名称		任课教师	
班　　级		学生姓名	
学习领域	无人机维保检修		
学习情境	LS1：无人机日常维保	学习时间	45min
工作任务	A：无人机电池日常维保	学习地点	理实一体化教室

无人机电池日常维保

1）请提炼关键词，完成使用 6S 双路充电站给电池快/慢充电、放电的工作流程表格。

步骤	操作内容	工具设备仪器	标准规范	注意事项
预估完成耗时：		预估成本：		

2）请提炼关键词，完成使用 B6 版多功能平衡充电器给电池充放电的工作流程表格。

步骤	操作内容	工具设备仪器	标准规范	注意事项
预估完成耗时：		预估成本：		

3）请提炼关键词，用关键词书写电池安全使用与存放的注意事项。
安全使用：

安全存放：

1.3.2 无人机发动机与电机日常维保

1. 信息页

学习领域	无人机维保检修		
学习情境	LS1：无人机日常维保	学习时间	45min
工作任务	B：无人机发动机与电机日常维保	学习地点	理实一体化教室

无人机发动机与电机日常维保

（1）学习目标

掌握活塞发动机与电机的保养操作。

（2）教具准备

1）活塞发动机，如图 1 所示。

图 1　活塞发动机

活塞发动机又叫往复式发动机，通过火花塞点燃发动机气缸内部的燃料进行燃烧产生的化学能转变成热能，再通过热能膨胀做功推动活塞带动曲轴连杆转动转变为旋转动能的机械能。

活塞发动机正常工作时，油箱、油泵、输油管、化油器组成的供油管路输送燃油，空气滤清器、进气管组成的空气管路输送空气，燃油与空气在化油器里混合均匀成为可燃混合气，由配气机构按照正确的配气相位控制进气门开启，可燃混合气喷入气缸，同时由分电器、高压缸线、火花塞组成的点火系统击穿火花塞产生电火花，点燃混合气进行燃烧做功，膨胀气体推动活塞直线运动带动连杆曲轴旋转，从而带动螺旋桨旋转。

活塞发动机需按时对其进行清洗、养护工作，具体养护时间根据发动机不同型号、使用频率、工作表现等按需进行。一般情况下，工作满 50h 小保养，100h 大保养。小保养主要是空气滤清器滤芯、进气装置、化油器、缸体、火花塞等。大保养还需保养活塞环。若不及时进行养护，可产生以下危害：

a）发动机的工作温度很高，进入发动机舱的尘土和杂质会在发动机表面形成积尘和油泥，会造成散热变差，极限环境下可能会自燃。

b）杂质在发动机舱长时间附着会使其金属件生锈，橡胶部件老化、变形等，从而影响发动机的寿命。

c）油泥堆积，漏油漏液，电路老化都是发动机的安全隐患。

活塞发动机的维护保养通常包括检查油路、清洗、润滑养护三个方面。通过定期保养发动机，保护发动机舱内的线路与油管，防止橡胶件老化开裂，防止金属生锈，沾染污垢，清理金属碎屑和积炭，使燃油燃烧更充分。

①油路检查，如图2所示。

图2　活塞发动机油路检查

a）检查输油管路整体部分，包括输油管、油箱口、油泵和化油器进油口位置情况，观察是否有破损、开裂、老化情况，出现问题及时更换。

b）定期检查发动机舱线路并及时更换，防止电路老化及油管破损而引发的危险。

②清洗发动机，使用的工具如图3所示。定期使用发动机清洗剂清除发动机舱内因油液蒸气产生的油泥、积炭和金属碎屑等，提高发动机燃烧效率，减少工件间的磨损，提高发动机使用寿命。

a）内六角扳手　　　b）WD-40清洗剂　　　c）耐磨绝缘防割手套

图3　清洗工具

a）油箱注入半箱汽油。

b）摇匀化油器清洗剂后从油箱加油口适量喷入10次左右。喷入时不能太快，眼睛做好防护，避免因油箱里压力较大化油器清洗剂回溅出来引起眼睛疼痛。一旦溅到眼睛里，及时用清水清洗几分钟缓解疼痛。

c）发动机分别在低速、中速、高速各工作5~10min，确保清洗剂和汽油从油箱通过油管进入发动机，完成油路的全程清洗。

③清洗化油器。一般污物进入发动机机体的情况很少，大多时候需清洗化油器。清洗化油器时，先把发动机外壳清洁干净，避免外壳污物进入化油器与机体，然后把化油器从机体拆下，拆下化油器滤网，放入器皿中用毛刷或牙刷清理干净，并用化油器清洗剂对着各油路口喷洗干净，最后把化油器装回机体。

④润滑养护，主要使用润滑油、燃油、配比油桶及擦机布，如图4所示。

活塞发动机是高速往复旋转运动的机械部件，良好充分的润滑是重要条件。润滑养护时，使用清洁的93号汽油与润滑油，按照30∶1的比例或者是按照说明书要求配比，将汽油与润滑油均加注到合适的配比油桶中，再全部加入油箱中，改善并增加发动机运转摩擦部件的润滑，减小运转摩擦部件的摩擦力，从而延长发动机的使用寿命。

   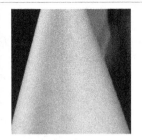

a）润滑油　　　b）燃油　　　c）配比油桶　　　d）擦机布

图 4　活塞发动机润滑养护

2）电机，主要提供旋翼的动力，准备工具电机、软毛刷、内六角扳手、螺栓胶如图 5 所示。

a）外转子电机　　　b）软毛刷　　　c）螺栓胶

图 5　电机养护

相比较于燃油发动机无人机，电动无人机安全、可靠性高；使用维护简单、易掌握；轻便灵活，场地适应性强；高原性能优越，电机的输出功率不受含氧量影响，适应高原环境；电池可重复使用，使用成本较低；振动较小。相对油动发动机来说整体振动较小，工作稳定，成像质量好。

电机有有刷和无刷之分。无刷电机和有刷电机都有转子和定子，有刷电机的转子是线圈绕组和动力输出轴相连，定子是永磁磁钢；无刷电机的转子是永磁磁钢，连同外壳一起和输出轴相连，定子是绕组线圈。无刷电机去掉了有刷电机用来交替变换电磁场的换向电刷。目前常用无刷电机。

①电机参数。

a）几何尺寸。无刷电机的机身铭牌上有一组四位数字，如 2212，用以代表电机的基本型号，表示电机定子的尺寸，前面两位数字是电机定子的外直径，后面两位数字是电机定子的高度，单位为 mm。例如 2212，电机的定子直径为 22mm，定子高度为 12mm。前面两位数字越大，电机越粗，后面两位数字越大，电机越高。高大粗壮的电机，功率就更大，适合做更大的多旋翼无人机。

b）KV 值。KV 值是衡量电机转速的指标，表示施加 1V 电压时电机空转每分钟可以达到的转速。用它来表示当电机的输入电压增加 1V，无刷电机空转转速（r/min）增加的转速值，单位为"转每分钟/伏"[（r/min）/V]。

大小尺寸相同的电机，KV 值越小，同等电压下转速越低，转矩越大，效率越高，可带动相对大的螺旋桨，拥有更大的负载能力，更久的航时，因转速越低振动越小。航拍机常选用 KV 值小的电机。相反，大小尺寸相同的电机，KV 值越大，同等电压下转速越高，转矩越小，只能带动小螺旋桨。一般情况下 KV 值越大飞行器越灵活，操作响应速度越快，竞技无人机常选用大KV值的电机。

KV值小的电机的绕线匝数更多更密，能承受更大的电流，可以产生更大的转矩驱动慢速大螺旋桨；相反，KV值大的电机的绕线匝数少，产生的转矩小，适合驱动快速小螺旋桨。

②电机日常养护注意事项。

a）避免长期工作在高温环境。电机长期处于100℃以上的高温环境，将对电机的各个系统造成损伤。磁铁不耐高温，在接近其耐温极限时，将持续性地发生退磁，电机检查温度越高其退磁的速度也越快。退磁后电机磁性降低，转矩减小，电机性能受到不可逆的损伤。轴承不可长期工作在高温环境，高温将使轴承内部润滑油挥发，并且滚珠会因为高温发生形变，从而加速磨损。

b）避免进水，保持内部干燥。进水将有可能导致轴承生锈，加速轴承磨损，降低电机寿命。另外，包括硅钢片、转轴、电机外壳也都有生锈的可能。

c）定时检查轴承磨损情况。去掉螺旋桨驱动电机，正常的转动应没有杂音，声音浑厚。如果声音带杂音，并且有类似沙子在内部的杂音，则轴承有损伤，需要更换。

d）定时检查动平衡情况。去掉螺旋桨驱动电机，正常的电机转动有较轻微的振动，如果电机动平衡失效，则电机振动较大，会产生高频振动。

（3）活塞发动机养护操作

步骤	操作内容	图示
1	使用内六角螺丝刀找准排气筒螺栓，逆时针旋转拆卸下排气筒。2个排气筒每个前后2个螺栓，2个排气筒共4个螺栓 注意：保持螺丝刀垂直转动，拧松2个螺栓后向上抬起卸下排气筒	
2	向外用力拔出火花塞高压包，并逆时针旋转拧下火花塞。两个缸体每侧各一个 注意：向外垂直发力	
3	使用套筒扳手拧下火花塞。套筒扳手的旋转方向，预松之后可以直接用手拧下火花塞	

(续)

步骤	操作内容	图示
4	取下火花塞后,用小刀刮掉火花塞上的污物和积炭,当污物和积炭清理完毕后,用汽油清洗,然后用布擦干净 注意:重新安装火花塞前,还要检查火花塞电极间隙,应符合相应型号火花塞间隙规定值。若不符合要求,可用木制器具调整火花塞的侧电极,一般不要动火花塞的中间电极,以免损坏火花塞的绝缘体	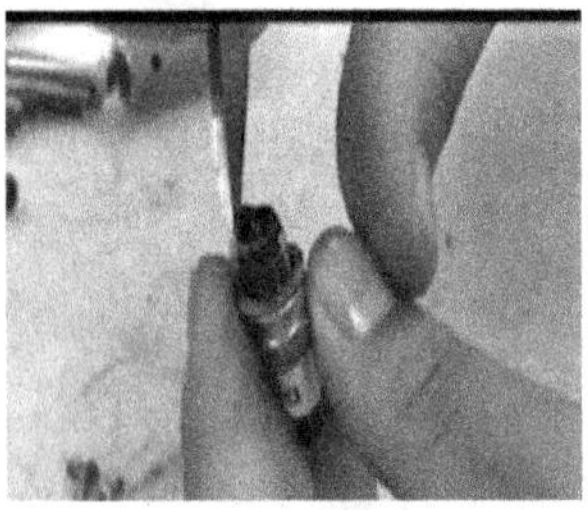
5	使用一字螺丝刀拆卸空滤 注意:两侧螺栓在转动时稳住螺丝刀,防止滑脱	
6	拔出空滤中的过滤棉进行清洁 注意:手指伸进空滤中捏住过滤棉后取出	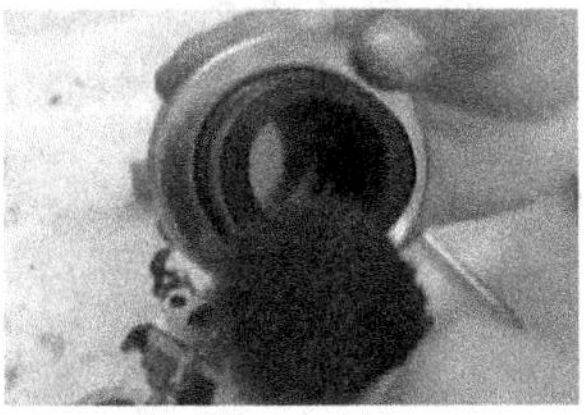
7	可以使用风机进行清洁 注意:风枪清洁时注意佩戴口罩	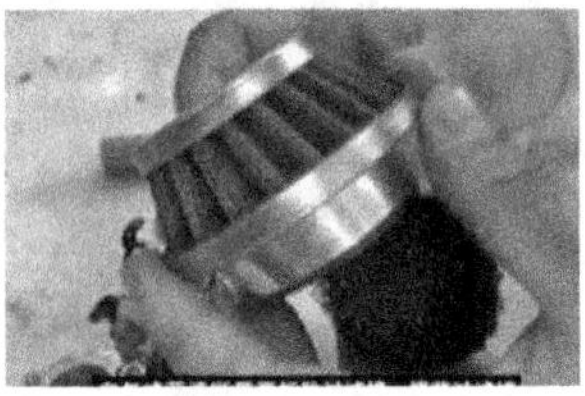
8	使用一字螺丝刀将进气装置中的进油滤网拆解下来,使用 WD-40 清洁剂进行冲洗 注意:安装时不可将滤网反装,反装会导致发动机不着车	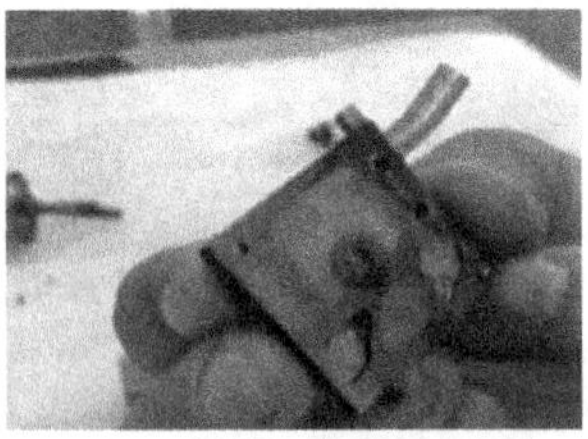
9	再将气缸拆解下来,并使用 WD-40 喷涂气缸表层,让其吸收 15min 后使用刀片把表面的积炭刮下来 注意:刮过程中注意力道的把控	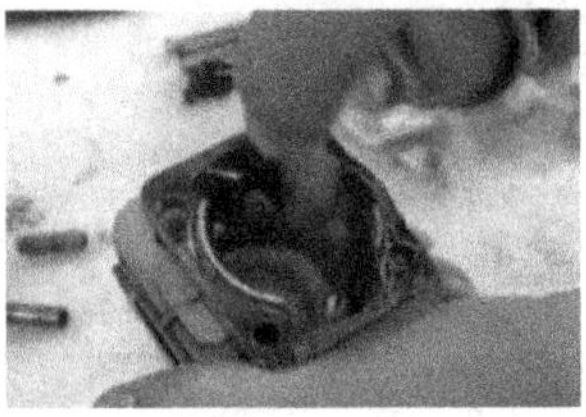

(续)

步骤	操作内容	图示
10	将进气装置下面的喷油压力片取下使用擦剂布将表面的油腻擦掉 注意:切勿把压力片弄坏	

（4）电机的养护

步骤	操作内容	图示
1	清擦电机。及时清除电机机座外部的灰尘、淤泥 注意:如使用环境灰尘较多,最好每次飞行之后清扫一次	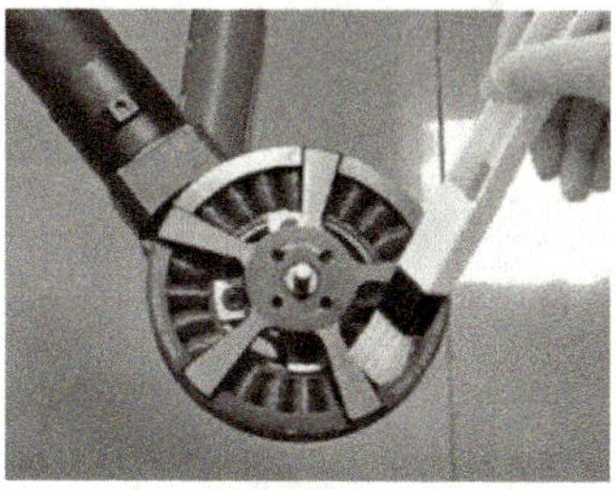
2	检查和清擦电机接线处。检查电机座处弯折导线绝缘层是否破损,接线香蕉头是否发黑烧伤	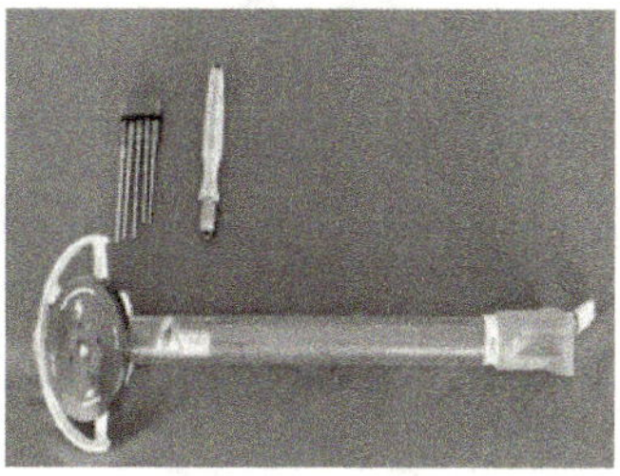
3	检查各固定部分螺栓（电机与电机座、电机座与支臂炭管紧固螺栓）,将松动的螺母补螺栓胶拧紧,按对角顺序旋紧螺栓 注意:电机座补螺栓胶加固时,螺栓胶仅浸润螺栓尾部3扣左右齿牙,不可打胶过多以免在电机需要拆卸更换时螺栓拆卸困难	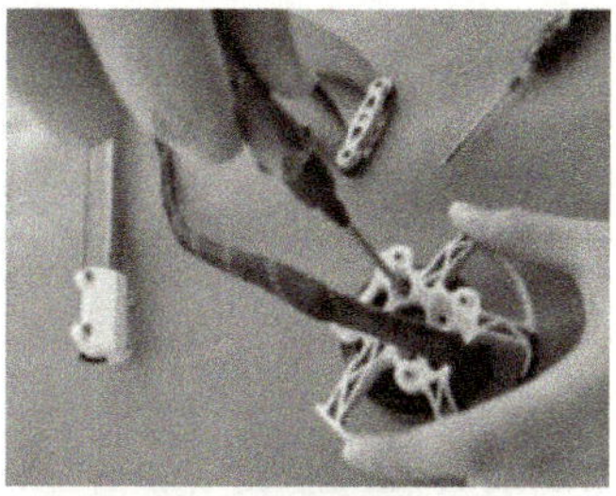 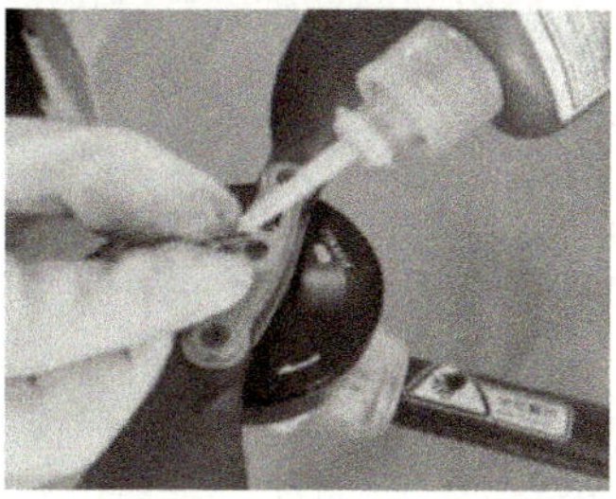
4	检查电机转动是否正常 注意:用手转动转轴检查是否灵活,有无不正常的摩擦、卡阻、窜轴和异常响声	

2. 工作页

学校名称		任课教师	
班　　级		学生姓名	
学习领域	无人机维保检修		
学习情境	LS1：无人机日常维保	学习时间	45min
工作任务	B：无人机发动机与电机日常维保	学习地点	理实一体化教室

无人机发动机与电机日常维保

1）请提炼关键词，完成活塞发动机维保的工作流程表格。

步骤	操作内容	工具设备仪器	标准规范	注意事项

预估完成耗时：	预估成本：

2）请提炼关键词，完成电机维保的工作流程表格。

步骤	操作内容	工具设备仪器	标准规范	注意事项
预估完成耗时：		预估成本：		

3）请提炼关键词，用关键词书写无刷电机使用维保的注意事项。

1.3.3 整机及零部件日常维保

1. 信息页

学习领域	无人机维保检修		
学习情境	LS1：无人机日常维保	学习时间	45min
工作任务	C：整机及零部件日常维保	学习地点	理实一体化教室

整机及零部件日常维保

（1）学习目标

掌握整机及零部件的清洁、润滑、紧固、拆装和更换的日常维保操作。

（2）教具准备

1）六旋翼无人机，适用于在危险和恶劣的环境下工作，在军事和民用领域都有广阔的应用前景，如图1所示。

2）高压吹尘枪，主要用于清除无人机长时间存放积攒的灰尘，或飞行后清除无人机"敏感部位"的灰尘，如电机、电调等不容易清理的地方。它是利用空气放大的原理有效地减少压缩空气的消耗量，从而产生强大而精确的气流，并带动周围空气一起工作，具有便携性、风力强劲等优点，如图2所示。

3）WD-40清洗润滑剂，具有防锈、除湿、清洁、润滑等作用，作为多用途产品被广泛应用于航天、军工、汽车、船运、粉末冶金、电子产品等领域。无人机作为精密电子器械，保养中使用WD-40，如图3所示。

图1　六旋翼无人机　　　图2　高压吹尘枪　　　图3　WD-40清洗润滑剂

4）擦机布，是超细纤维无尘布，用来擦拭无人机表面的灰尘或者潮湿天气下的水渍，具有吸水性强、清灰效果好、不沾油等优点，如图4所示。

5）用来组装无人机或者对无人机的紧固件进行检查，常用型号为2.5mm、3.0mm的内六角螺丝刀。这种螺丝刀都为特制的高速钢刀头，具有强度高、不易变形、耐久性好等优点，如图5所示。

6）润滑油，如图6所示。具有良好的润滑性能、黏附性、黏温性能是基本要求。无人机飞行时常会遇到比较极端的环境，如火山口、冰川等温度较高或较低的环境，要考虑润滑油的温度性能顺应环境发生变化，在高温下不会结焦积炭导致机械卡死，在低温环境下也不会冻结，才能有效发挥无人机性能，保障无人机正常作业。另外，因为无人机齿轮是塑料材质，还要考虑其与润滑油的材质相容问题，若发生不相容，在使用过程中会与材料逐渐发生反应，严重时甚至会导致齿轮爆裂，无人机发生损坏。

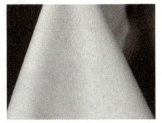  

图4 擦机布　　　　图5 内六角螺丝刀　　　　图6 润滑油

（3）整机及零部件的清洁

1）整机及螺旋桨清洁操作。

步骤	操作内容	图示
1	开始清洁前，确保无人机电源已关闭并断开与遥控器的连接，避免不小心触摸控制器引发意外操作。选择适当的清洁物件，使用无人机制造商推荐的清洁物件，如柔软的无纺布、微纤维布或专用无人机清洁套装。避免使用粗糙材料或带有化学物质的清洁剂，以免损坏无人机表面	
2	使用柔软的无纺布或微纤维布小心地擦拭无人机表面，去除灰尘、油渍或其他杂质。对于难以到达的区域，可以使用专用无人机清洁套装中提供的清洁刷或气吹枪轻轻清除	
3	检查螺旋桨是否有异物，有异物去除后，使用专用刷子或软布轻轻擦拭螺旋桨表面，确保其干净和顺畅。注意：在清洁不具备防水功能的无人机时，避免水或湿气直接接触无人机内部或连接接口	
4	清洗后，确保无人机螺旋桨完全晾干，然后进行检查和测试，确保其功能正常	

2）电机清洁操作。

步骤	操作内容	图示
1	关闭电源，确保无人机电源已关闭，避免清洁过程发生任何电气事故。移除电机罩、螺旋桨或其他附件等电机遮挡部件，露出电机	
2	使用柔软的布或刷子轻轻清除电机外部的灰尘和污垢。注意不要让任何工具或手指接触到电机的内部零件	

（续）

步骤	操作内容	图示
3	电机内部有可见的污垢或积灰，可以使用吸尘器或压缩空气轻轻吹走。但要避免使用过高的压力，以免损坏电机内部的零件。 注意：清洁过程注意安全，避免使用任何可能对电机造成损害的工具或方法	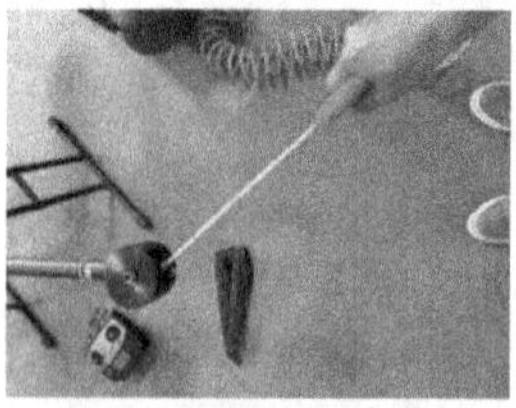
4	清洁完成后，仔细检查电机以确保没有任何松动的零件或损坏的部分	
5	将移除的电机遮挡部件重新安装到电机上，确保正确安装并紧固	
6	重新开启无人机电源，进行一些基本的飞行测试，以确保电机运行正常	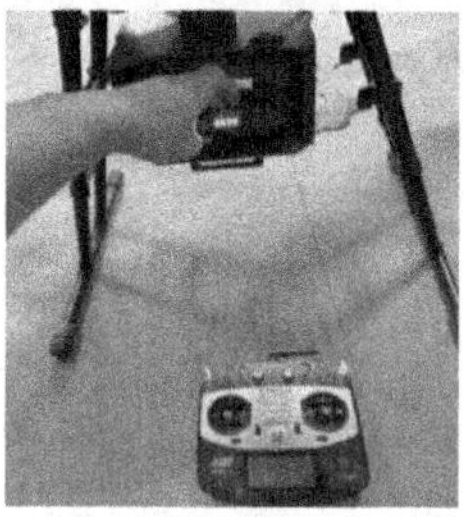

3）云台减振球清洁操作。

步骤	操作内容	图示
1	减振球是云台吊舱的关键部件，选择适当的清洁物件，使用专用的清洁刷或柔软的无纺布、微纤维布或专用无人机清洁套装，轻轻擦拭减振球的表面，确保其干净并无任何杂质或油渍	
2	清洁完减振球后，检查其是否有任何损坏或异常。如果发现任何问题，应及时联系制造商或专业维修人员进行修复或更换	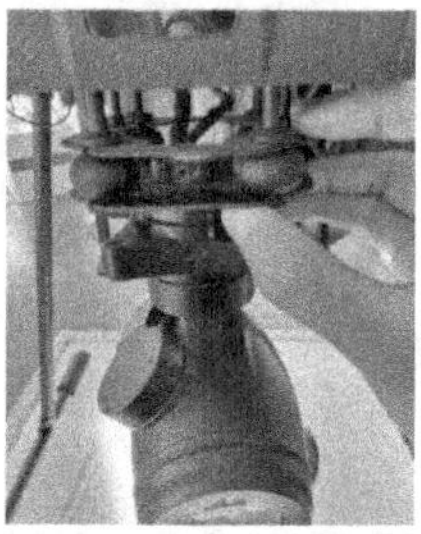

4）电源线材清洁操作。

步骤	操作内容	图示
1	在进行电源线材的清洁工作前，首先确保电源已完全断开，避免触电危险。使用柔软的清洁布擦拭电源线材的外表面，以去除积累的灰尘和污垢	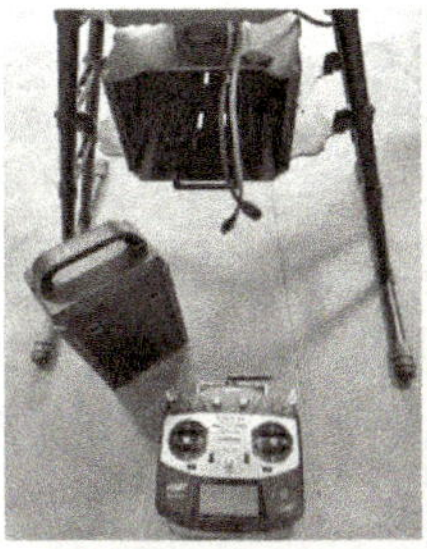 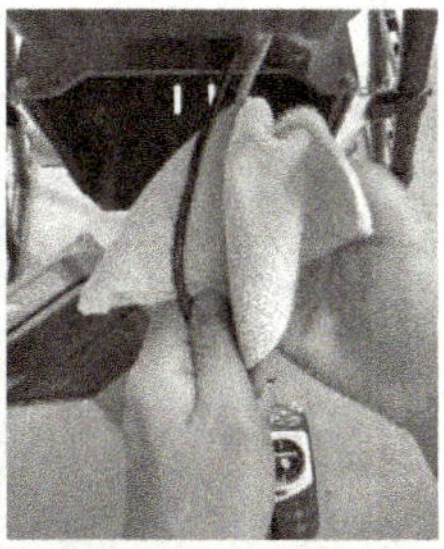
2	检查电源线材的完整性，外绝缘皮是否有损坏、破裂或磨损的迹象。如有问题，应及时更换 注意：将电源线材通风、干燥，避免潮湿或高温环境	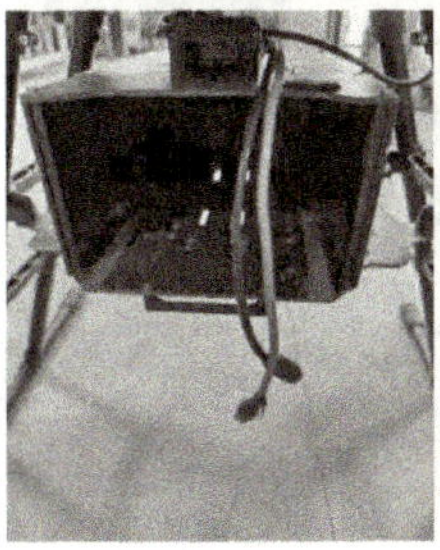 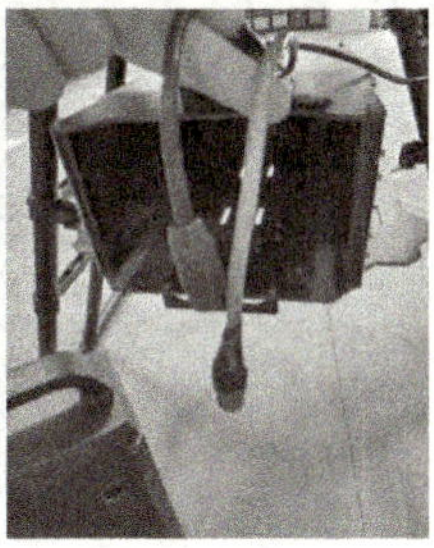

（4）整机及零部件的润滑

步骤	操作内容	图示
1	使用高纤维无尘布对无人机的各类轴承进行擦拭，擦掉轴承内部的油污 注意：纤维布需要保证干净，不能未清洗就二次使用	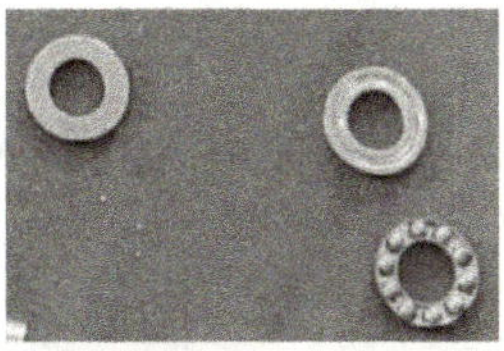
2	将润滑油均匀涂抹在轴承上，确保每个滚珠都得到润滑 注意：均匀涂抹润滑油，不能一处过多，一处过少	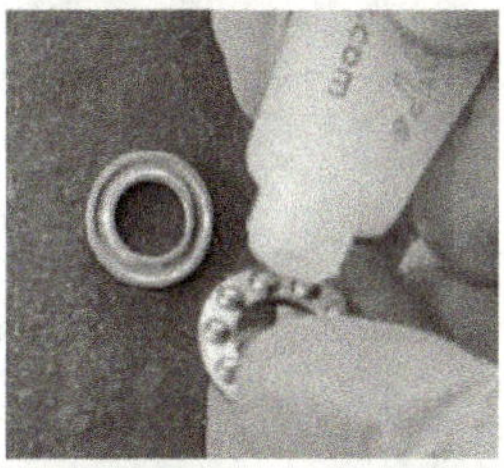
3	对无人机的横轴进行润滑，使用0Z-80黄油喷雾均匀喷涂在横轴上，再拿毛刷轻轻擦拭喷涂后的横轴，确保横轴都有润滑。若润滑不到位或不均匀，进行补润滑 注意：喷涂均匀，毛刷保持干净进行擦拭	
4	对无人机的旋翼头进行清理，使用WD-40喷涂，喷涂完后用纤维布进行擦拭。若润滑不到位或不均匀，进行补润滑 注意：喷涂均匀，纤维布在使用前应保持干净	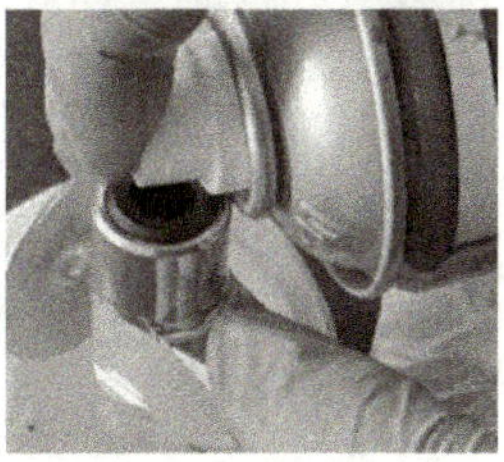

（5）整机及零部件的紧固

步骤	操作内容	图示
1	机体主要由内六角螺栓、键（底座与上壳组件连接固定）组装而成，使用内六角螺丝刀，在螺栓顶部可少涂些螺栓胶，可以使螺栓更紧固 注意：螺栓紧固力度不宜太紧导致螺纹损坏	
2	机臂与机体的连接主要由特制的螺栓和螺母组装而成，使无人机在飞行时承受更多的振动，保证无人机的平稳，在紧固时用扳手工具 注意：在紧固螺栓时注意方向，不要反插，反插容易损坏内部凹槽	
3	起落架主要是插销式，紧固时不需要用工具，在紧固时对准孔位插实，不可使用蛮力强行拔插	
4	燕尾快拆件用来连接无人机与任务载荷系统。燕尾快拆件比普通连接装置更加紧固，不易脱落，同时使用滑道和防插错设计，安装方便。若松动，会影响任务载荷使用，日常紧固确保安装牢固	

（6）整机及零部件的更换

步骤	操作内容	图示
1	飞控安装：主控和IMU（惯性测量单元）一体化的飞控，飞控上的箭头要指向无人机机头的方向。主控和IMU分开设计的，一般要求IMU上的箭头指向无人机机头方向。尽量将IMU安装在机体振动较小的地方，必要时添加减振装置 注意：安装时注意无人机内部的中心位置，同时注意正反方向，且保证安装紧固	

（续）

步骤	操作内容	图示
2	GNSS 安装：安装时与机头朝向一致，GNSS 上的箭头指向无人机机头方向，同时远离磁场太强的位置，一般通过架高 GNSS 来解决 注意：安装方向正确以及远离磁场干扰	
3	电机安装：电机座与机臂连接牢固，注意电机的旋转方向，按照箭头指示安装。使用螺栓固定电机时，一定要使用螺栓胶或其他螺栓防松装置。安装好后，用水平尺进行配平校正水平。安装完成后，测试电机转向是否正确。若发现电机转向不对，将电机与电调三根连线中的任意两条对调即可 注意：安装不牢固松动造成电机偏转是炸机的重要原因之一	
4	线束包括电调线、信号线、电源线、连接线等。焊接牢固，焊接处无虚焊，必要时可打胶进行加固。信号线连接好后尽量涂上硅橡胶，防止飞行中机体振动造成信号线松动。安装完毕一定要检查连接是否正确，特别是电调信号线，若连接错误，会引起地面炸机 注意：线束走位合理，焊接牢固，接线顺序正确	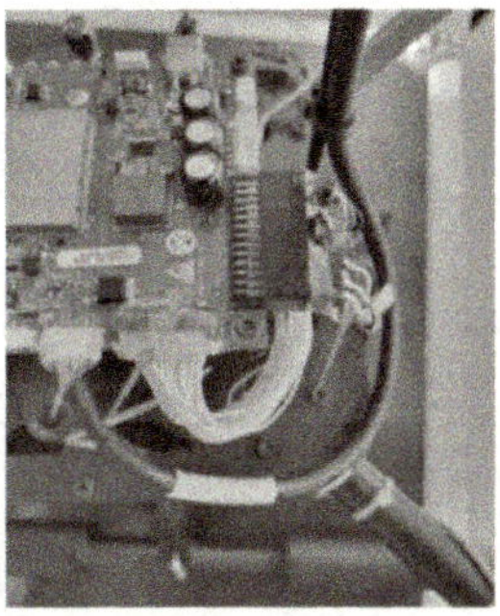
5	更换螺旋桨前一定要分清正桨和反桨。与电机的安装应牢固可靠，固定螺旋桨的螺栓一定要加螺栓胶。因为飞行中电机的高频振动很容易引起螺栓松动造成射桨，射桨不仅会炸机，也可能会对飞手和其他人的生命安全造成威胁	

2. 工作页

学校名称		任课教师	
班　　级		学生姓名	
学习领域	无人机维保检修		
学习情境	LS1：无人机日常维保	学习时间	45min
工作任务	C：整机及零部件日常维保	学习地点	理实一体化教室

整机及零部件日常维保

1）请提炼关键词，完成无人机整机及零部件清洗的工作流程表格。

步骤	操作内容	工具设备仪器	标准规范	注意事项

预估完成耗时：　　　　　　　　　预估成本：

2）请提炼关键词，完成无人机整机及零部件润滑的工作流程表格。

步骤	操作内容	工具设备仪器	标准规范	注意事项

预估完成耗时：　　　　　　　　　预估成本：

3)请提炼关键词,完成无人机整机及零部件紧固的工作流程表格。

步骤	操作内容	工具设备仪器	标准规范	注意事项
预估完成耗时:		预估成本:		

4)请提炼关键词,完成无人机整机及零部件更换的工作流程表格。

步骤	操作内容	工具设备仪器	标准规范	注意事项
预估完成耗时:		预估成本:		

1.3.4 任务载荷系统日常维保

1. 信息页

学习领域	无人机维保检修		
学习情境	LS1：无人机日常维保	学习时间	45min
工作任务	D：任务载荷系统日常维保	学习地点	理实一体化教室

任务载荷系统日常维保

（1）学习目标

掌握倾斜相机、植保喷洒头、物流箱、普通相机、三维激光雷达等常用任务设备的安装、清洁及保养操作。

（2）教具准备

1）QX5.0 五拼倾斜摄像头，如图 1 所示。

QX5.0 五拼倾斜摄像头，该产品结合倾斜摄影自动建模技术与 GIS 平台应用技术，其成果广泛应用于城市规划、地表/地下管线规划与管理、项目选址、土地确权、旅游资源开发与管理、房屋拆迁、水力分析、应急指挥、国土安全等行业领域。

倾斜摄影技术通过在同一飞行平台上搭载多台传感器，同时从一个垂直、四个倾斜、五个不同的视角同步采集影像，获取地面物体更为完整准确的信息。垂直地面角度拍摄获取的影像称为下视影像，镜头朝向与地面成一定夹角拍摄获取的影像称为侧视影像。它不仅能够真实地反映地物情况，高精度地获取物方纹理信息，还可通过先进的定位、融合、建模等技术，生成真实的三维城市模型，如图 2 所示。

图 1 QX5.0 五拼倾斜摄像头　　　图 2 三维城市模型

2）植保喷头。

①压力喷头，如图 3 所示，将有压力的水流通过喷头喷射到空中，呈雾状散落在田间及作物上的农田喷灌设备之一，药液下压力较大，穿透力强，产生的药液飘逸量较小，在干旱地区的蒸发量较小；但药液雾化不均匀，雾滴直径相差较大，而且喷头容易堵塞，尤其是喷粉剂的时候。压力喷头主要适用于高密度的作物，比如棉花喷洒落叶剂。

②离心喷头，如图 4 所示，通过电机带动离心喷头高速旋转将药液利用离心力甩出，药液雾化均匀，雾化效果好，雾滴直径相差不大，它可以改变旋流室的几何形状，使水流合理，大大提高雾化程度，也适用于粉状药剂和液体药剂。如果农作物密度不是特别大，又需要雾化效果好的，离心喷头会更适用，如小麦、水稻喷洒叶面肥，还有一些普通农作物如小麦、水稻的病虫害防治，离心喷头都是比较好的选择。

③喷头滤网，如图5所示，主要用于过滤粉状药剂和液体药剂中的杂质，常用的五金滤网，直接过滤，精度均匀稳定，不泄漏，安装方便、效率高、使用寿命长。

  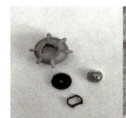 

图3　压力喷头　　　　图4　离心喷头　　　　　　图5　喷头滤网

3）物流箱，如图6所示，应用于无人机物流。

4）单反相机，如图7所示，应用于无人机航拍。

图6　物流箱　　　　　　　图7　单反相机

5）可挂载相机的无人机一台，如图8所示。无人机航拍其实是由两个独立的系统组成的，一个是无人机，另一个是自带增稳防抖功能的云台相机。单纯从摄影的角度，无人机的作用就是把相机送到合适的空中位置，飞行的过程并不重要，重要的是无人机到达空中目的地后对云台相机的操作。

6）三维激光雷达，如图9所示。激光雷达使用激光来测量距离。发射器发射光脉冲，这些光脉冲从表面反射并返回到接收器。接收器记录每个光脉冲返回所需的时间，用于计算每个光束行进的距离。这些时间和距离产生一组称为点云的数据点，可以将点云转换为描绘表面、地形、结构和物体的3D图像。激光雷达可以检测多种材料，包括硬物、化合物和云。激光雷达测绘非常准确，即使在远程应用中也能以2~3cm的精度描绘表面和物体；速度快、安全性高、成本低，在航空、地球物理测绘和自动驾驶汽车导航方面的应用广为人知。

图8　可挂载相机的无人机　　　　图9　三维激光雷达

（3）任务载荷系统日常维保

1）QX5.0 五拼倾斜摄像头安装。

步骤	操作内容	图示
1	准备 QX5.0 五拼倾斜摄像头，搭载有挂载镜头平台的无人机，将相机快拆板与无人机快拆板滑轨对齐推入	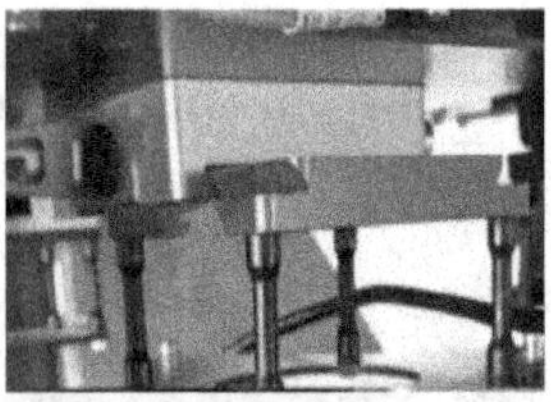
2	将倾斜摄影相机安装件处与无人机挂载设备端连接，进行锁止 注意：检查挂载设备卡扣连接处是否卡紧，并晃动相机，查看锁止处有无松动现象	
3	检查电源线和信号线是否已经连接正常，并在地面时拨动开关或者发送指令，观察指令是否生效以及生效是否符合预期	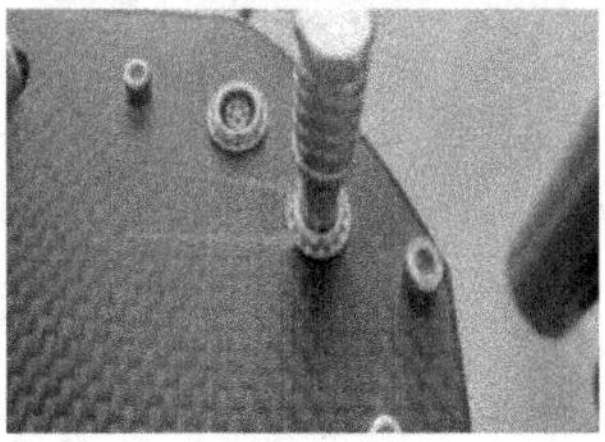

2）QX5.0 五拼倾斜摄像头清洁。

步骤	操作内容	图示
1	利用气吹吹走设备表面的浮尘和颗粒，通常在做任何擦拭操作前都会先用气吹吹一遍，将表面明显的颗粒和灰尘吹走，避免擦拭时颗粒划损表面。使用气吹时注意尽量从下往上吹，这样可以避免空气中的灰尘再次掉落到器材上面 注意：为了适应不同的场景和设备的部位，可以更换长短嘴进行使用	
2	用清洁刷对相机表面进行刷洗，作用跟气吹类似，扫走表面的灰尘，一般用在机身等表面去除明显的灰尘颗粒，有时比擦拭和吹要方便	
3	用棉签擦拭相机表面，棉签的作用主要是清洁机身或者镜头身细小缝隙的污渍 注意：对于顽固污渍，还可以蘸点清洁剂。也可用湿巾擦拭机身表面	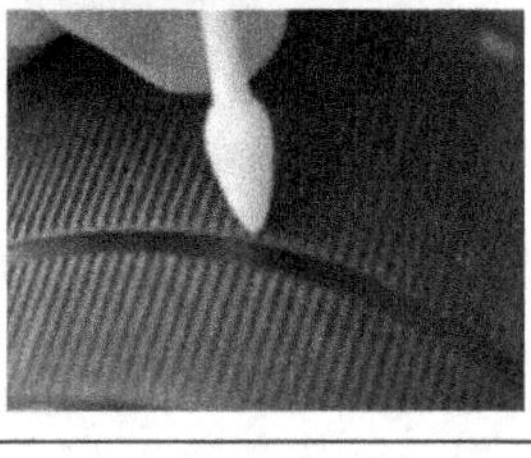

（续）

步骤	操作内容	图示
4	镜片旁边的触点和圈，用气吹吹走或清洁刷刷走灰尘后用湿巾擦拭 注意：触点尽量避开水分以免短路	
5	用气吹、毛刷和湿巾清理镜头盖 注意：清洁镜头前，先清洁镜头盖，否则镜头清洁后又被镜头盖污染，就做了无用功	
6	将镜头纸折叠成几层厚的，从镜头中间开始打圈，从内到外轻轻擦拭。有些镜头纸包含酒精，挥发得比较快，有些相对慢些，用镜头纸较干的部分再轻拭 注意：镜头纸一般分带清洁剂和不带清洁剂的，建议选择带清洁剂的效果更好且自动挥发。推荐蔡司的镜头纸，质量好擦得干净放心	

3）植保喷头安装。

步骤	操作内容	图示
1	喷头晾晒完成至装置表面以及内置不存在水分的情况下，再进行依次安装	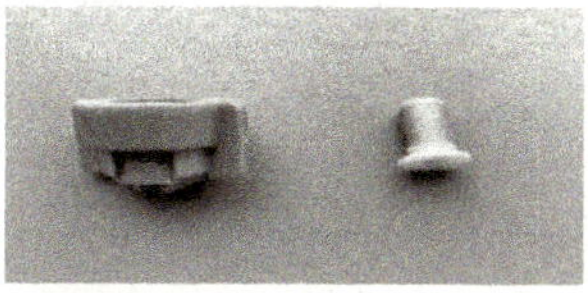
2	安装喷头滤嘴装置，顺时针旋转安装喷头滤网，旋转完成后进行紧固 注意：旋转过程中注意旋转方向，另一只手需要捏紧底部	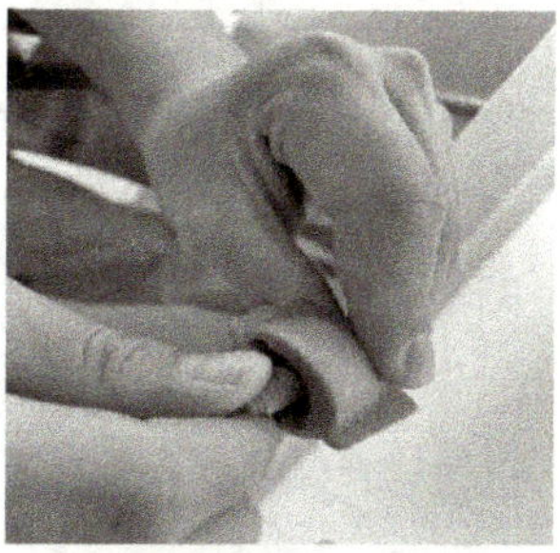
3	滤嘴紧固完成之后安装喷头，顺时针旋转安装喷头，旋转完成后进行紧固 注意：安装喷头时注意卡口位置，卡进之后进行旋转	

4)植保喷头清洁。

步骤	操作内容	图示
1	准备一套所需保养以及安装的植保机,拆卸喷洒装置和过滤系统,逆时针旋转取下喷嘴、喷头滤网,拆卸过程中注意拆卸顺序,先拆卸喷洒装置,后拆卸喷洒系统	
2	用碱水清洗喷头内外表面,再用清水(最好是温水)冲洗,并打气喷雾以清洗胶管及喷杆内部,洗完把桶盖打开,倒出剩水,并使水接头朝下平放,挡干桶身,以防锈蚀。皮管要挂起来,两头下垂;喷杆要直立存放,喷头向上,使里边的积水流出 注意:如进行长期存放时,喷雾器应存放在阴凉干燥处,切勿与农药、化肥等腐蚀性物品堆放在一起,以防锈蚀	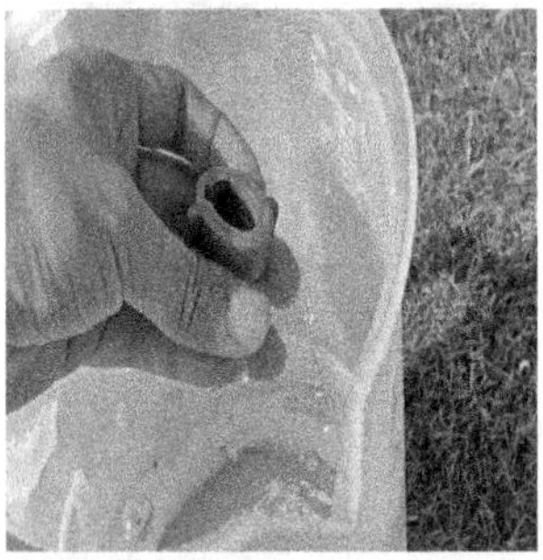
3	将滤网用碱水浸泡 20min 后用清水清洗喷嘴滤网,有喷枪条件可以用喷枪进行冲洗 注意:清洗时注意使用清水,若有农药残留需要注意带上防护手套	
4	喷洒装置以及过滤系统清洁完成后,不能马上进行安装,需要进行擦拭以及晾晒,防止存放时出现零件生锈问题	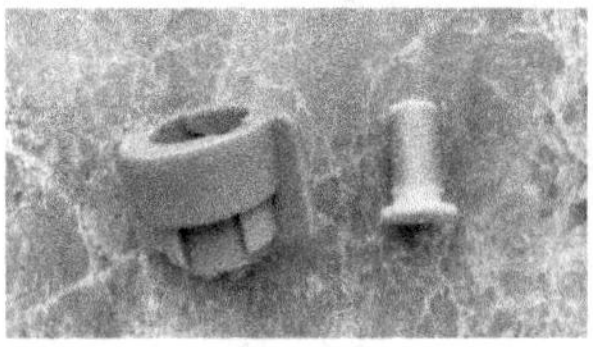

5)物流箱安装。

步骤	操作内容	图示
1	检查物流箱整体紧固件处螺栓是否拧紧,如松动需要用螺丝刀将螺栓拧紧。检查外观有无破损毁坏等,确保飞行使用中的安全 注意:可通过开合、扭动等查看紧固件处的松动情况	
2	将物流箱安装件处安装至无人机挂载设备卡槽之上,进行锁止 注意:检查挂载设备卡扣连接处是否卡紧,并晃动物流箱查看锁止处有无松动现象,确保卡扣已卡紧	

（续）

步骤	操作内容	图示
3	检查电源线和信号线是否已经连接正常，并在地面时拨动开关或者发送指令，观察指令是否生效以及生效是否符合预期	

6）物流箱清洁。

步骤	操作内容	图示
1	用气吹等吹掉物流箱表面附着的灰尘 注意：不能用干毛巾直接擦拭，由于灰尘是由纤维和沙砾构成的，在布与物流箱表面来回反复摩擦很容易破坏漆层，表面与空气直接接触就会很容易腐蚀出现锈斑，加速物流箱的老化	
2	使用毛巾和柔软的布料擦拭物流箱上的灰尘 注意：不能用质地坚硬的旧衣服或粗布擦拭，会损坏物流箱表面的油漆保护涂层	
3	采用清水或比较中性的清洁剂清洗物流箱，精准地清洁物流箱表面，延长物流箱的使用寿命 注意：不能使用肥皂、洗洁精等具有腐蚀性的清洁剂来清洗	
4	使用吸尘器或清水湿布擦拭物流箱内部。箱体内外的部件最好不使用任何清洁剂擦拭 注意：清洁完毕后用干抹布擦干，防止损伤其外层镀膜或氧化生锈	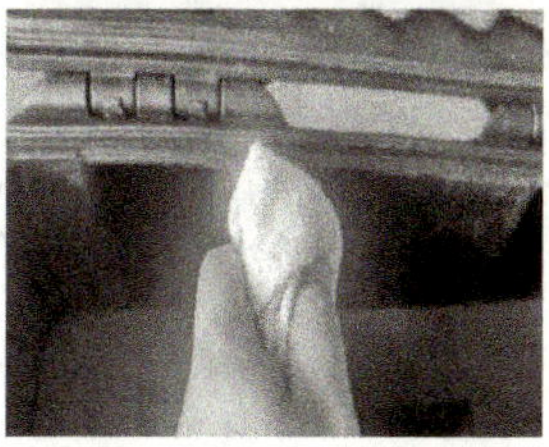

7）普通相机安装。

步骤	操作内容	图示
1	准备好所需要的无人机、高清摄像头、连接装置以及螺丝刀 注意：准备阶段确定相机安装位置，保持无人机重心稳定，起飞后不受影响	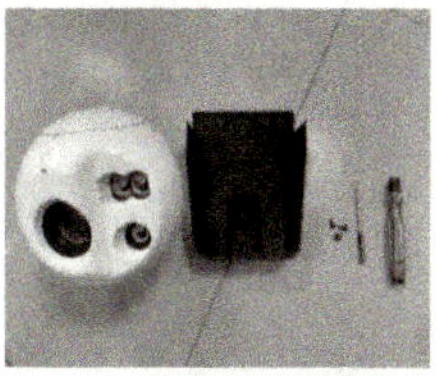

(续)

步骤	操作内容	图示
2	将摄像机对准飞行器底部对应位置，用改锥将摄像机固定 注意：安装过程中避免用手触摸相机镜头，固定完成后进行紧固检查以及减振的检查	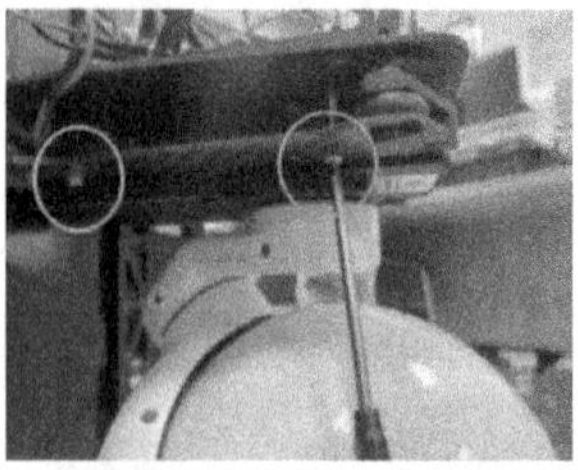
3	相机安装完成后，连接线束，连接过程中观察连接线是否存在破损情况，连接完成后再次检查线路是否插好并进行捆扎 注意：线路连接完成后进行排线捆扎，避免飞行拍摄时影响相机视角	

8）普通相机清洁。

步骤	操作内容	图示
1	相机使用后，镜头都会沾上灰尘，最好的方法是用吹气球吹掉，或者是用软毛刷轻轻刷掉，若清理不干净，就使用专用镜头布或镜头纸轻轻擦拭 注意：擦拭力度把控要轻柔，千万不要用纸巾等看似柔软的纸张，这些纸张含有比较容易刮伤镀膜的木质纸浆，不小心会严重损害相机镜头上的易损镀膜	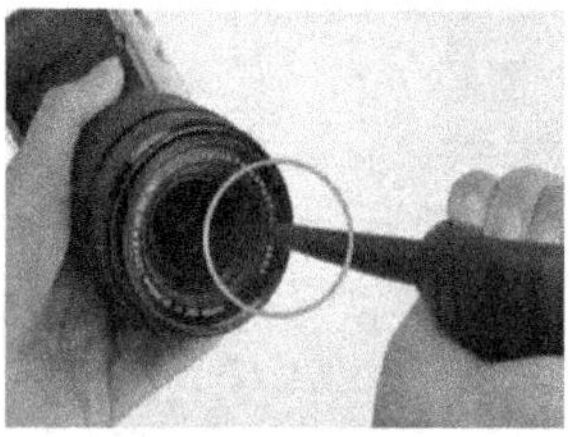
2	机身外部清洁前，盖好机身盖、电池盖及各个数据接口，防止灰尘通过这些接口进入到机身内部。先用棉签或毛刷将单反相机表面的灰尘吹开和刷干净，以防止较大颗粒的灰尘在之后的擦拭过程中刮伤机身，然后用柔软的布擦拭机身	
3	清洁快门按钮、各个设置按钮以及存储卡仓等小地方，要按照一定顺序一个面一个面清洁，以防有遗漏。清洁机身背部，先用气吹和毛刷对液晶屏表面进行除尘处理，然后用镜头纸蘸取少量镜头液擦拭液晶屏，由内而外旋转进行擦拭，同一方向就可以。取景器同理进行擦拭，由于取景器较小，还需要用棉签进行擦拭，也是由内而外螺旋状擦拭。擦拭力度一定要轻柔，为不划伤镀膜，用棉签与取景器呈45°慢慢擦拭	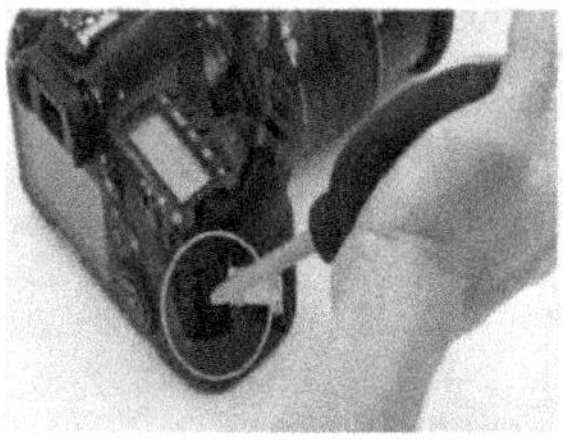

9）三维激光雷达安装。

步骤	操作说明	图示
1	检查三维激光雷达挂载端螺栓是否已拧紧，如松动需要用螺丝刀将螺栓拧紧。检查外观有无破损毁坏等，确保飞行使用中的安全	
2	将三维激光雷达安装件处与无人机挂载设备端连接，进行锁止 注意：检查挂载设备卡扣连接处是否卡紧，并晃动激光雷达，查看锁止处有无松动现象	
3	检查电源线和信号线是否已经连接正常，并在地面时拨动开关或者发送指令，观察指令是否生效以及生效是否符合预期	

10）三维激光雷达清洁。

步骤	操作内容	图示
1	作业：避免在雨天、雾天进行作业，避免设备穿云穿雾 注意：设备一定要轻拿轻放，切勿磕碰、撞击或摔落设备，严禁私自拆卸	

（续）

步骤	操作内容	图示
2	存放：设备应存放在避光、干燥、无尘环境中，或存放在干燥的三防箱内。严禁将设备暴露在有毒有害及有腐蚀性的环境中	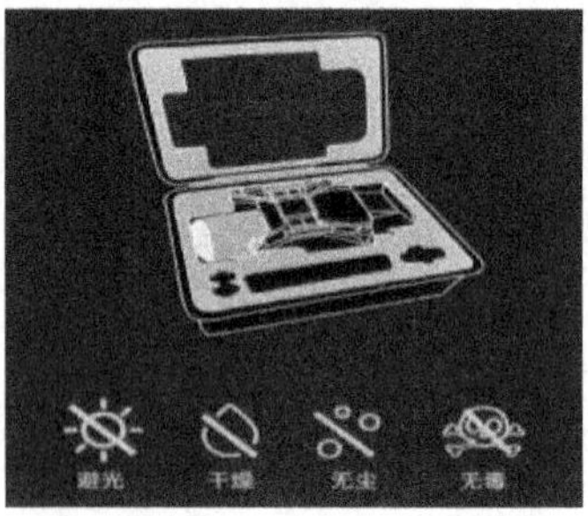
3	运输：运输过程中，请将设备放置于三防保护箱内运输，并确保包装箱内干燥、清洁、无水汽	
4	日常清洁：激光探测窗口灰尘，需使用压缩空气或软毛刷进行清理，避免颗粒状的灰尘等杂质在擦拭过程中导致窗口玻璃被刮花。设备电气接口和其他部位灰尘，定期使用软毛刷清理。探测窗口污点，需使用酒精或相机镜头清洁剂湿润过的镜头清洁布擦拭	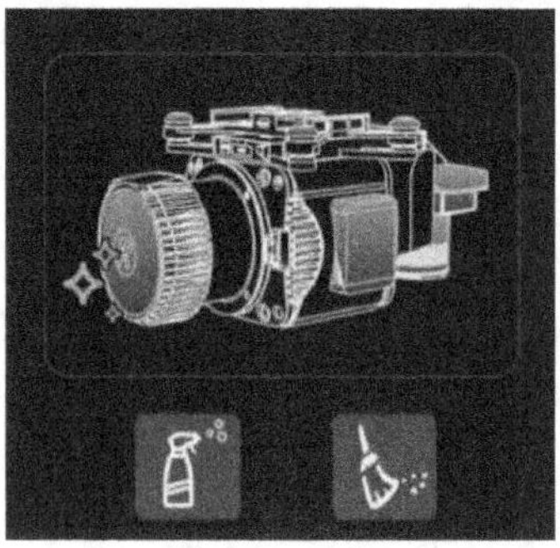
5	设备干燥：设备出厂时均会在三防箱内配置干燥剂，干燥剂的使用期限为3~6个月，需定期更换或补充。干燥剂的使用期限受存储环境和作业环境影响，使用航空运输后，由于空运过程中温度较低且气压较低，开封后温度迅速升高，可能导致机体内水凝结，因此，空运后建议在恒温、干燥的环境中放置24h后，再开启使用激光器。外场作业后，如果外场环境湿润，为避免潮湿的空气封在三防箱内并侵入设备内部，请将设备开箱放置在恒温、干燥的室内环境24h后再封箱保存。如已发现在低温下激光探测窗口内存在水汽现象，可将设备开箱放置在恒温、干燥的环境中24h，亦可放置在空调屋内打开干燥模式	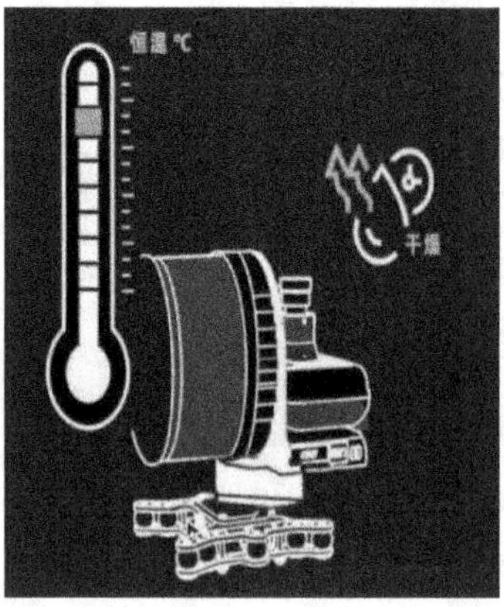

2. 工作页

学校名称		任课教师	
班　　级		学生姓名	
学习领域	无人机维保检修		
学习情境	LS1：无人机日常维保	学习时间	45min
工作任务	D：任务载荷系统日常维保	学习地点	理实一体化教室

任务载荷系统日常维保

1）请提炼关键词，完成 QX5.0 五拼倾斜摄像头安装、清洁的工作流程表格。

步骤	操作内容	工具设备仪器	标准规范	注意事项
预估完成耗时：		预估成本：		

2）请提炼关键词，完成植保喷头安装、清洁的工作流程表格。

步骤	操作内容	工具设备仪器	标准规范	注意事项

（续）

步骤	操作内容	工具设备仪器	标准规范	注意事项
预估完成耗时：		预估成本：		

3）请提炼关键词，完成三维激光雷达安装、清洁的工作流程表格。

步骤	操作内容	工具设备仪器	标准规范	注意事项
预估完成耗时：		预估成本：		

1.4 任务计划

课程思政点睛

1）任务计划环节是在理实一体化学习之后，为培养学生先谋后动的思维意识和工作习惯而进行的训练，学生小组合作完成工作计划的制订。

2）利用规范性、标准性非常高的计划表格引导学生养成严谨、认真、负责任的职业态度和工匠精神。

3）通过对规范、环保、安全方面的强调和要求，培养学生的环境保护意识、安全意识及大局观。

教学实施指导

1）教师指导学生分组讨论，在1.3理实学习环节完成的工作页的基础上，按照教师派发的任务要求，合作完成工作计划海报。

2）教师选出一个组讲解展示海报内容，师生评价。教师强调统筹、标准、规范、安全、环保、时间及成本控制意识的训练。

1.5 任务决策

课程思政点睛

任务决策环节是在任务计划的基础上，跟师傅或领导对任务计划进行修改确认，或者是对多种计划方案进行优中选优。指导学生吸收采纳教师或其他人的建议，能够对自己的学习知识体系进行重新梳理，不断地接受他人的合理化意见或建议，是虚心、进取心的表现，同时也是尊重他人、客观公正对待自己的人生态度。在任务实施之前对自己的计划进行确认与调整，是严谨、认真、负责的态度体现，也是精益求精的工匠精神养成。

教学实施指导

1）教师指导学生个人独立按照任务决策的关键要素完成任务决策表。

2）教师选出某组学生代表和自己进行任务决策，其他学生观察，并进行口头评价、补充、改进。

3）学生修改任务决策方案表，提交；教师进行确认；学生获得教师对自己所做决策方案的确认信息后才有资格进行任务实施。

无人机日常维保任务决策方案表

决策类型	决策方案
与师傅决策	请站在企业的角度，和师傅沟通工作方案实施的可能性（包括：工作步骤的正确性、规范性和合理性，工作过程的安全性、环保性等注意事项，工作质量把控，时间控制和成本控制等，并记录决策结果与师傅建议）
意见或建议	

1.6 任务实施

课程思政点睛

1）任务实施环节对学生进行严谨、规范、标准操作训练。

2）要求学生必须按照前期经过决策的任务计划执行，养成先谋后动的工作意识，深入思考后才可以操作，严禁冒失和鲁莽行事。

3）在操作过程中要求学生在一个团队内必须通力合作，分工明确，提高工作效率，以此训练学生未来步入社会工作的团队合作能力和时间把控能力。

4）若在操作中万一有违规操作或者是失误、错误出现，要求学生必须如实告知。

教学实施指导

1）学生观察教师的示范动作，或观看1.6.1~1.6.4无人机日常维保操作视频中的示范动作。

2）学生分为4组，分工操作。每组每次安排2名学生操作，所有学生轮流，每个学生都要完成一次操作。当2名学生进行操作时，另外安排1~2名学生填写1.6.5任务工单（维保档案），1~2名学生分别对其进行评价，填写1.6.6评价表，1名学生拍视频，1名学生监督质量并记录，1名学生查阅组装手册改进计划。

1.6.1 无人机电池日常维保操作视频

1. 电池快充视频　　2. 电池慢充视频　　3. B6充电视频

4. 电池放电视频　　5. B6放电视频　　6. 电池安全存放视频

1.6.2 无人机发动机及电机日常维保操作视频

1. 发动机保养视频　　2. 电机保养视频

1.6.3 无人机整机及零部件日常保养操作视频

1. 整机清洁视频　　2. 电机清洁视频　　3. 云台减振球清洁视频

4. 电源线材清洁视频　　5. 轴承润滑视频　　6. 整机紧固视频

1.6.4　无人机任务载荷系统日常维保操作视频

1. 喷嘴安装视频　　2. 喷头清洁视频　　3. 物流箱安装视频

4. 物流箱保养视频　　5. 挂载设备安装视频　　6. 挂载设备清洁视频

1.6.5　无人机日常维保任务工单

项目名称	无人机维保检修		
任务名称	无人机日常维保		
无人机型号			
故障状态			
故障原因			
维保检修流程及工具耗材使用等情况记录：			
步骤	操作内容	工具耗材	结果
1			
2			
3			
4			
5			
6			
7			
8			
（可另附页）			
维保检修结论：			
维保检修人：		项目负责人/质检员签字：	
成本核算：		完成时间：	

1.6.6 无人机日常维保任务实施评价表

被评人：

一级指标	二级指标	配分	评价	评价指标
1. 按照规范标准对无人机日常维保	按照工作计划执行	5		信息获取
	正确选择工具设备	5		专业能力
	规范使用工具设备	5		规范性
	正确顺序作业	5		专业能力
	规范地进行标准作业	5		专业能力
	专业地正确进行作业	5		专业能力
	操作中遵守技术规范和标准	5		规范性
	操作中遵守设备及人身安全防护	5		安全性
	操作中遵守环保要求	5		环保性
	操作过程保证工作质量	5		责任心
	维保结果正确	5		专业能力
	维保记录完整准确	5		记录
	走路轻快稳、手脚利落，注重工作效率	5		工作规范
2. 任务实施中的自我管理	完成任务的时间控制把握	5		时间管理
	与队友友好且高效合作	5		团队合作
	对任务计划及时调整与改进	5		自我改进

评价人：

1.7 任务检查

课程思政点睛

任务检查环节包含三个层次的内容：

首先是复盘检查，对任务实施过程和实施结果进行检查，确保工作质量，养成学生严谨规范、认真负责的职业态度和职业精神，高标准、严要求、精益求精的工匠精神。

其次是对场地、工位、设备、环境等进行5S，养成规范、卫生、环保、自律意识。

最后是对任务计划的调整改进，对前期做的工作计划进行优化，训练学生自我改进、自我优化的自我管理能力，以此实现学生不断地进步提高。

教师要重点引导学生对队友的支持性意见的表达，并引导学生接纳他人建议。

教学实施指导

1）教师提供任务检查单。要求学生分组，小组合作完成任务检查及5S，在任务检查单上标注。

2）学生小组合作修改完善工作计划，进行全面的复盘改进，并标注。

无人机日常维保任务检查及5S

1）请进行必要的最终任务检查。

检查项目	检查内容	问题记录	处理意见
检查实施过程			
检查实施结果			

2）请进行必要的 5S。

5S 场地（　　）

5S 设备工具（　　）

5S 工位（　　）

3）请根据任务实施过程和任务实施结果的实际情况，优化、调整、完善、改进工作计划。（以另一颜色的笔在任务计划上标注作答）

1.8 任务交付

课程思政点睛

任务交付与任务接受呼应，特别适合对学生进行平等、公平、友善、和谐价值观引导。如何做到和伙伴友善合作，如何做到站在公司立场为公司的利益和效率着想，如何站在客户角度为客户着想等，在指导学生进行任务交付的话术训练时全面体现平等、公平、友善、和谐。

教学实施指导

教师指导学生依据 1.8.1 无人机日常维保任务交付剧本，参考 1.8.2 任务交付中英文音视频，以角色扮演方式进行任务交付。

1.8.1 无人机日常维保任务交付剧本（中英文）

1. 任务完成，正常交付

组　　长：领导，您好！经过我们团队 3 小时的努力，我们已经按照相应类型与型号的无人机日常维保的流程与标准规范，全部保质保量地完成了。

Hello, Director! After 3 hours efforts, we have completed the daily maintenance process and standard specifications of the corresponding types and models of drones with full quality and quantity.

项目负责人：好的，你们辛苦了。已经送到质检组进行检测了吧？

All right. Thank you! Have they been sent to the quality inspection team?

组　　长：是的，已经送检了。质检全部通过！

Yes. All passed the quality inspection!

项目负责人：完美。你们先休息一下，一会儿再布置新的任务给你们。

Perfect. Have a rest. I will assign you a new task later.

组　　长：好嘞，等您。

OK.

2. 任务未完成，异常交付

组　　长：领导，您好！不好意思跟您说，我们团队虽然已经很努力了，但是没有在规定时间内完成项目组内所有无人机的日常维保任务。

Hi, Director! I'm sorry to tell you that although our group has tried very hard, we have yet to completed all the daily maintenance tasks of drones in the project team within the prescribed time.

项目负责人：啊？！为什么？到底哪里出了问题？

组　　　长：Ah?! Why so? What went wrong?

组　　　长：真的非常抱歉，主要是我们专业技术水平还不够娴熟，再加上团队合作不够顺畅，导致了工作结果出现问题。

I'm really sorry.Since there is still much to be desired in our professional proficiency and group cooperation, we fail to finish the work on time.

项目负责人：算了。意识到问题的原因就好，下次多注意。那你们自己能解决吗？需不需要其他团队的帮助？

Come on. Just draw the lesson next time. Can you handle it by yourselves? Do you need help from other groups?

组　　　长：我们自己能解决，不需要帮助。不过，还需要点时间。

We can handle it by ourselves. We don't need help. But it will take some more time.

项目负责人：多久？

How long will it take?

组　　　长：2个小时吧。

About two hours.

项目负责人：好吧。再给你们团队2个小时，必须保质保量完成。

All right. Two more hours for you.. You must fulfill it.

组　　　长：谢谢您了！我们这就继续开工。您走好！

Thank you very much! We will continue with our work. See you!

1.8.2　无人机日常维保任务交付音视频（中英文）

1. 无人机日常维保任务正常交付音视频（中文）　　2. 无人机日常维保任务正常交付音视频（英文）　　3. 无人机日常维保任务异常交付音视频（中文）　　4. 无人机日常维保任务异常交付音视频（英文）

1.9　巩固拓展

课程思政点睛

　　巩固拓展环节是充分利用学生的课余时间布置高质量的作业，对课上所学及完成的任务进行温故知新，同时训练学生举一反三、迁移新任务的解决问题能力。任务选择注意课程内容的延续性及拓展性，稍微增加难度，在小组主持作业的情况下，既要对学生克服困难独立完成任务的职业素养进行训练，也要对学生团队合作、高效率高质量完成任务的能力和素养进行训练。

教学实施指导

　　1）完成信息化系统中关于教学流程的每一步测评表，并提交。

　　2）以小组为单位完成演练月财务结算表和成绩统计。

　　3）以小组为单位熟练无人机日常维保所有项目的操作。

　　4）布置新任务，要求学生小组合作完成新任务的工作方案。

Studying Situation 02

学习情境 2
无人机检查性维保

2.0 教学准备

知识目标
- 无人机检查性维保项目的内容及要求。
- 飞行前电池检查性维保的方法、流程及注意事项。
- 飞行后电池检查性维保的方法、流程及注意事项。
- 飞行前整机及任务载荷系统检查性维保的方法、流程及注意事项。
- 飞行后整机及任务载荷系统检查性维保的方法、流程及注意事项。
- 整机及任务载荷系统定期检查性维保的方法、流程及注意事项。
- 根据不同机型定制检查性维保方案。
- 无人机检查性维保的技术要点与规范标准。

技能目标
- 飞行前对整机及任务载荷系统进行紧固性、稳定性、功能性检查与易损件更换。
- 飞行后对整机及任务载荷系统进行紧固性、稳定性、功能性检查与易损件更换。
- 飞行前、后分别对电池进行检查性维保。
- 整机及任务载荷系统定期检查维保。

素养目标
- 能够提炼总结简单的技术文本并建构自己的知识体系思维导图。
- 能够在两人对话中有效沟通并交换信息。
- 能够把自己的观点表达清楚。
- 能够在团队中承担自己的角色功能，平等、和谐、友善。
- 能够在团队中主动并有积极合作意识。
- 能够在制订计划时尽可能考虑全面并做到精益求精。
- 能够控制自己的情绪，跟伙伴友好合作。
- 能够认真倾听并及时记录。
- 能够进行恰当的图文展示。
- 能够以 ERP 沙盘演练的形式进行专业学习。
- 能够把企业经营理念与人文情怀贯穿到专业知识学习中。
- 能够具有创新、创业精神和意识。

2.1 任务接受

课程思政点睛

任务接受环节特别适合对学生进行平等、公平、友善、和谐价值观训练。如何做到和伙伴友善合作，如何做到站在公司立场为公司的利益和效率着想，如何做到站在客户角度为客户着想等，在指导学生进行任务接受话术训练时，教师要及时、适时地对学生进行引导训练，全面体现平等、公平、友善、和谐。

任务接受环节涉及第2个演练月的企业经营，在布置演练月财务核算任务时，严格要求学生具备诚信经营意识，做到严谨、规范、一丝不苟，同时还要有独特的创新意识和不屈不挠的创业精神。

教学实施指导

1）教师指导学生依据2.1.1无人机检查性维保任务接受剧本，学习过程参考2.1.2任务接受中英文音视频，采取角色扮演的方法完成任务接受。

2）角色扮演之后明确工作任务。

2.1.1 无人机检查性维保任务接受剧本（中英文）

学习情境描述

无人机越来越广泛地应用于测绘、航拍、巡检、植保、物流、应急救援等领域。你作为测绘设计研究院的无人机测绘项目部的某项目组员工，请按照相应类型与型号的无人机检查性维护、保养、检修的技术标准规范，选择合适的方法，制订维保检修流程，正确使用工量具、设备、仪器等，完成飞行前后电池、整机及常见任务载荷系统的检查性维保检修，确保无人机具备正常飞行性能，能顺利完成专业的测绘任务。

希望通过各项目组的精诚合作，能够在3小时内完成检查性维保项目。作业过程中注意工作效率、经济效益与安全注意事项等。

组　　长：领导，您好！这次是什么任务？

Hi, Director! What's the mission?

项目负责人：您好！请你们完成我们项目组所有无人机的检查性维保检修。

Hello! Please complete the inspection maintenance of all UAVs in our project team.

组　　长：好的！知道了。有什么特殊的具体要求吗？

All right! I see. But are there any specific requirements ?

项目负责人：没有什么特殊要求，你们按照相应类型与型号的无人机的检查性维护、保养、检修的技术标准规范，选择合适的方法，正确使用工量具、设备、仪器等，能够确保无人机飞行性能正常工作就行了。

Nothing special. You in accordance with the corresponding type and model of UAV inspection maintenance, overhaul of the technical standards, choose the appropriate method, the correct use of measuring tools, equipment, instruments, etc., to ensure the normal operation of the UAV flight performance on the line.

组　　长：好，没问题！规范和标准我们一定严格执行。

No problem! We will follow the specifications and standards strictly.

项目负责人：另外，维保检修过程要嘱咐组员，注意谨慎安全操作，千万别磕磕碰碰或掉落、损坏零部件，谁损坏，谁赔偿。尽量节约成本。

In addition, in the maintenance and repair process you should instruct the team members to pay attention to careful and safe operation, do not bump or drop, damage parts, whoever causes damage must compensate. Try to save costs.

组　　　长：好的！您放心，我会嘱咐团队成员小心安全操作。给我们多长时间完成？

All right! Don't worry. I will tell the group members to be careful. How much time we are allowed to finish the job?

项目负责人：3小时内必须保质保量完成。完成后，上交质检组检验。

It must be perfectly accomplished within 3 hours. Then the frames shall be submitted to the quality inspection team for inspection.

组　　　长：明白了。您放心！还有要嘱咐的吗？

I see. Don't worry about it. Anything more?

项目负责人：没有了。那就拜托了。有问题随时联系。

No more. Just go ahead. Please contact me if you have any questions.

组　　　长：好的！您慢走！再联系。

OK. See you! Keep in touch.

2.1.2　无人机检查性维保任务接受音视频（中英文）

1. 无人机检查性维保任务接受音视频（中文）　　2. 无人机检查性维保任务接受音视频（英文）

2.2　任务分析

课程思政点睛

任务分析环节以任务接受环节的学习情境描述为参考，对学生启发引导分析任务本身，有助于学生深入思考完成任务需要的知识点、技能点与素养点。教师要抓住机会及时训练学生在文本信息中提取的专注力、严谨、规范、标准、安全、精益求精的工匠精神，养成严谨、规范的逻辑思维意识，对任何信息不疏漏并善于利用，以此提升学生的信息获取能力、逻辑思维能力以及严谨认真的职业态度。

教学实施指导

教师指导学生制作思维导图完成任务分析。

1）学生个人独立查阅学习情境描述，在笔记本上制作明确任务的思维导图1：包含任务背景、任务对象、任务要求、任务目标、任务结果、任务角色等。

2）学生个人独立思考完成本任务需要的知识、技能、能力要求，认真制作思维导图2。

3）学生小组合作讨论出本组的思维导图1与2。

4）教师指定小组讲解展示，其他小组领会理解，补充改进。

2.3 理实一体化学习

课程思政点睛

1）以大疆无人机的全球保有量，激发学生的爱国热情和民族自豪感，引导学生树立政治立场与坚定世界观。

2）以大疆无人机、天途无人机为教学内容，及时对学生进行科技强国教育与创新创业教育。

3）通过工作站方法的学习指导，引导学生养成独立、民主、自由、公平、友善、诚信、合作、和谐、敬业等价值观，培养学生严谨、规范、精益求精的职业态度和职业精神。

教学实施指导

教师提供给学生为完成本任务（无人机检查性维保）必要的学习资料（3个模块），要求并指导学生利用工作站法完成理实一体化学习。学生按照教师的要求，认真完成3个模块的企业内部培训，力争自己解决问题。

工作站法学习：

1）学生分为3组，在3个工作站完成2.3.1~2.3.3所有学习内容。

2）学生以竞争方式获得展示学习结果的机会，使用实物投影仪进行展示讲解。

2.3.1 飞行前后无人机电池检查性维保

1. 信息页

学习领域	无人机维保检修		
学习情境	LS2：无人机检查性维保	学习时间	45min
工作任务	A：飞行前后无人机电池检查性维保	学习地点	理实一体化教室

飞行前后无人机电池检查性维保

（1）学习目标

掌握无人机锂聚合物电池飞行前后的规范化使用以及检查性维保方法与流程。

（2）教具准备

1）智能双路充电器，如图1所示。

2）12S锂聚合物智能电池，如图2所示。

图1　智能双路充电器　　　图2　12S锂聚合物智能电池

天途 TTA M4E-EDU 无人机所搭配使用的 12S 锂聚合物智能电池是一款容量为 30000mA·h（毫安时），标称电压为 44.4V，带有充放电管理功能的电池，该电池采用高能电芯并采用先进的电池管理系统。

天途 TTA M4E-EDU 无人机智能电池设有按键，按键功能包括：

①短按按键 1s，可查看当前电池电量，图 2 所示方框为电池电源开关按键。
②在电池电源处于关闭状态时，短按按键 1s+ 长按按键 2s，开启电池电源。
③在电池电源处于开启状态时，短按按键 1s+ 长按按键 2s，关闭电池电源。

表 1~ 表 3 为智能电池各种指示灯定义。

表 1 智能电池故障告警指示灯定义

项目	指示灯	开始条件	结束条件
充电	显示电池电量	充电	停止充电
放电	显示电池电量	放电	停止放电
按键触发	显示电池电量	按键	显示 10s 完成
升级	LED 显示进度	开始升级	升级完成
充电高温告警	LED 5 闪烁 +LED 4 连续闪 3 次	充电且温度 >OCTA	停止充电或温度 <OCTR
充电过流告警	LED 5 闪烁 +LED 2 连续闪 2 次	充电电流 >OCCA	充电电流 <OCCR
放电低压告警	LED 5 闪烁 +LED 3 连续闪 2 次	放电且电压 <UVA	停止放电或电压 >UVR
充电高压告警	LED 5 闪烁 +LED 3 连续闪 3 次	充电且电压 >OVA	停止充电或电压 <OVR
充电低温告警	LED 5 闪烁 +LED 4 连续闪 2 次	充电且温度 <UCTA	停止充电或温度 >UCTR
放电过流保护/短路开机	LED 5 闪烁 +LED 2 连续闪 3 次	放电电流 >ODCP 且持续超过 10s/ 短路开机	充电或负载解除后 1min
短路保护	LED 5 闪烁 +LED 2 连续闪 1/2 次	输出短路	负载解除后 1min
电池损坏	开机 LED 5 常亮	V_{min}<1.5V，或 V_{min}>3.2V 且 δV>1V	—

表 2 智能电池电量指示灯定义

LED 5	LED 1	LED 2	LED 3	LED 4	SOC
○	●	●	●	●	88%~100%
○	●	●	●	⊙	76%~87%
○	●	●	●	○	63%~75%
○	●	●	⊙	○	51%~62%
○	●	●	○	○	38%~50%
○	●	⊙	○	○	26%~37%
○	●	○	○	○	20%~25%
⊙	●	○	○	○	13%~19%
⊙	⊙	○	○	○	<13%

表 3 智能电池充电指示灯定义

LED 1	LED 2	LED 3	LED 4	SOC
⊙	⊙	○	○	0~50%

（续）

LED 1	LED 2	LED 3	LED 4	SOC
⊙	⊙	⊙	○	51%~75%
⊙	⊙	⊙	⊙	76%~94%
●	●	●	●	95%~100%

TTA M4E-EDU 智能锂电池在使用过程中，充电工作温度最高不可超过 45℃，最低不可低于 0℃，放电工作温度最高不可超过 55℃，最低不可低于 –15℃。

3）大疆 DJI M3E 智能电池，如图 3 所示。

大疆 DJI M3E 无人机搭配的智能电池是一款容量为 5000mA·h（毫安时），额定电压为 15.4V，带有充放电管理功能的智能电池，该款电池采用高能电芯，并使用先进的电池管理系统。

大疆 DJI M3E 智能电池自带电量指示灯，在电池处于电源关闭状态下，短按电池开关一次，可查看当前电池剩余电量。DJI M3E 智能电池短按电池电源开关 1 次，再长按电池开关 2s 以上，即可开启或关闭智能电池，电池处于开启状态时，电量指示灯显示当前电池剩余电量，电池处于关闭状态时，所有电量指示灯均处于熄灭状态。

图 3　大疆 DJI M3E 智能电池

（3）飞行前、后分别进行充电和放电检查

1）天途 TTA M4E-EDU 飞行前电池检查。

步骤	操作内容	图示
1	飞行前对智能锂电池当前剩余电量、工作状态进行确认和检测，防止因电池剩余电量低或工作状态异常对无人机的飞行安全构成隐患和威胁。电池剩余电量的检测方法有 3 种：第 1 种是通过查看电池剩余电量指示灯，具体参照表 2；第 2 种是通过天途 TTA M4E-EDU 专用电池充电站检测剩余电量；第 3 种是通过 TTA M4E-EDU 专用地面站（天途云控平台）查看电池剩余电量	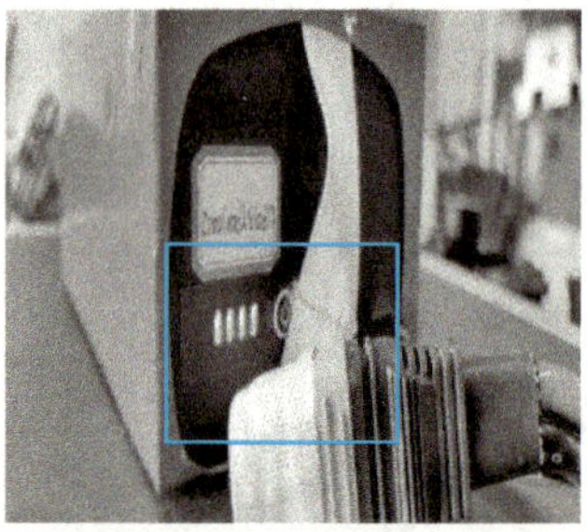
2	通过专用电池充电站进行电池电量检测，正确选择并连接充电站的电源线。使用专用三相电源线，禁止擅自更换非充电站专用三相电源线 注意：若充电站使用两相电源线，将构成严重的消防安全火灾隐患	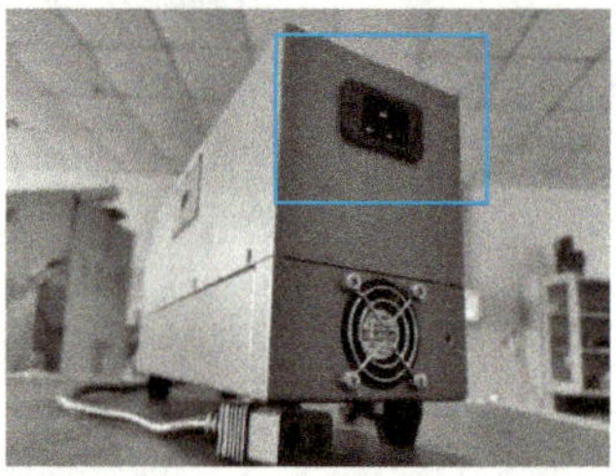
3	检查电池电源连接器和充电站电源连接器是否存在绝缘隐患，电线线缆外漏或绝缘皮/壳老化甚至破损等；检查连接松动隐患或连接器接触不良隐患等。若出现绝缘或松动隐患，更换全新电线、全新电源连接器 注意：使用电工绝缘胶带对外漏、破损部位进行缠绕、绝缘加固，属于临时性维护措施，不可代替更换全新电线和连接器类维保措施长期使用	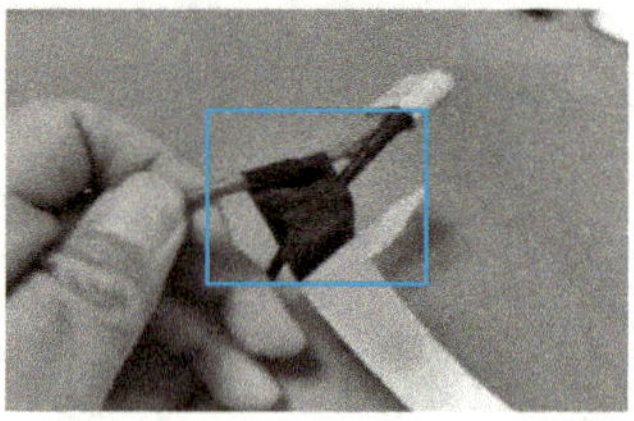

（续）

步骤	操作内容	图示
4	登录天途云平台，通过专用地面站查看电池电量，同时检查 M4E-EDU 无人机内置 SIM 卡的剩余金额和剩余流量。若无法正常访问天途 WEB 云控平台（M4E-EDU 专用地面站软件），则检查并确认计算机是否已接入互联网，网线是否已连接或是否已接入互联网 WiFi 热点	

2）天途 TTA M4E-EDU 飞行后电池检查。

步骤	操作内容	图示
1	TTA M4E-EDU 无人机智能电池的最佳充电电流为 0.5C（≈15A），最大支持充电电流为 2C（≈60A），满电电压为 50.4V，充电电流过大不利于延长电池使用寿命，充电电流过小则导致充电效率低下。针对过放的电池，使用≤0.1C 的充电电流对电池进行慢充维护	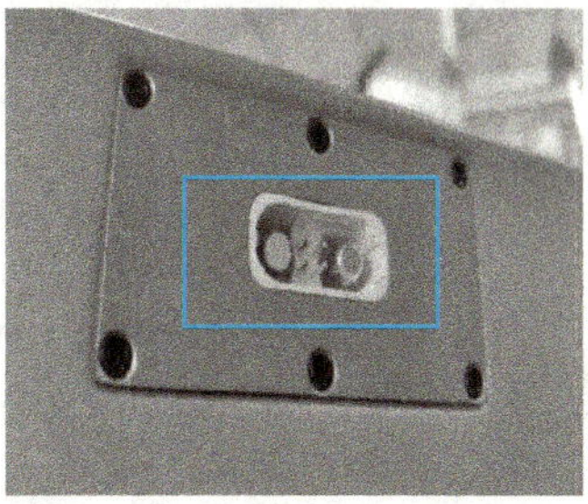
2	12S 锂聚合物智能电池若使用不当或存储不当，可能导致不同电池芯的电压压差过大（电芯压差应<0.1V），压差过大的电池须进行平衡保养后方可使用。通过 TTA M4E-EDU 专用充电站的保养功能，先放电后慢充完成	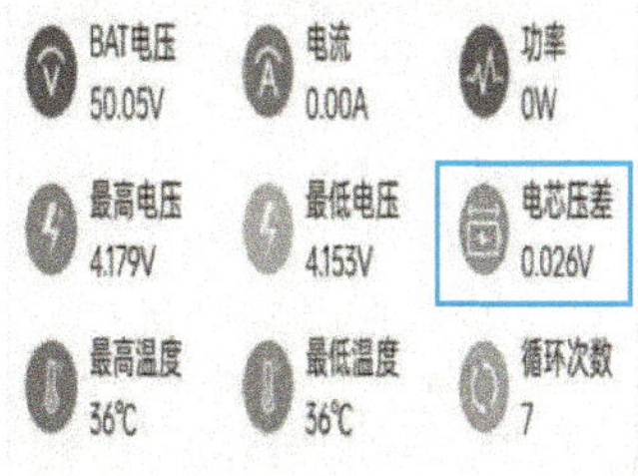 BAT电压 50.05V　电流 0.00A　功率 0W 最高电压 4.179V　最低电压 4.153V　电芯压差 0.026V 最高温度 36℃　最低温度 36℃　循环次数 7
3	电池一旦使用至低电压值时（单芯电压 3.6V，总电压 43.2V），须尽快对智能电池进行充电，充电可通过 TTA M4E-EDU 专用充电站的充电功能完成，确保电池处于单电池芯 3.85V	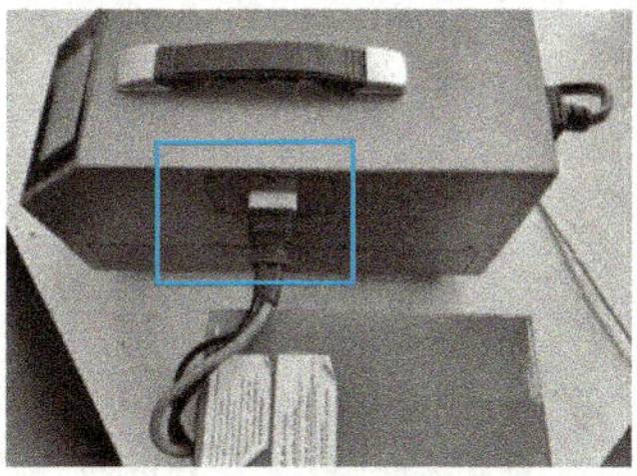
4	使用 TTA M4E-EDU 专用充电站对智能锂电池进行充电和保养时，若充电站的输入电压超过合理范围 100~250V，将造成充电站工作异常甚至损坏，因此，务必选择电压稳定、电路、插座、插线板功率冗余量大的充电环境。充电站内置风扇散热，定期对风扇附着灰尘进行清理，以保障散热风扇的高效运行。将专用充电站放置于远离灰尘、干燥通风、防雨防潮、避免阳光直射、温度相对稳定且适宜、无振动或振动较小的环境中，以确保充电站能够长期正常使用	 

3）大疆 DJI M3E 飞行前后电池检查。

步骤	操作内容	图示
1	与 TTA M4E-EDU 略有不同，DJI M3E 在起飞前查看电池剩余电量的方式主要有 2 种：第 1 种是短按电池电源开关，通过电池电量指示灯查看电池剩余电量；第 2 种是通过 DJI PILOT App 的 M3E 专用地面站软件查看电池剩余电量	
2	DJI M3E 智能电池具有充电保护功能。当电池充电至满电电压后，充电温度超出安全区间范围 5~40℃时，充电电流过大时，出现电路短路情况时均自动停止充电 注意：充电时发现电池无法充电，应逐一对电池电量、电池温度以及充电器的工作状态进行检查，排查电池是否存在短路情况	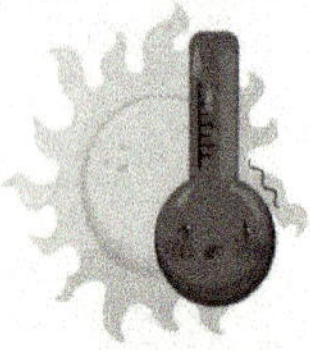
3	DJI M3E 智能电池具有放电保护功能。在无人机降落后，可检查电池剩余电量和电压，当放电至允许的最低电压时，为保障电池不出现过放损坏情况，电池将会自动进入放电保护状态并停止继续放电。但无人机若处于飞行过程中，放电保护功能将无法正常开启，因此，必须设置一级、二级低电压自动报警策略及执行动作策略，通常设置二级低电压报警策略的执行动作指令为返航，一级低电压报警策略的执行动作指令为降落。一级、二级低电压报警触发点会通过 2 个白点显示在 DJI PILOT App 软件飞行界面的电池电量指示条中	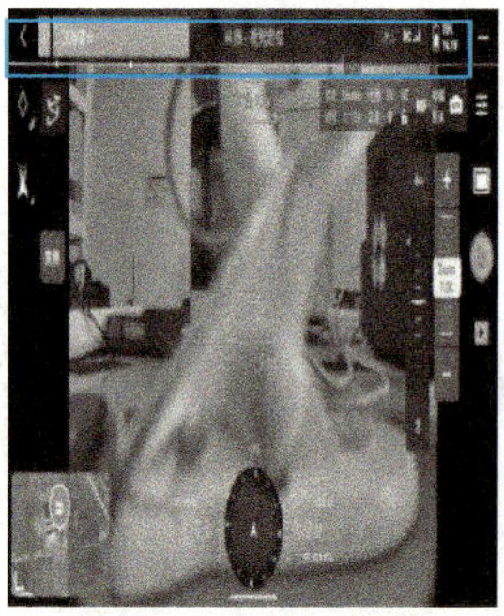
4	无人机降落后，如需继续飞行，则需对电池进行充电，达到满电电压后，方可飞行使用。如不再继续飞行，则需对电池进行充电，达到保存电压 3.85V。DJI M3E 智能电池在充电至满电电压后，保持 3 天，之后将在 24h 内自动放电至剩余电池电量的 96%，再过 9 天（默认设置为 9 天，也可通过 DJI PILOT App 自定义 4~9 天）电池将自动放电至 60%，用于保护电池，达到最佳的电池存储电压状态。在自动放电期间，电池会轻微发热，属正常放电发热现象 注意：如智能电池处于开启状态，20min 内未连接 DJI M3E 无人机，电池将自动进入关闭状态。如电池电量长期处于低于 5% 的低电压状态，电池将在 6h 后自动进入休眠状态以防止电池过放，此时再通过短按电源开关将无法正常查看电池剩余电量，需进行充电唤醒	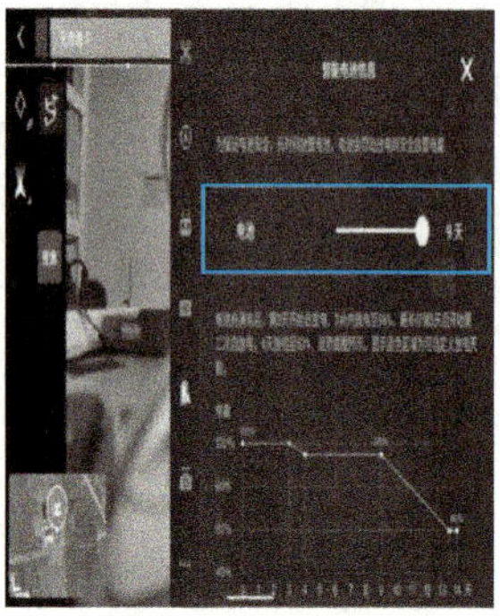
5	飞行前，需确保 M3E 专用智能电池处于满电状态，注意不可在 5℃ 以下对电池进行充电，在低温环境下，电池充电、放电能力均将受到影响。DJI M3E 智能电池的最低工作温度为 5℃，推荐工作温度在 20℃ 以上。在低温环境下使用 DJI M3E 无人机时，首先通过悬停动作实现电池预热，在 -10℃ 以下的环境，智能电池将无法正常工作。若在 DJI PILOT App 中提示电池功率不足时，需立刻停止飞行并将电池温度提升至 5℃ 以上，或将电池放置在室温环境下为其充电至满电电压 飞行后，如出现电池温度过高，可能将触发电池的高温充电保护功能，此时，使用 M3E 充电器可能无法为电池充电，将显示黄灯闪烁，即电池温度过高或过低。如出现红灯常亮，则为充电电流、电压异常或其他电路故障	

2. 工作页

学校名称		任课教师	
班　　级		学生姓名	
学习领域	无人机维保检修		
学习情境	LS2：无人机检查性维保	学习时间	45min
工作任务	A：飞行前后无人机电池检查性维保	学习地点	理实一体化教室

飞行前后无人机电池检查性维保

1）请提炼关键词，完成天途 TTA M4E-EDU 飞行前电池检查维保的工作流程表格。

步骤	操作内容	工具设备仪器	标准规范	注意事项

预估完成耗时：　　　　　　　　　　　　预估成本：

2）请提炼关键词，完成天途 TTA M4E-EDU 飞行后电池检查维保的工作流程表格。

步骤	操作内容	工具设备仪器	标准规范	注意事项

（续）

步骤	操作内容	工具设备仪器	标准规范	注意事项

预估完成耗时： 　　　　　　　　　预估成本：

3）请提炼关键词，完成大疆 DJI M3E 飞行前后电池检查维保的工作流程表格。

步骤	操作内容	工具设备仪器	标准规范	注意事项

预估完成耗时： 　　　　　　　　　预估成本：

2.3.2 飞行前后整机及任务载荷系统检查性维保

1. 信息页

学习领域	无人机维保检修		
学习情境	LS2：无人机检查性维保	学习时间	45min
工作任务	B：飞行前后整机及任务载荷系统检查性维保	学习地点	理实一体化教室

飞行前后整机及任务载荷系统检查性维保

（1）学习目标

掌握飞行前、后对整机及任务载荷系统进行紧固性、稳定性、功能性检查与易损件更换。

（2）教具准备

1）日常通用工具，如图1所示。

①橡胶锤：锤头带有橡胶缓冲垫。在保护工件的前提下，弹力越小越好，故用无弹力橡胶锤。

②内六角螺栓扳手：内六角扳手又称为艾伦扳手，通过转矩施加对螺栓的作用力，大大降低了使用者的用力强度。

③棘轮扳手：棘轮扳手是一种手动螺栓松紧工具，单头、双头多规格活动柄固定孔的棘轮梅花扳

图1 日常通用工具

手，是由不同规格尺寸的主梅花套和从梅花套，通过铰接键的阴键和阳键咬合的方式连接的。由于一个梅花套具有两个规格的梅花形通孔，使它可以用于两种规格螺栓的松紧，从而扩大了使用范围，节省了原材料和工时费用。活动扳柄可以方便地调整扳手使用角度。棘轮扳手用于螺栓的松紧操作，具有适用性强，使用方便和造价低的特点。

④偏口钳：电工常用工具之一，又称为"斜口钳"，主要用于剪切导线及元器件多余的引线，还常用来代替一般剪刀剪切绝缘套管、尼龙扎线卡、扎带等。

2）六旋翼无人机，型号M6E，如图2所示。

图2 M6E 六旋翼无人机

通常几旋翼代表有几个动力电机，六旋翼无人机配备六个动力电机，其抗风能力和稳定性通常都会优于六旋翼以下的无人机。

3）常用任务载荷系统，如图3所示。

①五拼倾斜相机：由5个单独的相机根据计算得出每一个相机的角度安装位置进行拼装。整个相机的像素是由5个单独相机的像素相加和得出。拍摄是由一个拍照指令控制5个单独相机同时拍摄，并对后期的三维模型处理起关键性作用。

a）五拼倾斜相机　　　　b）正射相机　　　　c）激光雷达

图3　常用任务载荷系统

②正射相机：是固定位置、固定角度进行等时或等距拍摄的。与五拼倾斜相机相比角度单一，因此正射相机拍出的照片后期多用于二维平面地图使用。

③激光雷达：是以发射激光束探测目标的位置、速度等特征量的雷达系统。其工作原理是向目标发射探测信号（激光束），然后将接收到的从目标反射回来的信号（目标回波）与发射信号进行比较，作适当处理后，就可获得目标的有关信息，如目标距离、方位、高度、速度、姿态、甚至形状等参数，从而对飞机、导弹等目标进行探测、跟踪和识别。它由激光发射机、光学接收机、转台和信息处理系统等组成，激光器将电脉冲变成光脉冲发射出去，光接收机再把从目标反射回来的光脉冲还原成电脉冲，送到显示器。

（3）飞行前后整机检查性维保

步骤	操作内容	图示
1	准备检查所需要的工具：内六角螺丝刀一套、斜口钳、锤子、套筒扳手	
2	目视检查时要注意螺旋桨的安装顺序和位置是否正确，紧固时要注意部分折叠式螺旋桨桨叶的紧固不要过紧或者过松，导致飞行不稳定	
3	检查螺旋桨的完整性，检查转向确保与电机转向一致，保证飞行任务顺利进行 注意：当螺旋桨的迎风面与电机转向相反时，机臂没有升力，会引发飞行事故	
4	目视检查无人机机臂是否可以完全展开，卡扣处是否完全卡紧，仔细检查机臂滚针是否有裂痕	

（续）

步骤	操作内容	图示
5	目视检查无人机电台天线、数据连接线、机载天线是否禁锢 注意：电台天线和机载天线是有频段限制的，通常电台数据天线为（850~900MHz），不可选用2.4G或4G天线代替	
6	目视检查电机底座与机臂是否有缝隙，旋转电机检查是否有松动和晃动，检查电机与机臂孔位是否对齐，保持电机水平	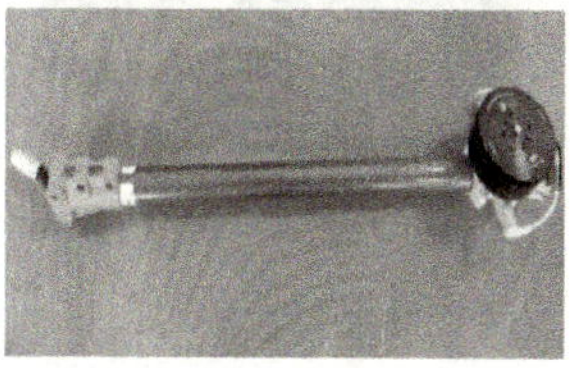

（4）飞行前后任务载荷系统（正射相机）检查性维保

步骤	操作内容	图示
1	目视检查正射相机是否安装紧固，坚决避免出现没有卡紧，导致正射相机脱落或拍摄不稳定的问题出现。如果存在松动，应用手拧螺栓或卡扣结构与云台连接接口（可调节滑动接口）对准后进行拧紧操作 注意：当相机松动后拍摄的画面会有果冻效应，极大影响后期处理	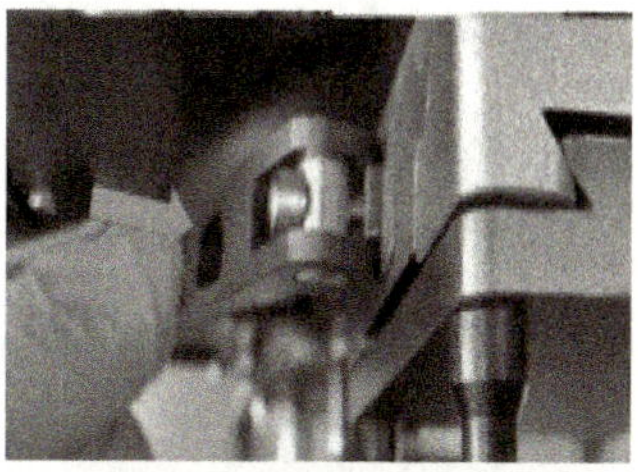
2	在不通电的情况下，目视检查云台与相机的角度是否水平，如果不水平，则应首先调节相机与云台连接的位置关系	
3	目视检查供电系统是否正常，观察云台自检是否正常	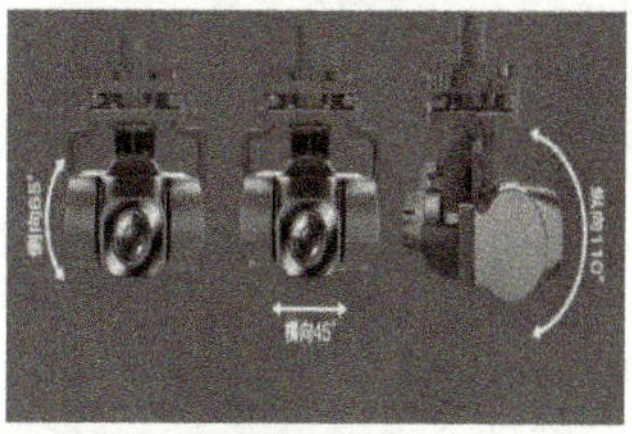
4	检查与飞控的匹配，通过使用遥控器或地面工作站触发拍照功能，通过画面质量观察相机是否正常拍摄	

(续)

步骤	操作内容	图示
5	检查曝光信号控制是否正常，连续多次进行曝光信号的触发，观察相机是否有丢拍、漏拍现象	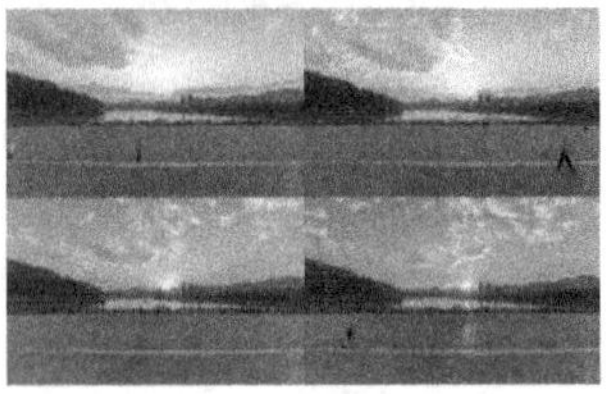
6	无人机飞行任务结束后，若出现相机内没有照片或缺少、拍摄异常等情况，应禁止起飞，并进行排查	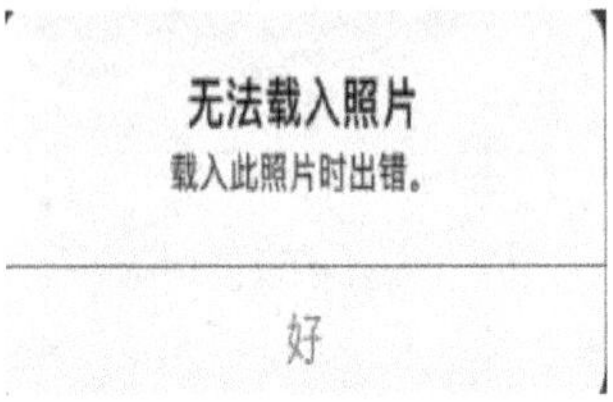

（5）飞行前后任务载荷系统（植保箱）检查性维保

步骤	操作内容	图示
1	目视检查药箱的完整性，药箱是否完好无破损、无划痕。检查水箱的密封性，取下水箱，查看水箱的密封圈是否存在变形、密封圈破损等问题。检查水箱盖是否紧固配套，避免无人机在飞行过程中倾斜角过大导致药物外洒。发现有问题需要及时更换，否则进空气	
2	检查滤网是否堵塞，需要拆下水箱下部旋盖，取下滤网和对应密封圈，如发现滤网堵塞，则需要对滤网进行清洗	
3	检查水箱内部的两个液位计是否有腐蚀现象，使用清水进行清洁	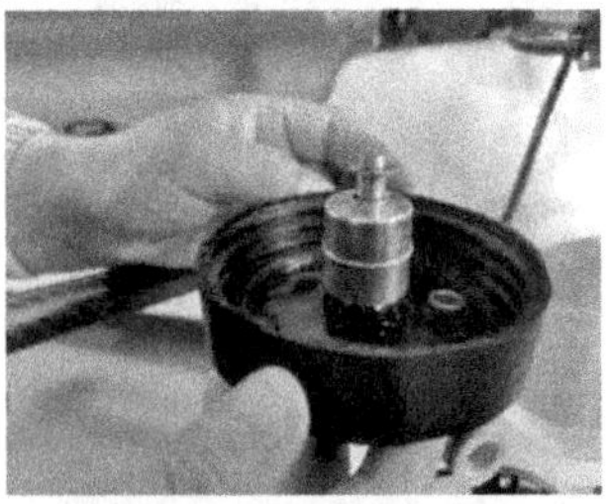
4	检查水箱、水泵、流量计等几处管道接头处是否松动紧固无脱落，管道是否有破裂，如发现有破损，需要立即更换。轻拔软管，测试是否有脱落现象，检查并确保空压软管与各接头连接牢固。检查软管中是否存在空气。软管中有空气会造成喷头堵塞，此时打开喷头上的放气阀排出空气，然后再关闭放气阀	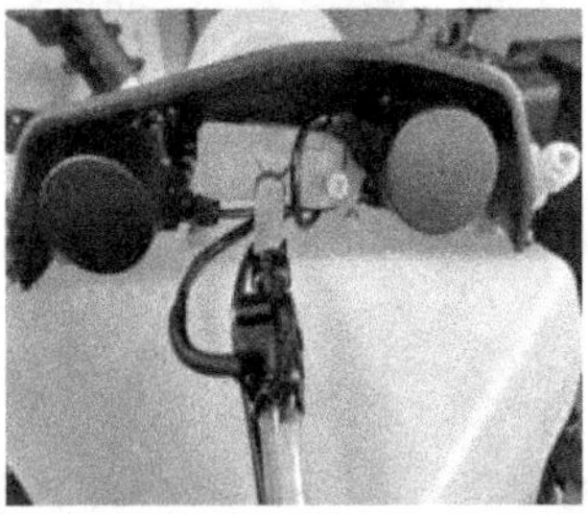

(续)

步骤	操作内容	图示
5	将药箱注入清水,使用遥控器打开喷洒开关,使喷头开始喷水。目视检查喷管是否有破损漏水现象;检查喷嘴有无堵塞、松动现象;打开水泵测试水泵是否工作正常。若存在上述问题,可能会导致作业时喷洒的药量不一致,应维修及更换配件	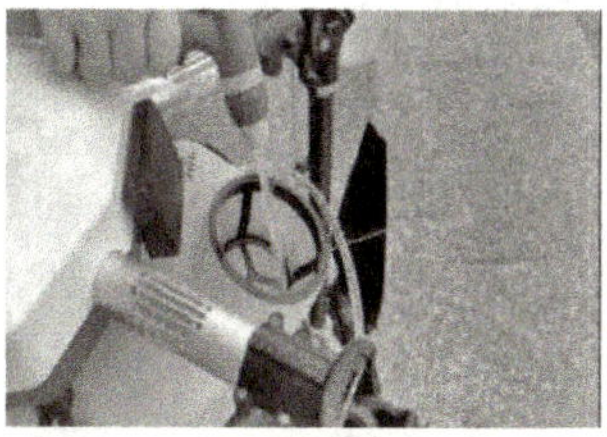 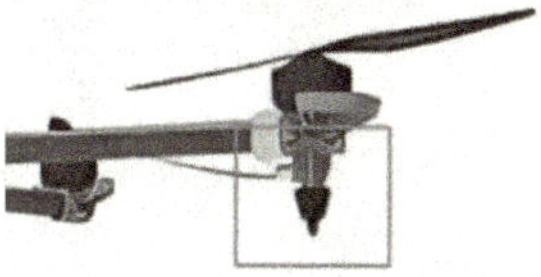

(6) 飞行前后任务载荷系统(物流箱)检查性维保

步骤	操作内容	图示
1	目视检查物流箱整体紧固件处螺栓是否拧紧;通过开合、扭动等查看紧固件处的松动情况;检查挂载设备卡扣连接处是否卡紧,并晃动物流箱查看锁止处有无松动现象,确保卡扣已卡紧	
2	检查投抛器开关是否正常,并在地面时拨动开关发送指令,观察指令是否生效以及效果是否符合预期	

(7) 飞行前后任务载荷系统(侦察吊舱)检查性维保

步骤	操作内容	图示
1	将吊舱挂载板与无人机挂载板孔位对齐放平,将挂载板卡口向下压到底,固定挂载设备,使吊舱与无人机紧密衔接	
2	将无人机链路预留航空插头与吊舱航空插座连接,并拧紧避免虚接,将吊舱RG316射频连接跳线插入解码盒	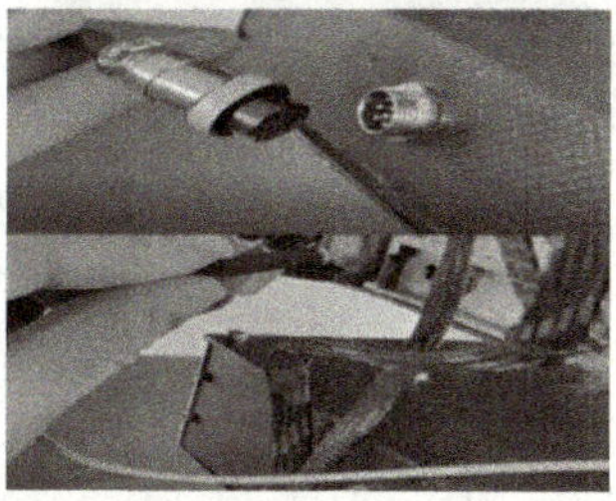

(续)

步骤	操作内容	图示
3	安装后检查吊舱是否固定牢固；检查链路连接是否正确；检查线路是否妨碍无人机和吊舱工作，若妨碍进行捆扎固定	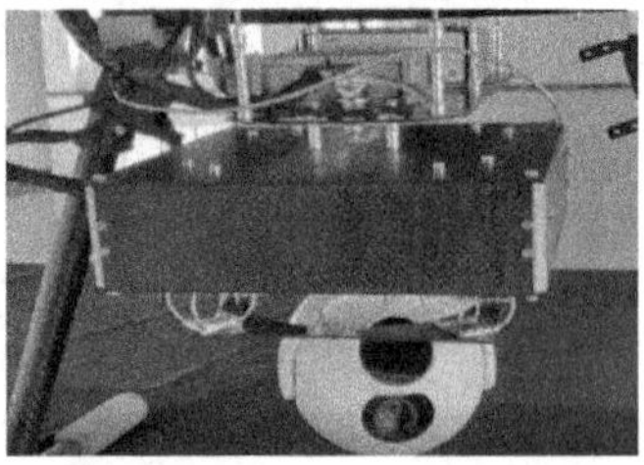
4	打开监控软件进行通电检查，检查链路是否通信正常。若通信异常显示"失锁"状态，若通信正常则显示"锁定"状态	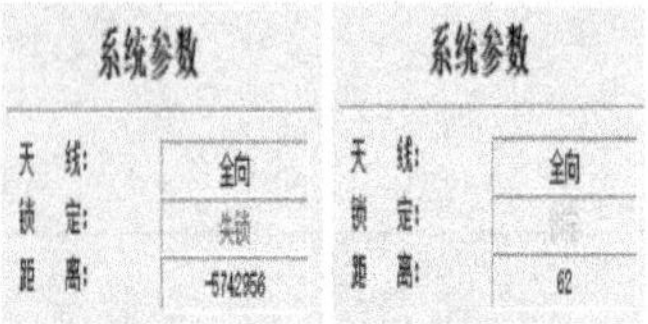
5	加载 AI 智能识别文件进行吊舱设置。如车辆识别、人体识别、火焰识别等	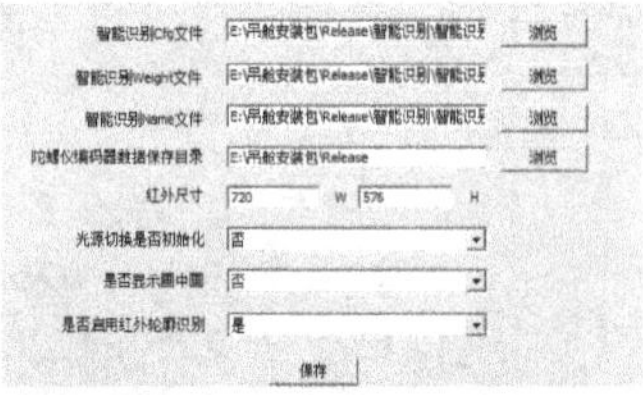
6	进行吊舱调试。进入画面，使用键盘 W、A、S、D 四个键调节镜头上下、左右；使用 Q、E 按键调整画面缩放；根据画面漂移方向使用"↑""↓""←""→"四个按键向反方向校准画面直至零漂；吊舱调试完成	
7	飞行前后使用超细纤维巾擦拭镜头进行设备清洁养护	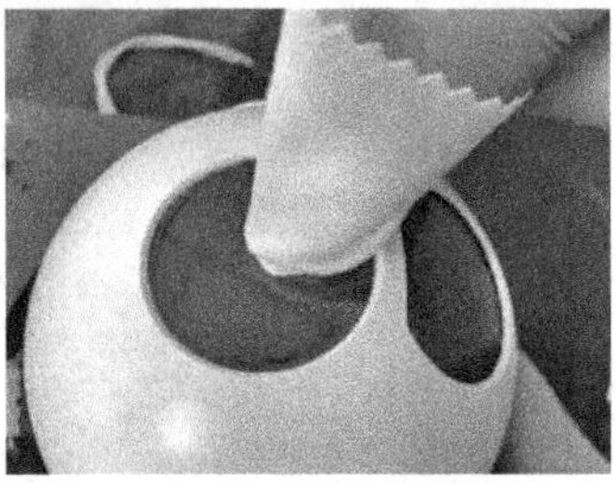

（8）飞行前后任务载荷系统（五镜头）检查性维保

步骤	操作内容	图示
1	将相机快拆板与无人机快拆板滑轨对齐推入，将固定卡扣压到底，安装固定五镜头倾斜摄影设备	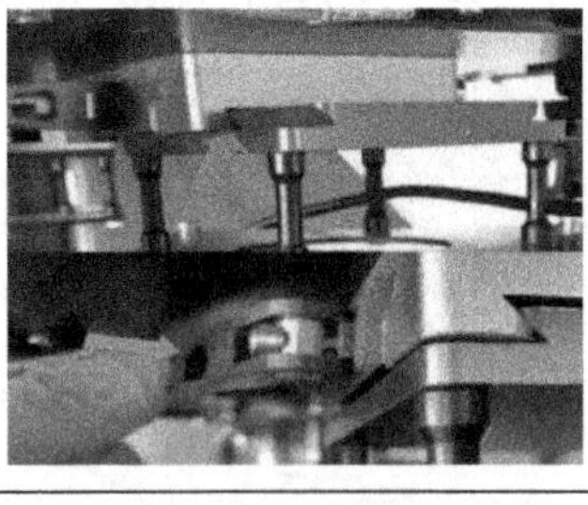

（续）

步骤	操作内容	图示
2	连接线路，将相机电源插头与无人机预留插头（12V）连接，将快门触发插头与飞控预留插头连接	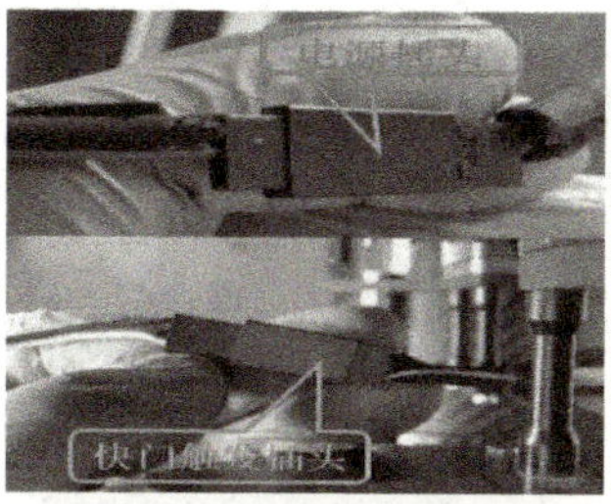
3	开机调试。开机后点击航拍将所有相机镜头伸出，检查是否有卡顿和伸出时间不同步现象	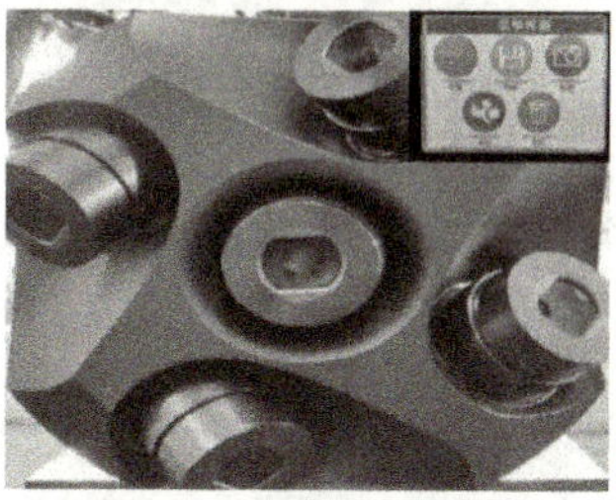
4	进行镜头调试。若镜头伸出时不同步，主界面点击单控按钮进入单控界面，点选1~5按钮后点击"*"键使相机伸缩，直至达到五个镜头同时伸出，完成调试	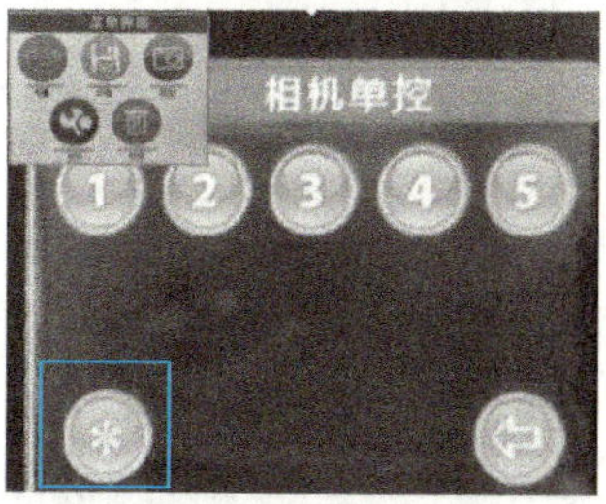
5	进行地面端调试。地面站控制端地图框选作业范围，生成扫描航线，相机选择使用的相机型号。点击"拍照一次"	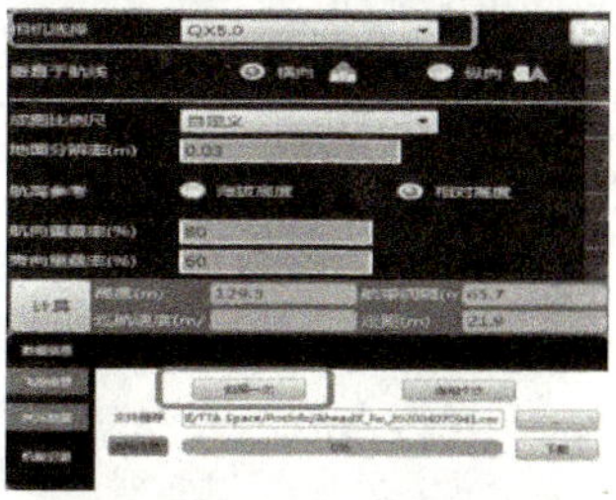
6	进行调试检查。进入相机主界面点击航拍查看照片数量，照片数量应和操作地面端拍照次数一致	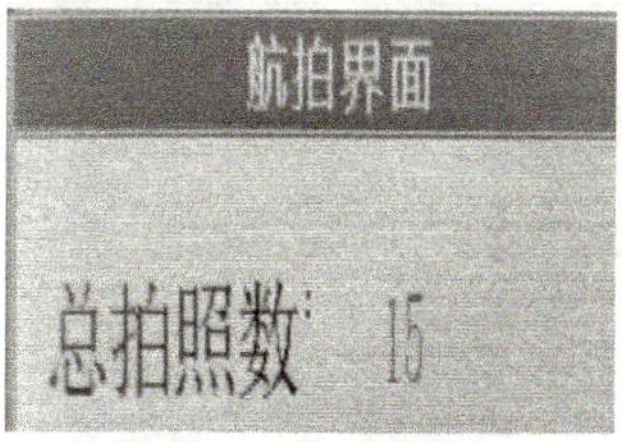
7	飞行前后对触摸屏幕和相机镜头使用超细纤维巾擦拭，如有油渍可蘸酒精擦拭，进行设备清洁养护	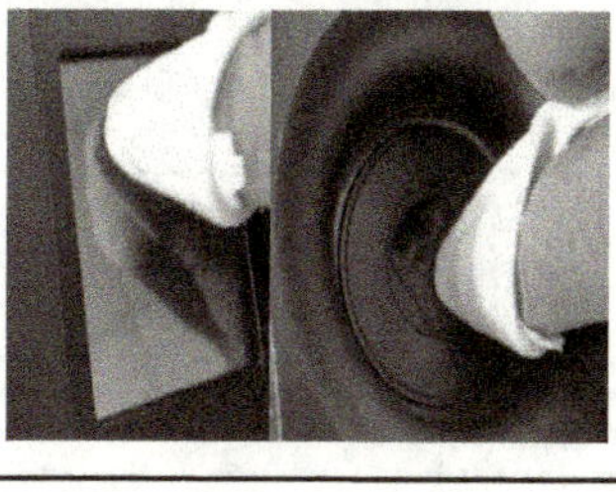

061

2. 工作页

学校名称		任课教师	
班　　级		学生姓名	
学习领域	无人机维保检修		
学习情境	LS2：无人机检查性维保	学习时间	45min
工作任务	B：飞行前后整机及任务载荷系统检查性维保	学习地点	理实一体化教室

飞行前后整机及任务载荷系统检查性维保

1）请提炼关键词，完成飞行前后对整机检查性维保的工作流程表格。

步骤	操作内容	工具设备仪器	标准规范	注意事项

预估完成耗时：　　　　　　　　预估成本：

2）请提炼关键词，完成飞行前后对任务载荷系统（航拍侦察）检查性维保的工作流程表格。

步骤	操作内容	工具设备仪器	标准规范	注意事项

预估完成耗时：　　　　　　　　预估成本：

3）请提炼关键词，完成飞行前后对任务载荷系统（倾斜摄影）检查性维保的工作流程表格。

步骤	操作内容	工具设备仪器	标准规范	注意事项
预估完成耗时：		预估成本：		

4）请提炼关键词，完成飞行前后对任务载荷系统（植保物流）检查性维保的工作流程表格。

步骤	操作内容	工具设备仪器	标准规范	注意事项
预估完成耗时：		预估成本：		

2.3.3 整机及任务载荷系统定期检查性维保

1. 信息页

学习领域	无人机维保检修		
学习情境	LS2：无人机检查性维保	学习时间	45min
工作任务	C：整机及任务载荷系统定期检查性维保	学习地点	理实一体化教室

整机及任务载荷系统定期检查性维保

（1）学习目标

掌握无人机整机、光电吊舱的定期检查与维保内容、方法与流程。

（2）教具准备

1）天途 TTA M4E-EDU 无人机，如图 1 所示。

TTA M4E-EDU 是一款基于 4G 网联技术的训练考试用、小型无人机（按照民航新规重新定义无人机分级分类），整机维保内容按时间周期可划分为月度维保、季度维保和年度维保。

2）无人机光电吊舱，如图 2 所示。

图 1　天途 TTA M4E-EDU 无人机　　图 2　无人机光电吊舱

无人机光电吊舱是无人机影像数据采集的常见任务载荷，通常应用于侦查、巡查、巡检、监控等应用场景。无人机光电吊舱最基本、最关键的技术就是视轴稳定技术，早期的光电吊舱内仅安装有单个传感器。伴随着集成技术的发展，光电吊舱逐渐开始集成多个传感器，如激光测距仪、红外热成像仪甚至目标指示器等，这多个传感器的光轴必须互相平行。

无人机光电吊舱正朝着更小的体积、更小的质量、更稳定的成像、动态化测量、多传感器并用、全数字化运行等特点发展。未来，无人机光电吊舱必将愈加智能化和信息化。多元信息的 AI 自动识别、更加复杂的动态自动跟踪、多光学传感器集成的光轴合一、多波段数据采集与多数据融合处理都将是未来光电吊舱的发展趋势。

与相机类似，其重要的电器元件都集成在密闭性较强的球形或方形吊舱壳体中，所以无人机光电吊舱的维保内容基本都不涉及拆解工业吊舱的壳体，按照时间划分，可分为月度维保内容和年度维保内容，主要以电路、连接器、减振球、固定螺钉、碳纤维结构件的检查、维护和更换为主。

（3）整机定期检查性维保

1）月度维保项目一：SIM 卡流量定期检查和缴费充值。

若 TTA M4E-EDU 无人机无法在天途云控地面站中正常上线，应首先确认无人机 SIM 卡是否欠费或是否未安装 SIM 卡。

步骤	操作内容	图示
1	准备一部装有微信或指定通信运营商 App 的智能手机，打开微信，通过微信小程序搜索指定运营商网上营业厅或直接打开指定运营商 App，进入个人主页	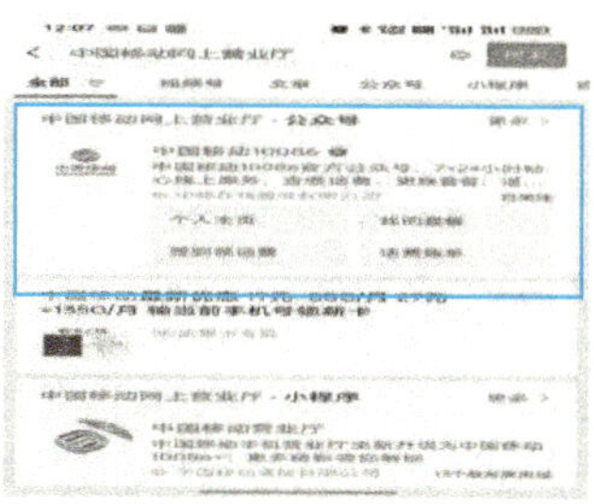
2	在微信小程序中的指定运营商网上营业厅个人主页中，查看通用流量剩余或直接在运营商 App 首页中查看通用流量剩余。若流量不够需要缴费充值	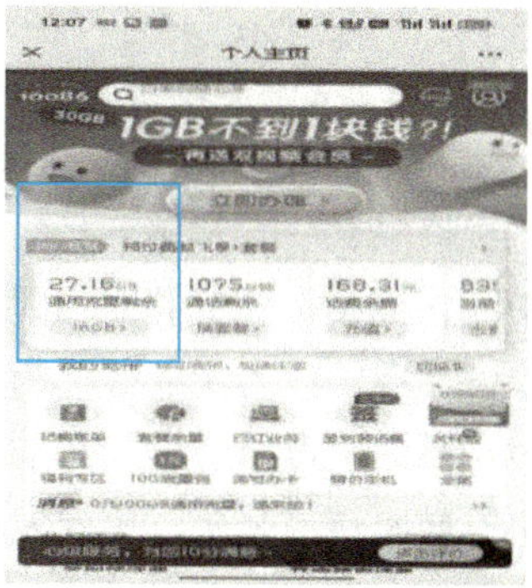

2）月度维保项目二：旋翼固定螺钉的紧固性检查与紧固操作。

TTA M4E-EDU 无人机的四组旋翼均采用折叠结构设计。每组旋翼由 2 根尺寸与螺距相同的旋翼组成，2 根旋翼通过内六角螺钉与折叠紧固机构相连，折叠紧固机构再通过六角螺钉与电机相连。旋翼紧固机构与电机连接的六角螺钉由于没有使用螺钉胶增强紧固性，且承受高频振动，故需要每月定期检查螺钉松动情况。

步骤	操作内容	图示
1	准备一套内六角扳手，包括柄身和螺丝刀，螺丝刀规格须为 2.5mm，连接柄身和螺丝刀组成扳手	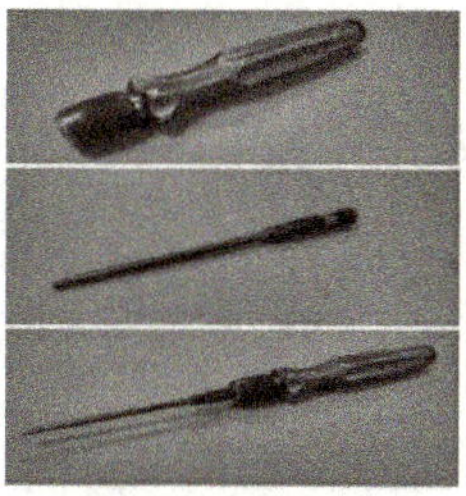
2	使用扳手，依次对旋翼的 4 个固定螺钉进行紧固性检查。使用 2.5mm 内六角螺丝刀，依次垂直插入 4 个固定螺钉的头部凹陷处，顺时针拧动螺钉，感受螺钉是否还有转动的余量。如无法进一步转动则说明紧固性正常，如能够继续转动则说明螺钉存在松动现象，需使用扳手对其进行紧固操作	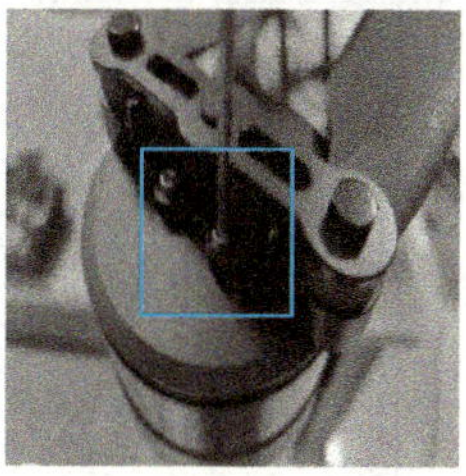

(续)

步骤	操作内容	图示
3	若旋翼出现损坏或旋翼折叠紧固机构出现异常，则使用扳手，依次垂直插入4个固定螺钉的头部凹陷处，逆时针方向拧动螺钉，将4个固定螺钉依次拆卸，并有序放入螺钉存放盒或其他安全存放位置处，更换新的旋翼 注意：TTA M4E-EDU 无人机旋翼的2片旋翼桨叶与旋翼折叠紧固机构采用的是铆钉连接，因为没有螺钉，所以无须开展紧固性检查和紧固性操作，但仍需每月定期检查旋翼桨叶、折叠紧固机构、铆钉连接位置处是否出现异常，如破损、开裂等，一旦发生异常问题则应对其进行整体更换	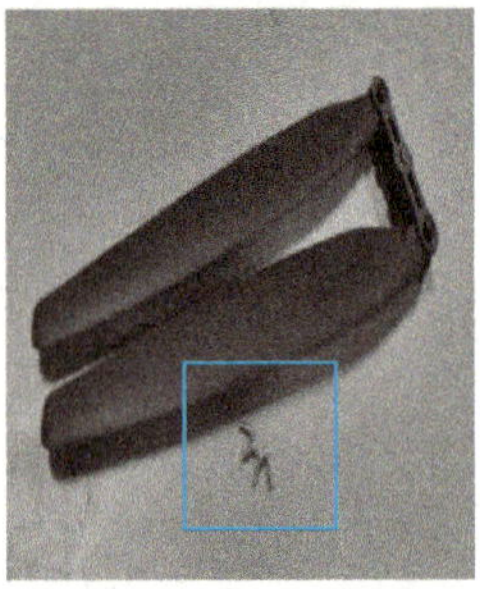

3）月度维保项目三：旋翼外观完整性检查与清洁操作。

TTA M4E-EDU 无人机的四组旋翼均采用碳纤维复合材料，该材料韧性较强，但刚性有限，一旦存储或运输不当，极易造成旋翼受损。同时，旋翼的存储不当和长期使用，也会造成旋翼表面附着各类污渍。旋翼外观如出现较为严重的划痕、缺损甚至局部断裂，或者旋翼表面附着了过多的污渍，如凝结块、黏贴物、异物粘贴等，都会对旋翼的平衡特性产生影响。而旋翼平衡特性的变化会导致旋翼旋转时受力不均、电机旋转时转速异常、电机发热异常、无人机飞行时振动异常等，严重时将对无人机的飞行安全构成严重隐患。

步骤	操作内容	图示
1	准备一瓶不具有腐蚀性和溶解性的清洁溶剂，如液晶屏清洁剂，同时准备一块洁净的擦拭布，擦拭布推荐选用一次性擦脸巾，成分可以是纯棉纤维或植物纤维，避免使用易产生静电、易掉毛、吸水性弱、释水性弱、柔韧性差、弹性差的擦拭布	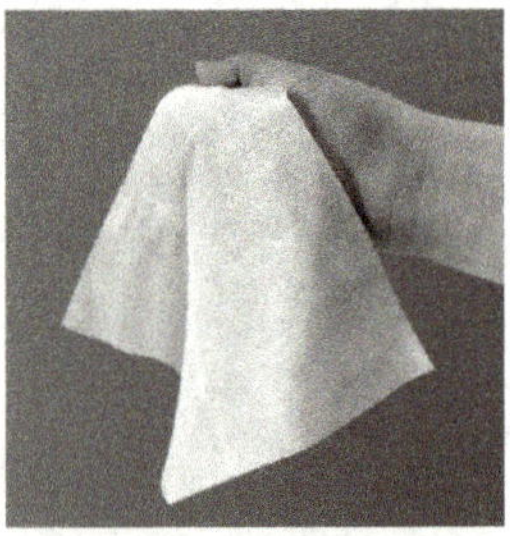
2	通过目视检查旋翼外观完整性、表面粗糙度和清洁度，若发现开裂、缺损、变形等导致旋翼平衡性受到不良影响的情况，应及时更换旋翼。若发现旋翼表面存在附着性污垢，应及时通过洁净的擦拭布和不具有腐蚀性和溶解性的清洁溶剂进行清洁 注意：在清洁时，需提前确认旋翼表面没有会导致手部划伤的外观缺陷	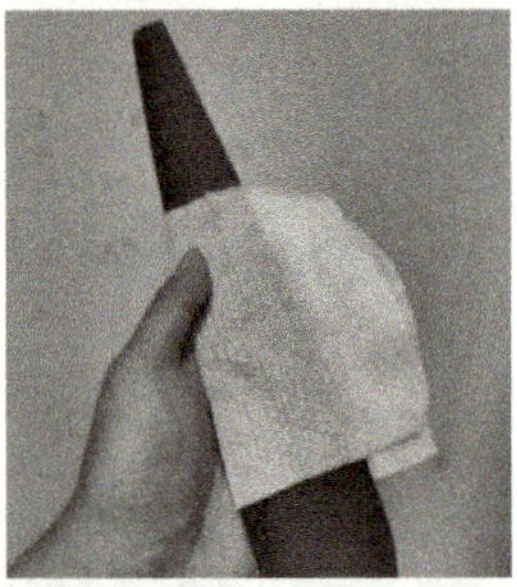
3	使用手部触碰检查旋翼质感、韧性和清洁度，确认旋翼无材质变化、无形态变化、无韧性变化、旋翼表面无污渍附着 注意：使用过的擦拭布如为一次性的可直接丢弃。擦拭布为其他垃圾，注意垃圾分类丢弃。可重复使用的擦拭布应洗净，在阴凉通风处晾干保存备用	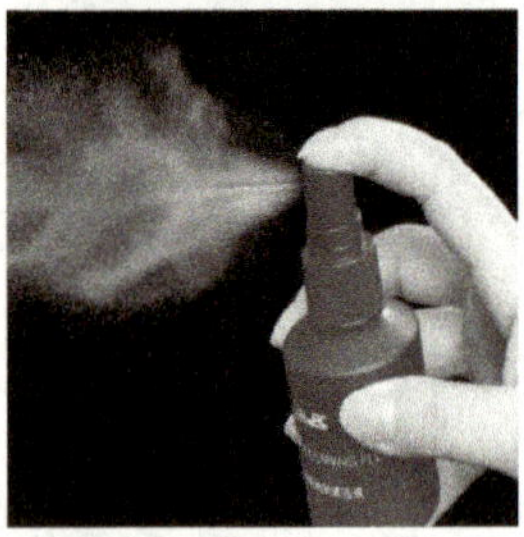

4）月度维保项目四：脚架固定螺钉紧固性检查与紧固操作。

　　TTA M4E-EDU 无人机的脚架采用滑橇式设计，脚架碳纤维管材之间通过三通管件和六角螺钉固定，螺钉未使用螺钉胶增强紧固性，但由于结构设计特点，脚架在空中会产生飞行振动且在无人机降落时须承担与地面接触时所产生的作用力，因此须每月定期检查脚架螺钉松动情况。

步骤	操作内容	图示
1	使用内六角扳手从下到上，依次检查固定螺钉的紧固性。顺时针方向拧动螺钉，感受螺钉是否还有转动的余量，若无法进一步转动则说明紧固性正常；若能够继续转动则说明螺钉存在松动现象，使用扳手对其进行紧固	
2	若发现脚架螺钉紧固性异常，则使用扳手，依次垂直插入固定螺钉的头部凹陷处，顺时针方向拧动螺钉，直至依靠手腕发力，在不使用其他杠杆加力设备的情况，无法通过腕力继续拧动螺钉，完成螺钉紧固操作	

5）季度维保项目：智能锂聚合物电池的活性激活操作。

　　长期处于保存电压状态的 TTA M4E-EDU 锂聚合物电池，应每季度进行一次 0.5C 充电（≈15A 充电电流）至满电状态，用以实现对锂聚合物电池的活性激活操作，在电池充电至满电后，可通过具有放电功能的充电站对电池进行放电至保存电压的放电操作，也可通过 TTA M4E-EDU 智能锂聚合物电池自带的 BMS 系统（电池管理系统）自动放电功能，缓慢实现对电池的放电并放电至保存电压。

步骤	操作内容	图示
1	准备一块长期处于存储状态的 TTA M4E-EDU 智能锂电池和一台 TTA M4E-EDU 智能锂电池专用充电站，充电站使用专用充电线接入 220V 插座。将智能锂电池电源线插入充电站一侧充电口，打开充电站前置电源开关，启动专用充电站，开始对 TTA M4E-EDU 智能锂电池进行充电	
2	TTA M4E-EDU 智能锂电池自带电池管理系统（BMS），因此无须单独将其放电至保存电压存储，可直接将充电站已提示电量充满的电池放置于防爆柜、防爆箱、防爆袋等电池安全保存设施中进行电池安全存储，完成电池活性激活操作	

6）年度维保项目：整机螺钉紧固检查与紧固操作。

TTA M4E-EDU 开展年度维保时，须对整机六角螺钉、梅花螺钉和受力螺栓进行紧固性检查与紧固操作，需检查的部位包括：

①电子舱上外壳螺钉、电子舱下外壳螺钉和电子舱内元器件固定螺钉。

②电机座电机固定螺钉和电机座管夹套固定螺钉。

③旋翼折叠紧固机构螺钉。

④脚架碳管 3 通固定螺钉。

⑤电池舱固定螺钉和电池舱舱门连接螺钉。

⑥ RTK 天线固定螺钉和 4G/WiFi 天线固定螺钉。

⑦机臂折叠机构螺钉和螺栓。

⑧机身电池电源连接器螺钉。

无人机普遍采用的螺钉尺寸较小，而 TTA M4E-EDU 无人机所使用的螺钉多为 M2×（4~20）和 M3×（12~20）两种规格。螺钉尺寸中的 M 表示螺纹，通常在描述粗牙螺纹时，直接使用 M 直径 × 长度表示，例如，TTA M4E-EDU 所使用的 M3×12 螺钉，该螺钉的螺钉外径为 3mm，螺钉长度为 12mm，针对非平头螺钉的长度进行表示时，长度不包含螺钉头部高度。TTA M4E-EDU 螺钉采用的是六角头部外形，不同标准下的螺钉不可直接混用。

即便是目前已知市面上最小的扭力扳手，也无法应用在 TTA M4E-EDU 无人机上，依靠手部对螺钉的扭力与螺钉产生的圈数的变化来判断，这个判断能力很大程度上需要依靠经验积累来实现能力的提升。面对无法通过固定扭力值来衡量的螺钉紧固标准，通常以手腕发力所产生的螺钉圈数变化来进行简单判定，当手腕发力所产生的扭力，导致螺钉产生的圈数变化为 0 时，可默认该螺钉当前已处于紧固状态。

步骤	操作内容	图示
1	准备一套内六角扳手，推荐采用五合一套装，含柄身 +5 个螺丝刀，4 个内六角螺丝刀的尺寸分别为 1.5mm、2mm、2.5mm 和 3mm	
2	使用内六角扳手从下到上，依次检查整机固定螺钉的紧固性是否正常，通过扳手顺时针扭动螺钉，感受螺钉是否还有转动的余量，如无法进一步转动则说明紧固性正常，如能够继续转动则说明螺钉存在松动现象，须使用扳手对其进行紧固操作	

（续）

步骤	操作内容	图示
3	若发现螺钉紧固性异常，则使用对应规格螺丝刀所组成的扳手，依次垂直插入固定螺钉的头部凹陷处，顺时针方向拧动螺钉，直至依靠手腕发力，在不使用其他杠杆加力设备的情况无法通过腕力继续拧动螺钉，完成螺钉紧固操作	

（4）无人机光电吊舱检查性维保

1）月度维保项目：整机非镜面部分清洁、镜面部分清洁与减振球紧固性检查

无人机光电吊舱通常会配置专用运输箱，箱内通常放置干燥剂，在不使用光电吊舱时，应及时将光电吊舱放入运输箱内，避免存放环境湿度过大导致光电吊舱的镜面起雾。一旦出现镜面内部起雾情况，可为光电吊舱接通电源，通过运行一段时间所产生的自发热，消除镜面水雾。对于光电吊舱此类光学电子设备来说，推荐存储环境相对湿度应 <40%，存储温度应控制在 15~25℃，最大存储温度范围应控制在 -20~60℃。无人机光电吊舱不可放置于阳光直射、通风不良处，尤其是不可放置于暖气、加热器等贴近热源的环境内。在不使用无人机光电吊舱时，应确保镜头保护盖和 SD 卡保护盖处于闭合状态，用于保护光电吊舱镜面和 SD 卡槽。

有些无人机光电吊舱需要通过使用由三个以上的硅胶或橡胶减振球搭配碳纤维结构件才能悬挂或放置于无人机上，减振球与上下两层碳纤维结构件采用软连接，仅依靠硅胶或橡胶的外扩尺寸和材料张力实现紧固，在大强度的日常使用时，尤其是携带质量较小的光电吊舱，减振球存在松弛、脱落的风险，因此，应每月定期检查并及时矫正，重新紧固出现异常的减振球。

步骤	操作内容	图示
1	准备一套不具有腐蚀性和溶解性的清洁溶剂，一块洁净的棉纤维或植物纤维擦拭布，注意选择干燥、柔软的擦拭布，注意排干擦拭布水分	
2	检查无人机光电吊舱的整机非镜面部分和镜面部分的清洁情况，若发现附着污渍则首先喷涂适量清洁溶剂，通过洁净、干燥的擦拭布对其进行擦拭、清洁，直至整机非镜面部分和镜面部分无明显污渍附着	

(续)

步骤	操作内容	图示
3	检查无人机光电吊舱的减振云台部分。常见的减振云台通常分为2种方式,一种为吊舱集成式,另一种为独立安装式,无论是哪一种形式,减振云台采用的硅胶或橡胶减振球通常都会采用开放式设计,便于检查与维护更换。通过肉眼直接观察减振球当前的安装状态,查看其是否保持了正常的安装紧固性	

2) 年度维保项目:整机螺钉紧固性检查与紧固性操作以及减振球更换。

由于部分无人机光电吊舱需要通过减振球搭配碳纤维结构件实现在无人机上的悬挂与放置,而减振球普遍采用硅胶或橡胶这两种材料。硅胶或橡胶虽然有很强的耐蚀性、耐形变性、耐温性、耐磨性、耐候性、耐撕裂性等优点,但面对长期高强度的风吹、雨淋、暴晒、振动等负面环境影响,需要每年定期对减振球进行寿命检查或强制更换。

目前常见的无人机光电吊舱,考虑到生产成本和维修成本,几乎没有采用整机一体成型的,绝大多数无人机光电吊舱均采用螺钉紧固方式实现壳体封闭,必定会产生或多或少的需要每年定期对紧固螺钉进行紧固性检查和紧固操作。常见无人机光电吊舱大多采用十字或内六角两种固定螺钉,可使用常见的内六角扳手套装和常用于维修钟表、计算机的十字螺丝刀套装对其进行螺钉紧固操作。

步骤	操作内容	图示
1	准备一套常见的精密电子维修螺丝刀套装	
2	按照从下到上的顺序,依次通过使用柄身+PH0十字螺丝刀,对无人机光电吊舱的整机固定螺钉依次进行紧固性检查。通过扳手顺时针方向拧动螺钉,感受螺钉是否还有转动的余量,若无法进一步转动则说明紧固性正常;若能够继续转动则说明螺钉存在松动现象,需使用扳手对其进行紧固操作	
3	用手捏一下无人机光电吊舱的硅胶或橡胶减振球,检查其是否仍保持有足够的弹性和韧性。若发现减振球存在老化、性质改变的异常现象,则应及时更换减振球。拆卸方式为捏住减振球中间鼓起部分,分别向下、向上用力拖拽,将减振球从上、下两个碳纤维结构件的开孔位置处依次拔出,安装方式则正好相反,首先捏住减振球前端张开部分,将其塞入并穿过碳纤维结构件开孔位置处,待减振球两端张开部分完全张开,并能够卡住碳纤维结构件的开孔位置,即减振球安装完成	

2. 工作页

学校名称			任课教师	
班　　级			学生姓名	
学习领域	无人机维保检修			
学习情境	LS2：无人机检查性维保		学习时间	45min
工作任务	C：整机及任务载荷系统定期检查性维保		学习地点	理实一体化教室

整机及任务载荷系统定期检查性维保

1）请提炼关键词，完成整机及旋翼月度检查性维保的工作流程表格。

步骤	操作内容	工具设备仪器	标准规范	注意事项
预估完成耗时：			预估成本：	

2）请提炼关键词，完成整机季度检查性维保的工作流程表格。

步骤	操作内容	工具设备仪器	标准规范	注意事项
预估完成耗时：			预估成本：	

3）请提炼关键词，完成整机年度检查性维保的工作流程表格。

步骤	操作内容	工具设备仪器	标准规范	注意事项
预估完成耗时：		预估成本：		

4）请提炼关键词，完成无人机光电吊舱季度检查性维保的工作流程表格。

步骤	操作内容	工具设备仪器	标准规范	注意事项
预估完成耗时：		预估成本：		

5）请提炼关键词，完成无人机光电吊舱年度检查性维保的工作流程表格。

步骤	操作内容	工具设备仪器	标准规范	注意事项
预估完成耗时：		预估成本：		

2.4 任务计划

课程思政点睛

1）任务计划环节是在理实一体化学习之后，为培养学生先谋后动的思维意识和工作习惯而进行的训练，学生小组合作完成工作计划的制订。

2）利用规范性、标准性非常高的计划表格引导学生养成严谨、认真、负责任的职业态度和工匠精神。

3）通过对规范、环保、安全方面的强调和要求，培养学生的环境保护意识、安全意识及大局观。

教学实施指导

1）教师指导学生分组讨论，在 2.3 理实学习环节完成的工作页的基础上，按照教师派发的任务要求，合作完成工作计划海报。

2）教师选出一个组讲解展示海报内容，师生评价。教师强调统筹、标准、规范、安全、环保、时间及成本控制意识的训练。

2.5 任务决策

课程思政点睛

任务决策环节是在任务计划的基础上，跟师傅或领导对任务计划进行修改确认，或者是对多种计划方案进行优中选优。指导学生吸收采纳教师或其他人的建议，能够对自己的学习知识体系进行重新梳理，不断地接受他人的合理化意见或建议，是虚心、进取心的表现，同时也是尊重他人、客观公正对待自己的人生态度。在任务实施之前对自己的计划进行确认与调整，是严谨、认真、负责的态度体现，也是精益求精的工匠精神养成。

教学实施指导

1）教师指导学生个人独立按照任务决策的关键要素完成任务决策表。

2）教师选出某组学生代表和自己进行任务决策，其他学生观察，并进行口头评价、补充、改进。

3）学生修改任务决策方案表，提交；教师进行确认；学生获得教师对自己所做决策方案的确认信息后才有资格进行任务实施。

无人机检查性维保任务决策方案表

决策类型	决策方案
与师傅决策	请站在企业的角度，和师傅沟通工作方案实施的可能性（包括：工作步骤的正确性、规范性和合理性，工作过程的安全性、环保性等注意事项，工作质量把控，时间控制和成本控制等，并记录决策结果与师傅建议）
意见或建议	

2.6 任务实施

课程思政点睛

1）任务实施环节对学生进行严谨、规范、标准操作训练。

2）要求学生必须按照前期经过决策的任务计划执行，养成先谋后动的工作意识，深入思考后才可以操作，严禁冒失和鲁莽行事。

3）在操作过程中要求学生在一个团队内必须通力合作，分工明确，提高工作效率，以此训练学生未来步入社会工作的团队合作能力和时间把控能力。

4）若在操作中万一有违规操作或者是失误、错误出现，要求学生必须如实告知。

教学实施指导

1）学生观察教师的示范动作，或观看 2.6.1~2.6.3 无人机检查性维保操作视频中的示范动作。

2）学生分为 4 组，分工操作。每组每次安排 2 名学生操作，所有学生轮流，每个学生都要完成一次操作。当 2 名学生进行操作时，另外安排 1~2 名学生填写 2.6.4~2.6.6 任务工单（维保档案），1~2 名学生分别对其进行评价，填写 2.6.7 评价表，1 名学生拍视频，1 名学生监督质量并记录，1 名学生查阅组装手册改进计划。

2.6.1 飞行前后电池检查性维保操作视频

1. 飞行前电量检查视频　　2. M3E 电池检查视频

2.6.2 飞行前后整机及任务载荷系统检查性维保操作视频

1. 整机检查视频　2. 云台相机检查视频　3. 喷洒系统检查视频　4. 物流系统检查视频　5. 挂载设备检查视频

2.6.3 飞行前后整机及任务载荷系统定期检查性维保操作视频

1. 旋翼螺钉紧固检查视频　2. 螺旋桨清洁视频　3. 脚架紧固检查视频　4. 锂电池活性激活视频　5. 机身紧固检查视频

2.6.4 无人机检查性维保任务工单

项目名称	无人机维保检修
任务名称	无人机检查性维保
无人机型号	
故障状态	
故障原因	

维保检修流程及工具耗材使用等情况记录:

步骤	操作内容	工具耗材	结果
1			
2			
3			
4			
5			
6			
7			
8			

(可另附页)

维保检修结论:

维保检修人:	项目负责人/质检员签字:
成本核算:	完成时间:

2.6.5 无人机检查性维保任务实施评价表

被评人:

一级指标	二级指标	配分	评价	评价指标
1.按照规范标准对无人机检查性维保	按照工作计划执行	5		信息获取
	正确选择工具设备	5		专业能力
	规范使用工具设备	5		规范性
	正确顺序作业	5		专业能力
	规范地进行标准作业	5		专业能力
	专业地正确进行作业	5		专业能力
	操作中遵守技术规范和标准	5		规范性
	操作中遵守设备及人身安全防护	5		安全性
	操作中遵守环保要求	5		环保性
	操作过程保证工作质量	5		责任心
	维保结果正确	5		专业能力
	维保记录完整准确	5		记录
	走路轻快稳、手脚利落,注重工作效率	5		工作规范

(续)

一级指标	二级指标	配分	评价	评价指标
2. 任务实施中的自我管理	完成任务的时间控制把握	5		时间管理
	与队友友好且高效合作	5		团队合作
	对任务计划及时调整与改进	5		自我改进

评价人：

2.7 任务检查

课程思政点睛

任务检查环节包含三个层次的内容：

首先是复盘检查，对任务实施过程和实施结果进行检查，确保工作质量，养成学生严谨规范、认真负责的职业态度和职业精神，高标准、严要求、精益求精的工匠精神。

其次是对场地、工位、设备、环境等进行5S，养成规范、卫生、环保、自律意识。

最后是对任务计划的调整改进，对前期做的工作计划进行优化，训练学生自我改进、自我优化的自我管理能力，以此实现学生不断地进步提高。

教师要重点引导学生对队友的支持性意见的表达，并引导学生接纳他人建议。

教学实施指导

1）教师提供任务检查单。要求学生分组，小组合作完成任务检查及5S，在任务检查单上标注。

2）学生小组合作修改完善工作计划，进行全面的复盘改进，并标注。

无人机检查性维保任务检查及5S

1）请进行必要的最终任务检查。

检查项目	检查内容	问题记录	处理意见
检查实施过程			
检查实施结果			

2）请进行必要的5S。

5S 场地（　　）

5S 设备工具（　　）

5S 工位（　　）

3）请根据任务实施过程和任务实施结果的实际情况，优化、调整、完善、改进工作计划。（以另一颜色的笔在任务计划上标注作答）

2.8 任务交付

课程思政点睛

任务交付与任务接受呼应，特别适合对学生进行平等、公平、友善、和谐价值观引导。如何做到和伙伴友善合作，如何做到站在公司立场为公司的利益和效率着想，如何站在客户角度为客户着想等，在指导学生进行任务交付的话术训练时全面体现平等、公平、友善、和谐。

教学实施指导

教师指导学生依据 2.8.1 无人机检查性维保任务交付剧本，参考 2.8.2 任务交付中英文音视频，以角色扮演方式进行任务交付。

2.8.1 无人机检查性维保任务交付剧本（中英文）

1. 任务完成，正常交付

组　　长：领导，您好！经过我们团队 3 小时的努力，我们已经按照相应类型与型号的无人机检查性维保的流程与标准规范，全部保质保量地完成了。

Hello, Director! After 3 hours efforts, We have completed the inspection maintenance process and standard specifications of the corresponding type and model of UAV with full quality and quantity.

项目负责人：好的，你们辛苦了。已经送到质检组进行检测了吧？

All right. Thank you! Have they been sent to the quality inspection team?

组　　长：是的，已经送检了。质检全部通过！

Yes. All passed the quality inspection!

项目负责人：完美。你们先休息一下，一会儿再布置新的任务给你们。

Perfect. Have a rest. I will assign you a new task later.

组　　长：好嘞，等您。

OK.

2. 任务未完成，异常交付

组　　长：领导，您好！不好意思跟您说，我们团队虽然已经很努力了，但是没有在规定时间内完成项目组内所有无人机的检查性维保任务。

Hi, Director! I'm sorry to tell you that although our group has tried very hard, we have yet to completed the inspection and maintenance tasks of all drones within the project team within the stipulated time.

项目负责人：啊？！为什么？到底哪里出了问题？

Ah?! Why so? What went wrong?

组　　长：真的非常抱歉，主要是我们专业技术水平还不够娴熟，再加上团队合作不够顺畅，导致了工作结果出现问题。

I'm really sorry. Since there is still much to be desired in our professional proficiency and group cooperation, we fail to finish the work on time.

项目负责人：算了。意识到问题的原因就好，下次多注意。那你们自己能解决吗？需不需要其他团队的帮助？

Come on. Just draw the lesson next time. Can you handle it by yourselves? Do you need help from other groups?

组　　长：我们自己能解决，不需要帮助。不过，还需要点时间。

We can handle it by ourselves. We don't need help. But it will take some more time.

项目负责人：多久？

组　　　长：2个小时吧。
How long will it take?
About two hours.

项目负责人：好吧。再给你们团队2个小时，必须保质保量完成。
All right. Two more hours for you. You must fulfill it.

组　　　长：谢谢您了！我们这就继续开工。您走好！
Thank you very much! We will continue with our work. See you!

2.8.2　无人机检查性维保任务交付音视频（中英文）

1. 无人机检查性维保任务正常交付音视频（中文）
2. 无人机检查性维保任务正常交付音视频（英文）
3. 无人机检查性维保任务异常交付音视频（中文）
4. 无人机检查性维保任务异常交付音视频（英文）

2.9　巩固拓展

课程思政点睛

巩固拓展环节是充分利用学生的课余时间布置高质量的作业，对课上所学及完成的任务进行温故知新，同时训练学生举一反三、迁移新任务的解决问题能力。任务选择注意课程内容的延续性及拓展性，稍微增加难度，在小组主持作业的情况下，既要对学生克服困难独立完成任务的职业素养进行训练，也要对学生团队合作、高效率高质量完成任务的能力和素养进行训练。

教学实施指导

1）完成信息化系统中关于教学流程的每一步测评表，并提交。
2）以小组为单位完成演练月财务结算表和成绩统计。
3）以小组为单位熟练无人机检查性维保所有项目的操作。
4）布置新任务，要求学生小组合作完成新任务的工作方案。

Studying Situation 03

学习情境 3
无人机零部件及子系统测试

3.0 教学准备

知识目标
- 无人机零部件及子系统测试的内容及要求。
- 零部件外观完好性检查测试的方法、流程及注意事项。
- 零部件机械功能测试的方法、流程及注意事项。
- 电气元件功能测试的方法、流程及注意事项。
- 电路连接可靠性检查测试的方法、流程及注意事项。
- 动力系统测试的内容、方法、流程及注意事项。
- 飞行控制与导航系统测试的内容、方法、流程及注意事项。
- 通信系统测试的内容、方法、流程及注意事项。
- 起飞着陆系统测试的内容、方法、流程及注意事项。
- 根据不同机型定制零部件及子系统测试的工作方案。
- 无人机零部件及子系统测试的技术要点与规范标准。

技能目标
- 检查测试零部件外观完好性。
- 测试零部件机械功能。
- 测试电气元件功能。
- 检查测试电路连接可靠性。
- 测试动力系统功能。
- 测试飞行控制与导航系统功能。
- 测试通信系统功能。
- 测试起飞着陆系统功能。

素养目标
- 能够提炼总结简单的技术文本并建构自己的知识体系思维导图。
- 能够在两人对话中有效沟通并交换信息。
- 能够把自己的观点表达清楚。
- 能够在团队中承担自己的角色功能,平等、和谐、友善。
- 能够在团队中主动并有积极合作意识。
- 能够在制订计划时尽可能考虑全面并做到精益求精。

- 能够控制自己的情绪，跟伙伴友好合作。
- 能够认真倾听并及时记录。
- 能够进行恰当的图文展示。
- 能够以 ERP 沙盘演练的形式进行专业学习。
- 能够把企业经营理念与人文情怀贯穿到专业知识学习中。
- 能够具有创新、创业精神和意识。

3.1 任务接受

课程思政点睛

任务接受环节特别适合对学生进行平等、公平、友善、和谐价值观训练。如何做到和伙伴友善合作，如何做到站在公司立场为公司的利益和效率着想，如何做到站在客户角度为客户着想等，在指导学生进行任务接受话术训练时，教师要及时、适时地对学生进行引导训练，全面体现平等、公平、友善、和谐。

任务接受环节涉及第 3 个演练月的企业经营，在布置演练月财务核算任务时，严格要求学生具备诚信经营意识，做到严谨、规范、一丝不苟，同时还要有独特的创新意识和不屈不挠的创业精神。

教学实施指导

1）教师指导学生依据 3.1.1 无人机零部件及子系统测试任务接受剧本，学习过程参考 3.1.2 任务接受中英文音视频，采取角色扮演的方法完成任务接受。

2）角色扮演之后明确工作任务。

3.1.1 无人机零部件及子系统测试任务接受剧本（中英文）

学习情境描述

无人机越来越广泛地应用于测绘、航拍、巡检、植保、物流、应急救援等领域。你作为测绘设计研究院的无人机测绘项目部的某项目组员工，请你按照相应类型与型号的无人机零部件及子系统测试的技术标准规范，选择合适的方法，制订检查测试流程，正确使用工量具、设备、仪器等，完成零部件及子系统的测试检修，确保无人机具备正常飞行性能，能顺利完成专业的测绘任务。

希望通过各项目组的精诚合作，能够在 3 小时内完成零部件及子系统测试项目。测试过程注意工作效率、经济效益与安全注意事项等。

组　　长：领导，您好！这次是什么任务？
　　　　　Hi, Director! What's the mission?

项目负责人：您好！请你们完成我们项目组所有无人机的零部件及子系统测试检修。
　　　　　Hello! Please complete the testing and overhaul of all UAV parts and subsystems of our project team.

组　　长：好的！知道了。有什么特殊的具体要求吗？
　　　　　All right! I see. But are there any specific requirements ?

项目负责人：没有什么特殊要求，你们按照相应类型与型号的无人机零部件及子系统测试的技术标准规范，选择合适的方法，正确使用工量具、设备、仪器等，能够确保无人机飞行性能正常工作就行了。

Nothing special. You in accordance with the corresponding type and model of UAV parts and subsystem test technical standards, choose the appropriate method, the correct use of measuring tools, equipment, instruments, etc., to ensure the normal operation of the UAV flight performance on the line.

组　　　长：好，没问题！规范和标准我们一定严格执行。

No problem! We will follow the specifications and standards strictly.

项目负责人：另外，测试过程要嘱咐组员，注意谨慎安全操作，千万别磕磕碰碰或掉落、损坏零部件，谁损坏，谁赔偿。尽量节约成本。

In addition, during the test process, the team members should be instructed to pay attention to careful and safe operation, do not bump or drop or damage parts, whoever causes damage must compensate. Try to save costs.

组　　　长：好的！您放心，我会嘱咐团队成员小心安全操作。给我们多长时间完成？

All right! Don't worry. I will tell the group members to be careful. How much time we are allowed to finish the job?

项目负责人：3小时内必须保质保量完成。完成后，上交质检组检验。

It must be perfectly accomplished within 3 hours. Then the frames shall be submitted to the quality inspection team for inspection.

组　　　长：明白了。您放心！还有要嘱咐的吗？

I see. Don't worry about it. Anything more?

项目负责人：没有了。那就拜托了。有问题随时联系。

No more. Just go ahead. Please contact me if you have any questions.

组　　　长：好的！您慢走！再联系。

OK. See you! Keep in touch.

3.1.2 无人机零部件及子系统测试任务接受音视频（中英文）

1. 无人机零部件及子系统测试任务接受音视频（中文）　　2. 无人机零部件及子系统测试任务接受音视频（英文）

3.2 任务分析

课程思政点睛

任务分析环节以任务接受环节的学习情境描述为参考，对学生启发引导分析任务本身，有助于学生深入思考完成任务需要的知识点、技能点与素养点。教师要抓住机会及时训练学生在文本信息中提取的专注力、严谨、规范、标准、安全、精益求精的工匠精神，养成严谨、规范的逻辑思维意识，对任何信息不疏漏并善于利用，以此提升学生的信息获取能力、逻辑思维能力以及严谨认真的职业态度。

教学实施指导

教师指导学生制作思维导图完成任务分析。

1）学生个人独立查阅学习情境描述，在笔记本上制作明确任务的思维导图1：包含任务背景、任务对象、任务要求、任务目标、任务结果、任务角色等。

2）学生个人独立思考完成本任务需要的知识、技能、能力要求，认真制作思维导图2。

3）学生小组合作讨论出本组的思维导图1与2。

4）教师指定小组讲解展示，其他小组领会理解，补充改进。

3.3 理实一体化学习

课程思政点睛

1）以大疆无人机的全球保有量，激发学生的爱国热情和民族自豪感，引导学生树立政治立场与坚定世界观。

2）以大疆无人机、天途无人机为教学内容，及时对学生进行科技强国教育与创新创业教育。

3）通过工作站方法的学习指导，引导学生形成独立、民主、自由、公平、友善、诚信、合作、和谐、敬业等价值观，培养学生严谨、规范、精益求精的职业态度和职业精神。

教学实施指导

教师提供给学生为完成本任务（无人机零部件及子系统测试）必要的学习资料（8个模块），要求并指导学生利用工作站法完成理实一体化学习。学生按照教师的要求，认真完成8个模块的企业内部培训，力争自己解决问题。

1）工作站法学习零部件测试：完成3.3.1~3.3.4所有理实一体化的学习内容。

2）工作站法学习子系统测试：完成3.3.5~3.3.8所有理实一体化的学习内容。

3）学生以竞争方式，采用展览馆法获得展示学习结果的机会。

3.3.1 零部件外观完好性检查测试

1. 信息页

学习领域	无人机维保检修		
学习情境	LS3：无人机零部件及子系统测试	学习时间	25min
工作任务	A：零部件外观完好性检查测试	学习地点	理实一体化教室
零部件外观完好性检查测试			
（1）学习目标 掌握无人机零部件外观完好性的检查测试。 （2）教具准备 1）TTA M4E-EDU 无人机，如图1所示。			

TTA M4E-EDU 无人机机体结构所搭配使用的螺旋桨、机臂、起落架等都是碳纤维材料，因为它有高强度、高模具的韧性，并通过高温氧化炭化而成，所以与其他纤维相比，它具有耐高温、抗摩擦、电导热、耐腐蚀等特点。

2）DJI M3E 无人机，如图 2 所示。

图 1　TTA M4E-EDU 无人机

DJI M3E 无人机云台为三轴机械云台（俯仰、横滚、偏航），俯仰角为 –135°~100°，横滚角为 –45°~45°，偏航角为 –27°~27°；镜头为哈苏相机镜头：4/3 英寸 CMOS；有效像素 2000 万长焦相机：1/2 英寸 CMOS；有效像素 1200 万，具有全向双目视觉系统，辅以机身底部红外传感器。

图 2　DJI M3E 无人机

（3）检查零部件外观完好性

大多数无人机零部件与子系统的外观完好性检查，均重点检查机身、动力系统、脚架、电池安装卡口是否有严重的破损、松动、异响。

DJI M3E 与 TTA M4E-EDU 检查内容、流程相似。

步骤	操作内容	图示
1	检查无人机机身有无裂痕、变形，对应天线基座破损程度 注意：机身内部蕴藏着大量的线路及飞控等电子模块，也可比如成"头盔"。对于电子设备的保护起关键作用，天线起到了通信发射作用，不得忽视	
2	检查动力系统，重点看螺旋桨是否完整、整洁；电机是否磕碰；机臂管是否开裂破损	
3	检查电池安装限位模块老化程度，与脚架连接螺栓强度，连接处各点螺钉是否松动	
4	检查脚架支撑性、脚架水平程度。将脚架放在平坦的地面上，观察脚架是否全部接触地面，脚架是否平行，不要出现外八或内八的情况	
5	配有挂载设备的无人机，还要重点检查挂载设备自身的整体结构，与无人机的连接卡扣是否扣好，螺钉是否拧紧	
6	DJI M3E 的摄像头出现浮尘，使用软布擦拭镜片；镜片脱落、开裂，应及时更换维修	

2. 工作页

学校名称		任课教师	
班　　级		学生姓名	
学习领域	无人机维保检修		
学习情境	LS3：无人机零部件及子系统测试	学习时间	25min
工作任务	A：零部件外观完好性检查测试	学习地点	理实一体化教室

零部件外观完好性检查测试

请提炼关键词，完成零部件外观完好性检查的工作流程表格。

步骤	操作内容	工具设备仪器	标准规范	注意事项
预估完成耗时：		预估成本：		

3.3.2 零部件机械功能测试

1. 信息页

学习领域	无人机维保检修		
学习情境	LS3：无人机零部件及子系统测试	学习时间	45min
工作任务	B：零部件机械功能测试	学习地点	理实一体化教室

零部件机械功能测试

（1）学习目标

掌握无人机零部件机械功能测试。

（2）教具准备

1）天途 TTA M4E-EDU 无人机机臂组件，如图 1 所示。

图 1　天途 TTA M4E-EDU 无人机机臂组件

　　螺旋桨是重要的动力系统元件之一，电机旋转带动螺旋桨为无人机提供动力，在空中实现姿态动作。在飞行前对整机各个部件的机械功能进行测试，以确保飞行安全。CCW 逆时针桨叶安装在 1、3 号电机，CW 顺时针桨叶安装在 2、4 号电机。TTA M4E-EDU 无人机从机身右前方起为 1 号电机，按逆时针顺序依次为 2、3、4 号。

　　2）大疆 DJI M3E 无人机机臂组件，如图 2 所示。

　　DJI M3E 无人机的机臂属于可折叠机臂，为方便随身携带，起飞前按照正确的安装顺序将机臂展开，安装螺旋桨；飞行后需要折叠收起机臂，注意在折叠时先将螺旋桨拆卸，以免划伤机体或者云台。

图 2　大疆 DJI M3E 无人机机臂组件

（3）零部件机械功能测试

1）TTA M4E-EDU 零部件机械功能测试。

步骤	操作内容	图示
1	准备测试零部件机械功能所需的拆装工具、TTA M4E-EDU 机臂组件	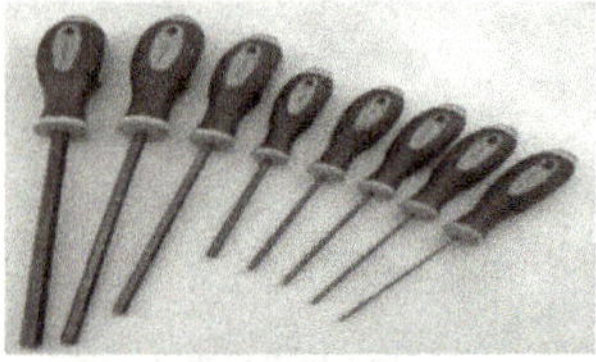
2	徒手旋转螺旋桨是否存在松动现象,若松动及时使用螺丝刀紧固。徒手轻微晃动检查螺旋桨桨根处和桨夹是否固定好。测试螺旋桨与电机标注转向比对是否正确。螺旋桨上一般会标有"CW"(顺时针)或"CCW"(逆时针),螺旋桨的旋转方向要与电机的旋转方向一致	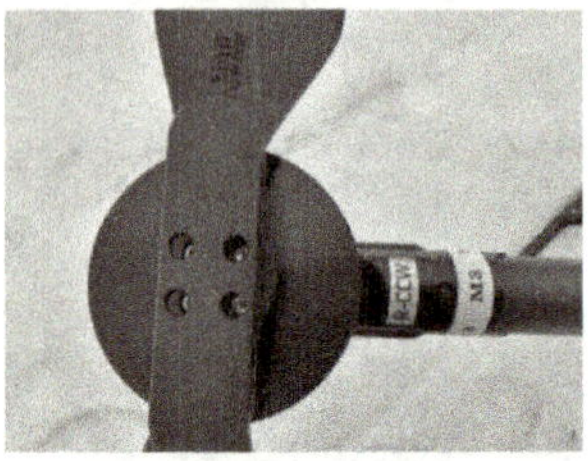
3	徒手旋转电机是否存在异响现象,与电机座连接是否牢固。若电机有异响,可能是电机里存在异物,需将电机取下拆开将异物取出,避免磨损电机里的漆包线,对电机造成损坏;若电机与电机座出现松动,需及时使用螺丝刀拧紧固定	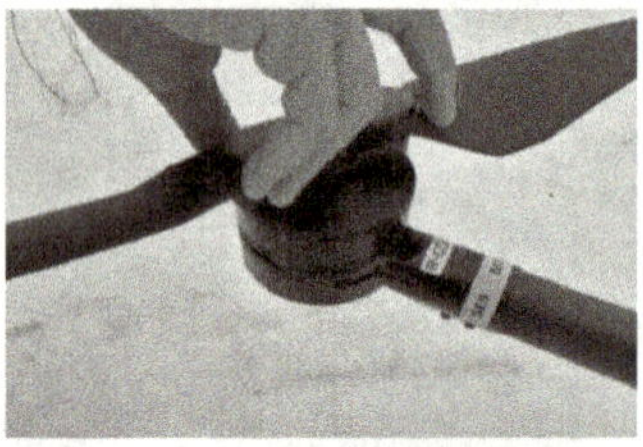
4	给 TTA M4E-EDU 机臂通电,多次大油门满负荷工作,频率较快收放油门时测试检验动力系统硬连接,能否承受住较大的拉力冲击,长时间工作 注意:在测试过程中一定要固定好机臂组件,避免意外发生	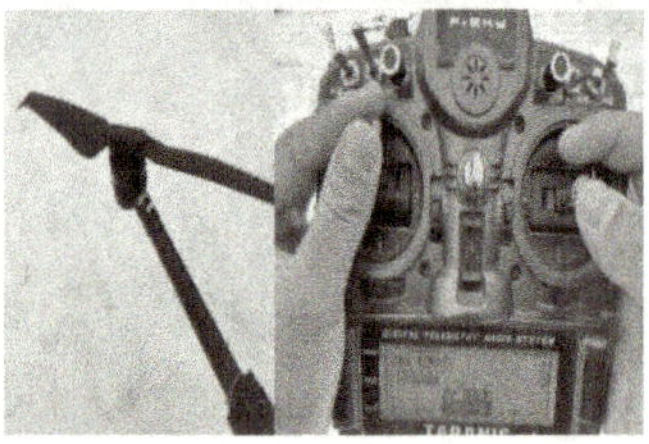

2) DJI M3E 零部件机械功能测试。

与 TTA M4E-EDU 零部件机械功能测试的上述步骤相同不再重复,下表是能折叠收放的机臂与云台的机械功能测试。

步骤	操作内容	图示
1	观察机臂整体形变程度,多次频繁收放活动时是否存在卡顿或不太流畅的现象,机臂根处有无杂物及严重积尘现象,如有杂物、积尘需使用纤维毛刷处理干净 注意:在机臂收放内部存在很多线路,且无人机整体的承重强度也在此处,较大的异物长时间接触摩擦会影响收放等功能	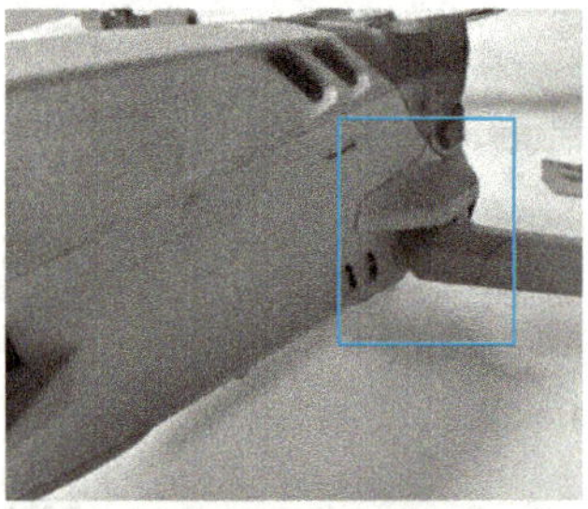
2	不通电的情况下轻轻拨动云台,感受云台的丝滑程度 注意:云台控制着摄像头的朝向,在云台损坏的情况下可能导致画面成像质量差	

2. 工作页

学校名称		任课教师	
班　　级		学生姓名	
学习领域	无人机维保检修		
学习情境	LS3：无人机零部件及子系统测试	学习时间	45min
工作任务	B：零部件机械功能测试	学习地点	理实一体化教室

零部件机械功能测试

请提炼关键词，完成无人机零部件机械功能测试的工作流程表格。

步骤	操作内容	工具设备仪器	标准规范	注意事项

预估完成耗时：　　　　　　　　预估成本：

3.3.3 电路连接可靠性检查测试

1. 信息页

学习领域	无人机维保检修		
学习情境	LS3：无人机零部件及子系统测试	学习时间	25min
工作任务	C：电路连接可靠性检查测试	学习地点	理实一体化教室

电路连接可靠性检查测试

（1）学习目标

掌握无人机基本电路的组成及电路连接可靠性检查。

（2）教具准备

1）TTA M4E-EDU 无人机基本电路，如图1所示。

电流流过的回路称为电路，又称导电回路。根据一定的任务，把所需的器件，用导线相连即组成电路。电路是电力系统、控制系统、通信系统、计算机硬件等电系统的主要组成部分，起着电能和电信号的产生、传输、转换、控制、处理和储存等作用。

最简单的电路，是由电源、用电器（负载）、中间环节（导线、开关等元器件）三部分组成。电路正常导通有电流通过时称为通路，断开时没有电流叫开路/断路。电路故障通常有两种：一种是断路（开路），即电路在某一处断开；另一种是短路。短路又有两种情况：一种是电源短路，即电路中电源正负极间没有负载而是直接接通，会导致电源烧坏。另一种是元件短路，是指某个元件的两端直接接通，此时电流从直接接通处流经而不会经过该元件，导致用电器、电表等无法正常工作。

2）数字万用表，如图2所示。

图1　TTA M4E-EDU 无人机基本电路　　图2　数字万用表

万用表又称为复用表、多用表、三用表、繁用表等，是一种多功能、多量程的测量仪表，是电力电子等部门不可缺少的测量仪表，一般以测量电压、电流和电阻为主要目的，可测量直流电流、直流电压、交流电流、交流电压、电阻和音频电平等，有的还可以测电容量、电感量及半导体的一些参数（如 β ）等。万用表按显示方式分为指针万用表和数字万用表，目前常用数字式万用表。

①测量电阻。将红表笔插入 VΩ 孔，黑表笔插入 COM 孔，将功能旋钮打到电阻档，短接两表笔校表测内阻误差，一般在 0.1~0.3Ω。根据该元件标准电阻值选择合适量程，稍大于电阻标准值，若不知道被测元件电阻标准值大小，则从大量程往下选择，直至读出数值。断开被测电阻元件的电路，确保线路没有电的情况下，两表笔不

分正负极跨接在被测电阻元件的两端。若最大量程一直在最左侧显示数字"1",说明断路(开路);若阻值为"0",说明短路。

②测量电压。将红表笔插入 VΩ 孔,黑表笔插入 COM 孔,将功能旋钮打到直流电压(V-DCV)档或交流电压(V-ACV)档,选择合适的量程,红表笔接"+"正极,黑表笔接"-"负极,并联于电路。若不知道正负极,则将两个表笔分别接在待测物品的两端,显示的数是正值证明红色表笔端为正极,黑色表笔端为负极,若显示负值则相反。

③测量电流。根据被测电流大小选择插孔,测量 mA 级或 μA 级的电流时,将红表笔插入 mA 孔,高于 mA 级的电流时,红表笔插入 10A 或 20A 孔,黑表笔插入 COM 孔。断开电路将红黑表笔串联于电路中。

(3)电路连接可靠性检查

步骤	操作内容	图示
1	整理线路,主要分为主电源线、电机电源线、导航系统电源线、任务挂载电源线	
2	使用万用表排查检测电源线断路、短路、正负极 注意:电源线的断路、短路多出现在线路中间部位。而正负极问题多出现在两端连接器上,正负极错插会直接烧毁用电设备	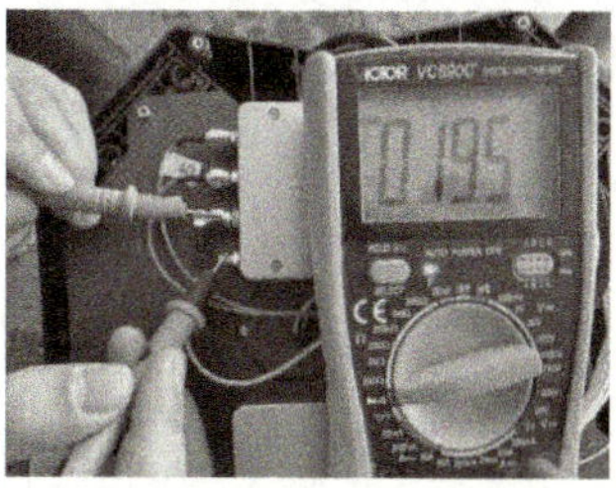
3	依据电源线的破损程度进行修复或更换。常见的修复手段为绝缘胶带缠附于表面,用于硅胶绝缘皮破损修复。其次就是将其剪断使用电烙铁重新将其两段焊接在一起并做好绝缘处理 注意:无人机机身一般会使用铝或碳纤维材质。两者均是很好的导电材质,故线材长时间使用磨损后极易产生漏电,导致其他电子设备损坏,必须及时修复或更换。线材修复是临时的,最终需要更换	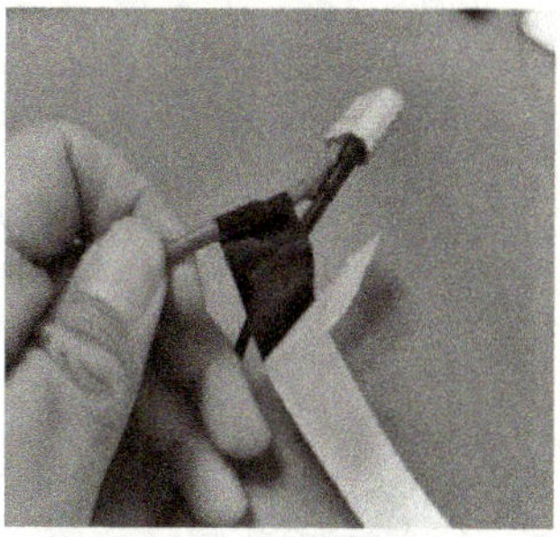
4	正确更换线材。所有线材都有最大允许电流。根据用电设备的功率大小和导电性,选择不同型号及不同材质的线材	

2. 工作页

学校名称		任课教师	
班　　级		学生姓名	
学习领域	无人机维保检修		
学习情境	LS3：无人机零部件及子系统测试	学习时间	25min
工作任务	C：电路连接可靠性检查测试	学习地点	理实一体化教室

电路连接可靠性检查测试

请提炼关键词，完成无人机电路连接可靠性检查测试的工作流程表格。

步骤	操作内容	工具设备仪器	标准规范	注意事项

预估完成耗时：　　　　　　　预估成本：

3.3.4 电气元件功能测试

1. 信息页

学习领域	无人机维保检修		
学习情境	LS3：无人机零部件及子系统测试	学习时间	25min
工作任务	D：电气元件功能测试	学习地点	理实一体化教室

电气元件功能测试

（1）学习目标

掌握无人机电机功能测试、图传及数传通信功能测试。

（2）教具准备

1）TTA M4E-EDU 无人机电机，如图 1 所示。

TTA M4E-EDU 无人机动力系统为电动系统，主要使用外转子三相交流无刷同步电机。它结构简单且电机速度响应快，运转时摩擦力小，外转子电机外壳与轴一起旋转，并且转速低、转矩大，适合带低速大桨。

2）DJI M3E 无人机图传及数传，如图 2 所示。

DJI M3E 无人机图传 3 链路由无人机上的发射模块和地面上的接收模块构成，是下传的单向链路，无人机发图像，地面收图像，用于监控摄像头方向和效果。而数传链路由电脑连接的一个模块和无人机上的一个模块构成双向链路，地面发射修改航点等指令，无人机收到指令；无人机发位置、电压等信息，地面接收，用于视距外控制无人机。

图 1　TTA M4E-EDU 无人机电机

图 2　DJI M3E 无人机图传及数传

（3）电气元件功能测试

1）电机功能测试。

步骤	操作内容	图示
1	准备一架 TTA M4E-EDU 无人机，使用水平仪检查 4 个电机的水平状态。将水平仪放在电机上，观察水平仪里面的气泡是否在中间，若没在中间而是靠近两边，则证明电机有倾斜。发现电机有倾斜，需及时拆卸调整，使用螺丝刀将电机与机臂连接处的螺钉拧松，调整电机水平，调整完成后再次测量，直到准确无误。调整完成后将螺钉拧紧 注意：如若出现单个电机偏转角度很大的时候，无人机起飞会向某一个方向自旋	

（续）

步骤	操作内容	图示
2	测试电子调速器（ESC、电调）输出信号与电机三相交流接线是否正常。检查电调输出信号线和电机三相交流线是否有包皮破损漏出铜丝、断裂等情况，若发现这些情况需要将线重新焊接。将无人机通电，注意听电机发出的声音，若发出的声音异常，则需检查连接处是否有松动，有松动需重新插紧 注意：在通电后电机会发出"嘀——嘀"声，证明自检通过。若"嘀嘀嘀"不停地声响，证明信号异常	
3	将螺旋桨拆除，避免造成人员危险。给无人机通电后，连接天途云控平台找到电机测试界面	
4	按照菜单指示，依次完成电机转动，观察电机转向、转动动力。当转向不对时应在三相交流电线中任意调换两根接线，改变转向。当转动动力与其他不匹配时，应及时检查电机三相电是否短路或电机内是否存在异物。若发现短路需重新焊接，发现电机内存在异物需拆开电机将异物取出 注意：无人机相邻两电机的转向是不同的，目的是为了消除电机的反扭力。当单个电机转动动力不足，会直接影响无人机的整体升力	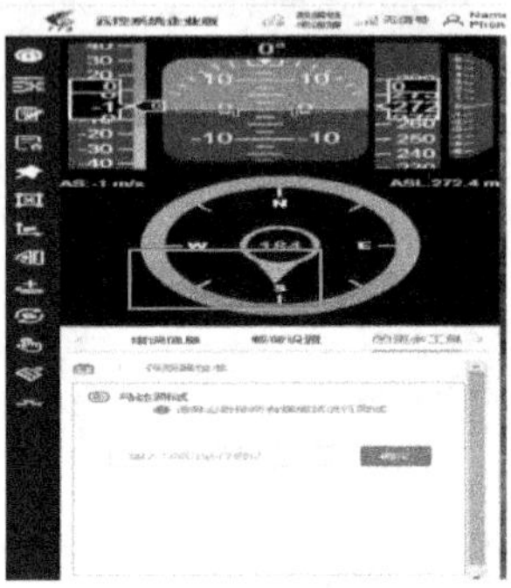

2）图传、数传功能测试。

步骤	操作内容	图示
1	准备一台DJI M3E无人机，通过目视观察云台是否完整无破损，云台硬连接是否牢固正常。检查云台与图传模块连接是否正常，检查云台与镜头连接处的卡扣是否卡紧 注意：摄像头及云台单方面出现问题，都是会影响到整条图传链路的传输	
2	通过目视观察数传、图传天线是否完整无破损，检查遥控器上的天线是否展开，排除当时环境内的同频干扰 注意：在射频有效距离内，存在两个及多个频段相同的无线电信号时，会对某个或多个传输产生不同程度的影响	
3	将遥控器开机，无人机通电。观察图传、数传链路工作状态，使用遥控器调整镜头角度，观察遥控上的图传画面是否同步 注意：图传和数传可以形成一条链路传输，也可分为单独链路传输，应提前了解设备的链路模式，方可正确地排除问题	

2. 工作页

学校名称		任课教师	
班　　级		学生姓名	
学习领域	\multicolumn{3}{c}{无人机维保检修}
学习情境	LS3：无人机零部件及子系统测试	学习时间	25min
工作任务	D：电气元件功能测试	学习地点	理实一体化教室

电气元件功能测试

1）请提炼关键词，完成无人机电机功能测试的工作流程表格。

步骤	操作内容	工具设备仪器	标准规范	注意事项
预估完成耗时：		预估成本：		

2）请提炼关键词，完成无人机图传与数传链路功能测试的工作流程表格。

步骤	操作内容	工具设备仪器	标准规范	注意事项
预估完成耗时：		预估成本：		

3.3.5 动力系统测试

1. 信息页

学习领域	无人机维保检修		
学习情境	LS3：无人机零部件及子系统测试	学习时间	25min
工作任务	E：动力系统测试	学习地点	理实一体化教室

动力系统测试

（1）学习目标

掌握多旋翼无人机动力系统的测试。

（2）教具准备

1）电机拉力台，如图1所示。

图1　电机拉力台

拉力台是用来测量物体受力大小和方向的装置，它通常由弹簧或金属薄片、机械表、外壳、指示器、计量杆和固定装置等组成。拉力台通常用来测量电机力度大小。使用时，将测力计固定在电机上，然后施加拉力或压力，读取测力计表盘上的示数，即可得到电机施力的大小。

拉力台的优点是测量精度高、不受电机大小和形状的限制，但在使用时需要注意保证施力方向正确，同时避免测力计受到侧向力的影响导致测量误差。

2）2312-KV1000无刷电机，如图2所示。

电机型号参数测量：将电机定子与转子分离，用游标卡尺对定子进行尺寸测量。分别在定子和转子上数出电机的槽极结构参数，进行记录，电机定子直径（23mm）与高度（12mm），如图3所示。

定子直径测量　　定子高度测量

图2　2312-KV1000无刷电机　　图3　2312-KV1000无刷电机测量方法

3）9450螺旋桨，如图4所示。

螺旋桨直径测量：螺旋桨放置在直尺上，螺旋桨与直尺保持水平，螺旋桨一端桨尖对齐直尺的零刻度，在螺旋桨另一端桨尖处读取螺旋桨的直径（mm）。读取到的直径值除以25.4，即为螺旋桨的直径参数值（1inch=25.4mm），如图5所示。

图 4　9450 螺旋桨　　　　　　　图 5　9450 螺旋桨测量方法

多旋翼飞行器螺旋桨通常由两部分组成：叶片和中心轴。叶片是螺旋桨的主要部分，通常由复合材料、塑料或碳纤维等材料制成，并可以根据需要进行截面设计，以使其更加符合气动特性。中心轴则是螺旋桨安装在飞行器上的部分，通常由金属、铝合金或复合材料等材料制成。

4）20A 电调，如图 6 所示。

电调，全称电子调速器，英文 Electronic Speed Controller，简称 ESC，根据控制信号调节电机的转速。匹配不同的电机，可分为有刷电调和无刷电调。

5）3S Lipo（锂聚合物）电池，如图 7 所示。

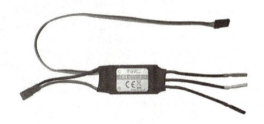 

图 6　20A 电调　　　　　　　图 7　3S Lipo（锂聚合物）电池

（3）动力系统测试

步骤	操作内容	图示
1	将电机与电机座进行组装，然后安装固定拉力测试台，并将指定电机的三相线接入线缆快速接头，将电调三黑线与电机三黑线进行连接，电调 PWM 信号线与接收机相连，杜邦插头白色为信号线，黑色为地线，在连接的时候不能接反。最后接通电源。电压参数匹配一致性原则，即电池电压、电机的工作电压、电调的输入电压参数匹配保持一致，都在彼此的电压参数范围内。举例：电机工作电压为 4~6s，电调输入电压为 3~4s，此时只能选择 4s 电池进行供电。电流参数安全匹配原则，即电调的持续输出电流应大于电机的最大电流。电流安全运行原则，即动力系统在运行的过程中，测试的电流值应小于电机的最大电流。电机与螺旋桨匹配后，进行动力系统运行测试，保证全 100% 油门状态下，测试的电流值应小于电机的最大允许电流	

（续）

步骤	操作内容	图示
1	注意：参照示意图正确连接电机、电调、接收机、电源。连接螺旋桨与电机时一定要锁紧螺旋桨，电机与电调连接应做好绝缘禁锢，电调与接收机连接看好对应通道，接通电源前应确保所有连接正确	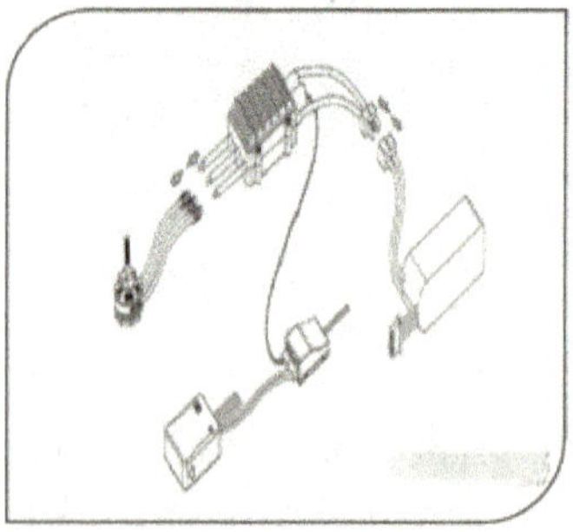
2	电调校准，先将油门输出调至最大并接通电源，此时会听到"嘀嘀、嘀嘀嘀"的电机上电提示音，进入电调校准，随后将油门位拉至最低。此时会听到"嘀——"提示声，电调行程校准完成 注意：校准电调行程时应将螺旋桨拆卸	
3	电机正反转验证测试，轻轻推动油门查看电机转向，记录转向（正转或反转）；确定转向和螺旋桨方向一致。若相反断开动力电源，更换电机三相线中任意两相 注意：更改电机三相线中任意两相，可以变换电机转向	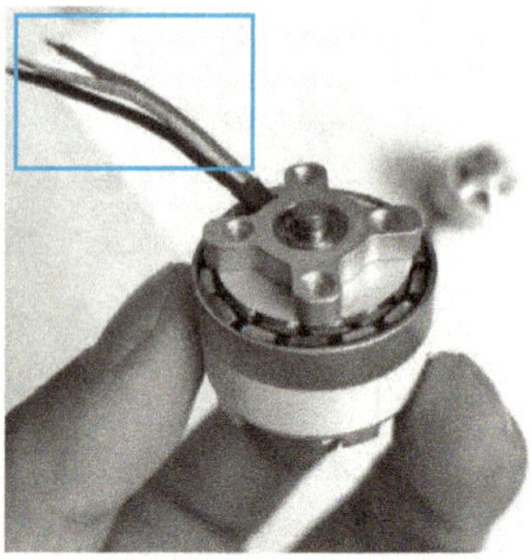
4	将螺旋桨安装在电机上，使用螺旋桨专用拆装工具（拆装夹子），然后将螺旋桨螺栓按照与转向相反的方向进行紧固，确保安装牢固，开始以油门30%、50%、100%记录拉力值，应多次（10次以上）实验，去掉最高和最低，取平均值为当时油门的参考拉力值 注意：在多次测试过程中应注意电池电压的变化，电压的变化直接会影响到测试结果	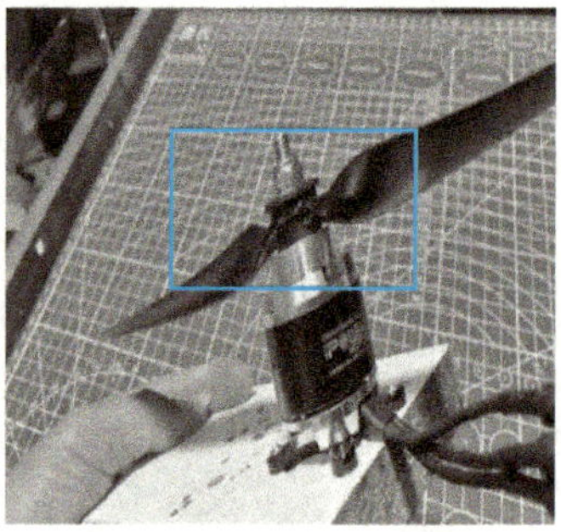

2. 工作页

学校名称		任课教师	
班　　级		学生姓名	
学习领域	无人机维保检修		
学习情境	LS3：无人机零部件及子系统测试	学习时间	25min
工作任务	E：动力系统测试	学习地点	理实一体化教室

动力系统测试

请提炼关键词，完成无人机动力系统测试的工作流程表格。

步骤	操作内容	工具设备仪器	标准规范	注意事项

预估完成耗时：　　　　　　　　预估成本：

3.3.6 飞行控制与导航系统测试

1. 信息页

学习领域	无人机维保检修		
学习情境	LS3：无人机零部件及子系统测试	学习时间	25min
工作任务	F：飞行控制与导航系统测试	学习地点	理实一体化教室

飞行控制与导航系统测试

（1）学习目标

掌握无人机飞行控制系统测试及导航系统测试。

（2）教具准备

1）TTA M4E-EDU 无人机。

TTA M4E-EDU 无人机的飞行控制测试包括无人机能够稳定地实现在空中稳定飞行、悬停、起飞、降落，以及 GNSS 模式下无人机晃动范围比较大，或飞行时航迹与机头方向不符等现象。

①环境测试。

a）高低温测试。由于无人机的作业环境条件往往多变且复杂，而且每一款机器对于内部功耗发热的控制能力有所区别，导致飞行器自身的硬件对于温度的适应能力有所不同，因此为了满足更多或者特定条件下的作业需求，高低温条件下的飞行测试是必须的。

b）跌落测试。跌落测试是目前绝大多数产品都需要做的一项常规测试，一方面是为了检验无人机产品的包装是否能很好地保护好产品本身以确保运输安全；另一方面是为了确保飞行器的硬件可靠性。毕竟无人机无法避免地会出现一些小磕小碰，甚至出现意外摔机的情况，良好且牢靠的硬件性能可以大大提升无人机对于外界的抵御能力，将机器损坏降到很低，减少维护时间与成本。

c）GNSS 搜星测试。GNSS 模块是一个非常基本的硬件需求，是飞行器控制系统的重要传感器单元之一，不仅可以提供位置坐标及飞行速度等数据信息，同时，在功能上可以辅助实现精准悬停，航线规划和自动返航等众多智能功能。因此，飞行器搜星的速度和数量对于无人机来说是非常重要的，速度太慢，需要等待较长时间才敢起飞，星数太少或者不稳定，在飞行的过程中丢星其实也会影响到飞行操控和安全。

d）振动测试。无人机内部有很多传感器，如惯性测量单元（IMU），这些感知的数据如果因为振动受影响，最终结果就是飞行器可能会完全不受控制；其次，内部硬件结构复杂，机身的一体化强度要求较高，振动会导致硬件连接异常，螺钉或者模块松动等。振动还会影响到飞行稳定和航拍效果。因此，飞行器对于振动的抵御能力不可忽略。

e）按键测试。无人机的遥控器上有控制摇杆和很多的功能按键，机身上也有对频键，电池扣等，这些按键随着长期地频繁使用都会出现老化和磨损，飞行控制和功能使用都会受到影响。按键测试就是在很大的使用强度下，测试这些按键是否能持续正常工作，抗老化的能力有多强。

f）线路弯折测试。无人机各模块间的线路会出现长期弯折，必要的弯折测试以检测模块之间的连接可靠性非常重要。如云台一般在机身下方，若云台的FPC排线损坏，云台将与机身断连，无法工作。这些排线破损或者短路，影响到无人机其他模块的正常运作。

②飞行控制系统的传感器。惯性测量单元（IMU）：由三轴陀螺仪、三轴加速度计、三轴地磁传感器和气压计组成一个IMU。

a）三轴陀螺仪：三轴指的就是无人机左右、前后、上下这三个轴，一般都用X、Y、Z来代表。左右方向在无人机中称为横滚，前后方向在无人机中称为俯仰，垂直方向就是Z轴。三轴陀螺仪通过三个轴上的传感器作用于飞行体运动的自动控制系统中，作为水平、垂直、俯仰、航向和角速度传感器，测量设备自身的旋转运动，但不能确定设备的方位。

b）加速度计：加速度计使用惯性原理测量加速度，可以测量组件在各方上的受力情况得到结果，也可测相对外部参考物（比如地面）的运动。三轴加速计分别代表三个方向的加速度。

c）地磁传感器：磁传感器是把磁场、电流、应力应变、温度、光等外界因素引起敏感元件磁性能变化转换成电信号，以此测试磁场强度和方向、定位设备的方向，主要确定无人机航向。

d）气压计：测量当前位置的大气压，通过测量不同位置的气压，计算压差得到当前的高度，根据大气压强变化，测量高度变化，可用于测量无人机在空中飞行时的高度。

e）GNSS：让飞控知道自己所在的位置、任务目标的位置和距离、家的位置和距离以及当前的速度和高度，然后再由飞控驾驶无人机飞向任务目标位置或回家。

2）TTA云控工作站，如图1所示。

图1　TTA云控工作站

TTA无人机云控系统使用网页版地面站和后台服务器，借助4G/5G/LTE自建网络实现无人机远程监控与实时操控的地面站系统。不同于传统地面站的安装操作，网页版地面站通过打开地面站链接就可实现对无人机的监控及控制，兼容PC端、手机端和便携式计算机。不受系统兼容性限制，通用性更强。同时由于无人机通过网络服务器与地面站实现数据通信，只要网路条件允许，理论上无人机的操控是不限距离的，因此可以实现无人机的远距离超视距控制。

（3）飞行控制与导航系统测试

1）起飞、降落阶段飞行控制系统测试。

步骤	操作内容	图示
1	检查无人机连接状态以及 GNSS 信号是否稳定，起落架是否存在松动或破损，紧固所有螺钉	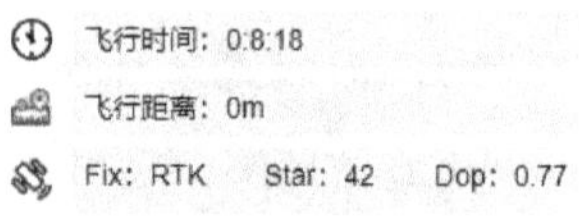 飞行时间: 0:8:18 飞行距离: 0m Fix: RTK Star: 42 Dop: 0.77
2	将无人机通电后，解锁起飞，观察电机转向以及各个电机转速是否均匀，上推油门至无人机离地起飞，观察飞行状态是否稳定，离地瞬间是否存在倾斜问题 注意：在测试起飞时应尝试轻柔试探推高油门位，一旦出现问题，及时收低油门位，切勿猛推油门	
3	降落时在离地 30~50cm 时观察地面效应，无人机是否可以精准稳定降落，下拉油门时观察电机转速有无明显变化 注意：降落应保持一定油门位，使无人机匀速下降并在快接地的同时轻推一点油门，缓解无人机瞬间接地的重力加速度压力	
4	接地瞬间将油门收底，等待电机是否停转锁桨 注意：若接地后螺旋桨长时间不进行锁止，应使用云控地面站紧急停桨	

2）悬停、飞行阶段飞行控制系统测试。

步骤	操作内容	图示
1	起飞后到达一定高度，在不操作遥控器的情况下，观察在 GNSS 模式下无人机位置有无偏离，高度有无变化 注意：GNSS 模式下，飞控系统会对无人机进行位置及高度的自主修正	
2	同 GNSS 模式下，进行多次移动后，再次悬停进行观察无人机状态，也可在大风天时通过悬停测试进行验证 注意：在外界环境不好时进行测试是对飞控算法及 PID 调整强有力的验证	
3	GNSS 模式飞行测试时，单独操纵升降舵，注意不要带到其他舵，观察地面站上的飞行轨迹是否是一条直线，飞行过程中高度是否存在变化 注意：同悬停一样，在飞控参与修正时，仅操纵定量升降舵时无人机应保持匀速直线运动	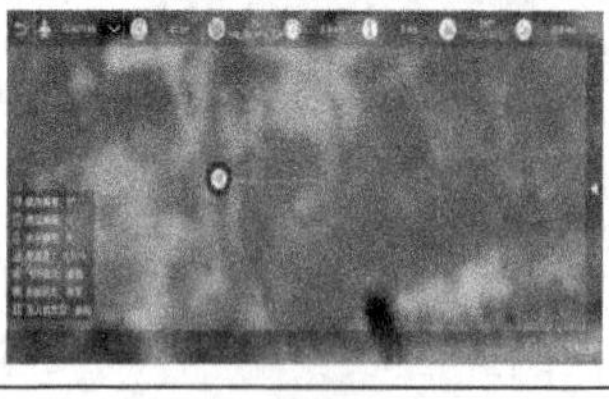

（续）

步骤	操作内容	图示
4	姿态模式在不操纵遥控器的情况下，无人机是否会向某一个方向运动 注意：姿态模式下无人机会根据当时风力向某一不定方向飘动	

3）导航系统测试。

步骤	操作内容	图示
1	按照开机顺序进行连接，打开地面站软件→遥控器通电→无人机通电，无人机上线后在 TTA 云控地面站上选择对应的无人机	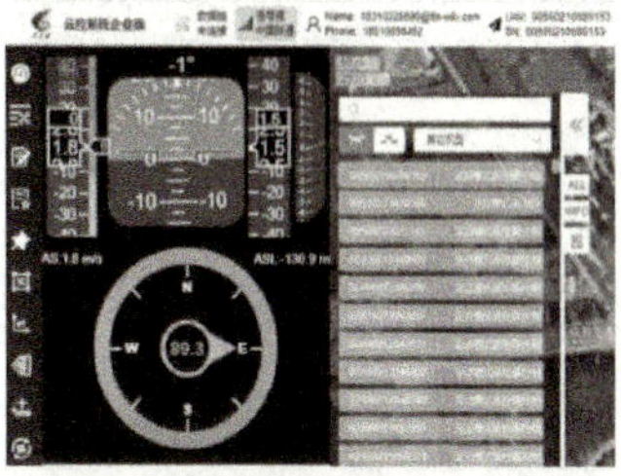
2	规划合适测试航线，单击"航点编辑""添加航点"，绘制航点，绘制完成后上传至无人机 注意：规划的航线应在合法安全的场地上	
3	单击自动起飞，无人机达到起飞高度后，单击航线飞行，进入预规划测试航线，观察数据传输和图像传输是否正常 注意：在起飞前应保持飞行模式为 GNSS，遥控器油门保持中位	
4	航线执行过程中，无人机是否按照所规划的任务航线进行巡航，执行航线过程中随机对无人机下达临时任务的执行程度 注意：下达随机临时任务应具有合理性	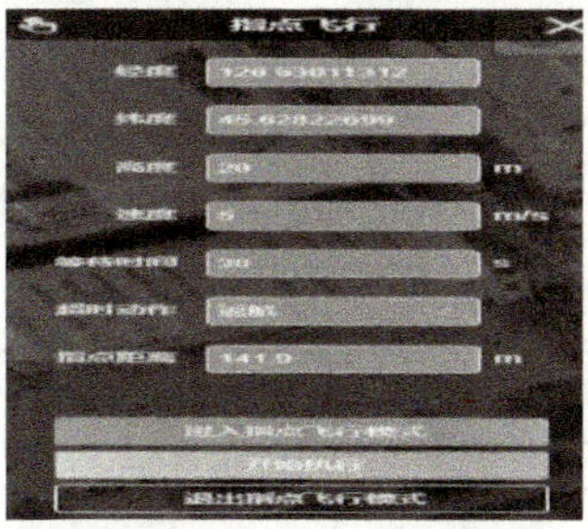
5	观察无人机飞行状态，航迹是否与所执行的任务航线存在偏差，最后自动降落 注意：当无人机飞行状态动作较大应及时停止自主飞行	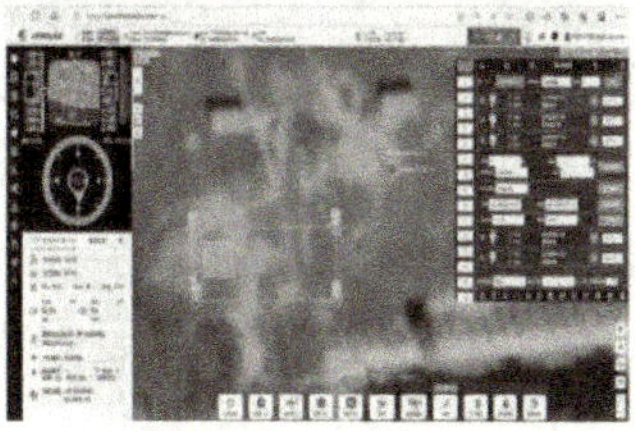

2. 工作页

学校名称		任课教师	
班　　级		学生姓名	
学习领域	无人机维保检修		
学习情境	LS3：无人机零部件及子系统测试	学习时间	25min
工作任务	F：飞行控制与导航系统测试	学习地点	理实一体化教室

飞行控制与导航系统测试

1）请提炼关键词，完成无人机起飞、降落阶段飞行控制测试的工作流程表格。

步骤	操作内容	工具设备仪器	标准规范	注意事项
预估完成耗时：		预估成本：		

2）请提炼关键词，完成无人机悬停、飞行阶段飞行控制测试的工作流程表格。

步骤	操作内容	工具设备仪器	标准规范	注意事项
预估完成耗时：		预估成本：		

3）请提炼关键词，完成无人机导航系统测试的工作流程表格。

步骤	操作内容	工具设备仪器	标准规范	注意事项
预估完成耗时：		预估成本：		

3.3.7 通信系统测试

1. 信息页

学习领域	无人机维保检修		
学习情境	LS3：无人机零部件及子系统测试	学习时间	25min
工作任务	G：通信系统测试	学习地点	理实一体化教室

通信系统测试

（1）学习目标

掌握无人机通信链路传输方式及测试。

（2）教具准备

无人机通信链路是用于无人机系统传输控制和载荷通信的无线电链路，主要包括指挥与控制的 CNC 链路、空中交通管制的 ATC 链路、感知与规避的 SNA 链路。通信网络中两个节点之间的物理通道称为通信链路。

1）通信链路。

无人机通信链路，主要指用于无人机系统传输控制、无载荷通信、载荷通信三部分信息的无线电链路。

根据通信链路的连接方法，可分为：点对点连接通信链路，节点 2 个；多点连接链路，一条链路连接多个节点，节点数大于 2。

根据通信方式不同，可分为：单向通信链路与双向通信链路。

根据数据传输方向不同，可分为：上行链路和下行链路。上行链路主要完成地面站至无人机的遥控指令的发送和接收，可用于传输地面操纵人员的指令，引导无人机按地面人员的指令飞行，并控制机载任务设备；下行链路主要完成无人机至地面终端的遥测数据，用于传送无人机的姿态、位置、机载设备的工作状态、当前遥控指令等，进行信息红外或电视图像的发送和接收以及跟踪定位信息的传输，并可用其来进行测距。

民用无人机系统一般使用点对点的双向通信链路，也有部分无人机系统使用单向下传链路。

①数据链路：无人机系统中的通信链路也常被称为数据链。用于控制和传输无人机和地面控制站之间的数据，包括控制信号、传感器数据、图像、视频等。普通的数据链路通常由低速数据链路和高速数据链路组成，可以使用无线电、光学、卫星等方式进行传输。

②图传链路：是无人机通信链路中最常用的链路类型，主要用于传输无人机所拍摄的图像和视频。基于数字传输、模拟传输、光纤传输等技术，具有低延迟、高带宽、高画质等特点。

③遥控链路：用于无人机飞行控制的链路类型，可以通过无线电、红外、蓝牙等方式进行传输，传输距离通常不超过几千米。

④GNSS 链路：用于定位和导航，主要基于 GNSS 定位和卫星通信技术，可以提供精确的无人机位置信息。

⑤电源链路：用于无人机电源管理，包括电池电量检测、充电管理等。

⑥防干扰链路：用于保障通信链路的稳定和可靠性，主要包括通信干扰检测和抵抗技术等。

无人机通信链路系统包括多种类型的链路,这些链路共同构成了无人机的通信系统,为无人机的控制和数据传输提供了可靠的保障。

2)通信链路频段。

目前世界上无人机的频谱使用主要集中在 UHF、L 和 C 波段,其他频段也有零散分布。我国工信部无线电管理局初步制订了《无人机系统频率使用事宜》,规定:

① 840.5~845MHz 频段可用于无人机系统的上行遥控链路,其中,841~845MHz 也可采用时分方式用于无人机系统的上行遥控和下行遥测信息传输链路。

② 1430~1446MHz 可用于无人机系统下行遥测与信息传输链路,其中,1430~1434MHz 频段应优先保证警用无人机和直升机视频传输使用,必要时 1434~1442MHz 也可用于警用直升机视频传输。无人机在市区部署时,应使用 1442MHz 以下频段。

③ 2408~2440MHz 频段可用于无人机系统下行链路,该无线电台工作时不得对其他合法无线电业务造成影响,也不能寻求无线电干扰保护。

3)数据链设备。

数据链设备主要由测控管理器、发射机及接收机组成。测控管理器负责地面遥控与遥测数据的融合与处理,管理无线电发射与接收时序,使遥控与遥测能同步协调工作。发射机和接收机由无线电测控电台及天线构成。无线电测控电台采用双工数传电台,负责遥控指令的发射与遥测数据的接收。机载设备包括飞行控制器、传感器及执行机构。飞行控制器一方面收集、处理来自于各个传感器的飞行参数,并将数据打包发送给地面接收装置;另一方面接收来自于地面站的遥控遥测指令,译码后发送给执行机构执行,调整无人机飞行参数。地面设备包括图像显示设备和工程控制计算机,工程控制计算机对所接收的遥测数据进行处理,而后由图像显示设备将处理后的数据进行显示,供地面操纵人员实时掌握和调整无人机的飞行状态。

(3)通信链路测试

步骤	操作内容	图示
1	准备一架大疆 DJI M3E 无人机,使用遥控器连接无人机,观察地面图传数据回传情况 注意:当地面出现图传数据不正常的情况,应检查天空、机载设备附近电磁信号干扰	
2	飞行同一距离,不同高度至 50m、80m、100m、150m 时,分别观察数传、图传回传情况变化,直至图像出现卡顿现象时,得出最大高度	
3	飞行同一高度,不同距离至 50m、80m、100m、150m 时,分别观察数传、图传回传情况变化,直至图像出现卡顿现象时,得出最远距离	
4	根据上述得出最远距离及最大高度时,分别在空旷及城市中再次测试,观察数传、图传回传情况变化 注意:因城市中环境较为复杂,会直接影响图传传输距离	

2. 工作页

学校名称		任课教师	
班　　级		学生姓名	
学习领域	无人机维保检修		
学习情境	LS3：无人机零部件及子系统测试	学习时间	25min
工作任务	G：通信系统测试	学习地点	理实一体化教室

通信系统测试

请提炼关键词，完成无人机通信系统测试的工作流程表格。

步骤	操作内容	工具设备仪器	标准规范	注意事项

预估完成耗时：	预估成本：

3.3.8 起飞着陆系统测试

1. 信息页

学习领域	无人机维保检修		
学习情境	LS3：无人机零部件及子系统测试	学习时间	25min
工作任务	H：起飞着陆系统测试	学习地点	理实一体化教室

起飞着陆系统测试

（1）学习目标

掌握无人机起落架的作用及测试。

（2）教具准备

起落架是无人机的重要部件之一，它的主要作用是提供支撑和保护无人机的机身，起到减振的作用，保护无人机的机身和降落时减缓着陆的冲击。当无人机降落时，很容易受到地面和机身的冲击，容易造成机身的损坏，而起落架的存在可以将无人机的冲击力减轻。

无人机起落架通过减振系统来实现减轻冲击力的作用，主要有三种减振系统：机械式减振系统、液压式减振系统和气压式减振系统。

机械式减振系统是由一组弹簧和减振器组成，主要通过弹簧的弹性和减振器的减振来实现。

液压式减振系统是通过液体在喷嘴中流动产生剪切力，从而消耗冲击能量。

气压式减振系统主要通过外部气压来实现减振作用，这种减振系统适用范围广，通常用于大型无人机。

根据不同的无人机类型和用途，无人机起落架也有不同的类型。通常无人机起落架分为固定式起落架和收放式起落架两种。

固定式起落架是始终固定在无人机的机身上，比较适用于运输任务、巡逻任务等。

收放式起落架是可以在无人机起降时展开或收起，比较适用于侦察、观测和拍摄任务。起落架的选择主要根据无人机的用途和使用环境来进行。

起落架是无人机机身保护和减振的关键部件，对于无人机的性能、安全和寿命都有着至关重要的作用。

（3）起飞着陆系统测试

步骤	操作内容	图示
1	准备一架天途 TTA M4E-EDU 无人机及安装工具。确定左右各脚架安装位置，脚架安装口对准机身螺钉紧固口	

（续）

步骤	操作内容	图示
2	将无人机放置任意位置，模拟降落任何位置时脚架的接地稳定性 注意：因飞行环境不同，所以应适应多种复杂的降落环境	
3	将无人机放置水平位置，在其上方加上合适的配重，测试承载重量 注意：无人机的最大起飞全重应与脚架的承受重力成正比	
4	将无人机放置水平位置，离地 5cm 自由落下，测试脚架接地的减振性和滤振性 注意：当脚架减振偏软时，无人机降落会发生弹跳现象，很可能出现不必要的安全事故	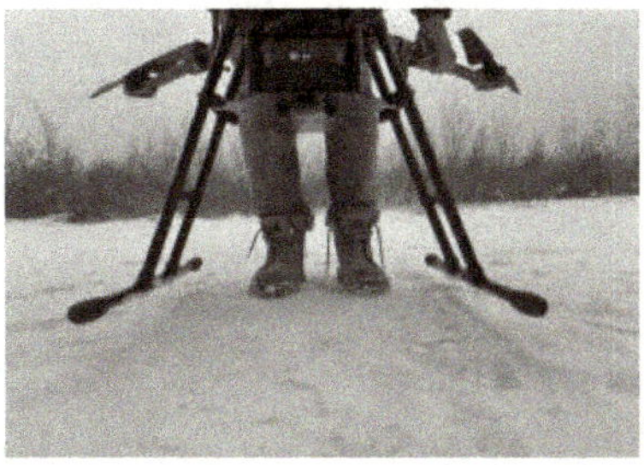

2. 工作页

学校名称		任课教师	
班　　级		学生姓名	
学习领域	无人机维保检修		
学习情境	LS3：无人机零部件及子系统测试	学习时间	25min
工作任务	H：起飞着陆系统测试	学习地点	理实一体化教室

起飞着陆系统测试

请提炼关键词，完成无人机起飞着陆系统测试的工作流程表格。

步骤	操作内容	工具设备仪器	标准规范	注意事项

预估完成耗时：	预估成本：

3.4 任务计划

课程思政点睛

1）任务计划环节是在理实一体化学习之后，为培养学生先谋后动的思维意识和工作习惯而进行的训练，学生小组合作完成工作计划的制订。

2）利用规范性、标准性非常高的计划表格引导学生养成严谨、认真、负责任的职业态度和工匠精神。

3）通过对规范、环保、安全方面的强调和要求，培养学生的环境保护意识、安全意识及大局观。

教学实施指导

1）教师指导学生分组讨论，在3.3理实学习环节完成的工作页的基础上，按照教师派发的任务要求，合作完成工作计划海报。

2）教师选出一个组讲解展示海报内容，师生评价。教师强调统筹、标准、规范、安全、环保、时间及成本控制意识的训练。

3.5 任务决策

课程思政点睛

任务决策环节是在任务计划的基础上，跟师傅或领导对任务计划进行修改确认，或者是对多种计划方案进行优中选优。指导学生吸收采纳教师或其他人的建议，能够对自己的学习知识体系进行重新梳理，不断地接受他人的合理化意见或建议，是虚心、进取心的表现，同时也是尊重他人、客观公正对待自己的人生态度。在任务实施之前对自己的计划进行确认与调整，是严谨、认真、负责的态度体现，也是精益求精的工匠精神养成。

教学实施指导

1）教师指导学生个人独立按照任务决策的关键要素完成任务决策表。

2）教师选出某组学生代表和自己进行任务决策，其他学生观察，并进行口头评价、补充、改进。

3）学生修改任务决策方案表，提交；教师进行确认；学生获得教师对自己所做决策方案的确认信息后才有资格进行任务实施。

无人机零部件及子系统测试任务决策方案表

决策类型	决策方案
与师傅决策	请站在企业的角度，和师傅沟通工作方案实施的可能性（包括：工作步骤的正确性、规范性和合理性，工作过程的安全性、环保性等注意事项，工作质量把控，时间控制和成本控制等，并记录决策结果与师傅建议）
意见或建议	

3.6 任务实施

课程思政点睛

1)任务实施环节对学生进行严谨、规范、标准操作训练。

2)要求学生必须按照前期经过决策的任务计划执行,养成先谋后动的工作意识,深入思考后才可以操作,严禁冒失和鲁莽行事。

3)在操作过程中要求学生在一个团队内必须通力合作,分工明确,提高工作效率,以此训练学生未来步入社会工作的团队合作能力和时间把控能力。

4)若在操作中万一有违规操作或者是失误、错误出现,要求学生必须如实告知。

教学实施指导

1)学生观察教师的示范动作,或观看3.6.1~3.6.2无人机零部件及子系统测试视频中的示范动作。

2)学生分为4组,分工操作。每组每次安排2名学生操作,所有学生轮流,每个学生都要完成一次操作。当2名学生进行操作时,另外安排1~2名学生填写3.6.3任务工单(维保档案),1~2名学生分别对其进行评价,填写3.6.4评价表,1名学生拍视频,1名学生监督质量并记录,1名学生查阅组装手册改进计划。

3.6.1 无人机零部件测试视频

1. 零部件外观完好性检查视频　　2. 机臂云、台测试视频　　3. 电机功能测试视频　　4. 图传、数传功能测试视频　　5. 电路检查视频

3.6.2 无人机子系统测试视频

1. 动力系统测试视频　　2. 飞行控制系统测试视频　　3. 通信链路测试视频　　4. 起飞着陆系统测试视频

3.6.3 无人机零部件及子系统测试任务工单

项目名称	无人机维保检修
任务名称	无人机零部件及子系统测试
无人机型号	
故障状态	
故障原因	

（续）

步骤	操作内容	工具耗材	结果
1			
2			
3			
4			
5			
6			
7			
8			

检修测试流程及工具耗材使用等情况记录：

（可另附页）

检修测试结论：

维保检修人：	项目负责人/质检员签字：
成本核算：	完成时间：

3.6.4 无人机零部件及子系统测试任务实施评价表

被评人：

一级指标	二级指标	配分	评价	评价指标
1. 按照规范标准对无人机零部件及子系统测试	按照工作计划执行	5		信息获取
	正确选择工具设备	5		专业能力
	规范使用工具设备	5		规范性
	正确顺序作业	5		专业能力
	规范地进行标准作业	5		专业能力
	专业地正确进行作业	5		专业能力
	操作中遵守技术规范和标准	5		规范性
	操作中遵守设备及人身安全防护	5		安全性
	操作中遵守环保要求	5		环保性
	操作过程保证工作质量	5		责任心
	测试结果正确	5		专业能力
	测试记录完整准确	5		记录
	走路轻快稳、手脚利落，注重工作效率	5		工作规范
2. 任务实施中的自我管理	完成任务的时间控制把握	5		时间管理
	与队友友好且高效合作	5		团队合作
	对任务计划及时调整与改进	5		自我改进

评价人：

3.7 任务检查

课程思政点睛

任务检查环节包含三个层次的内容：

首先是复盘检查，对任务实施过程和实施结果进行检查，确保工作质量，养成学生严谨规范、认真负责的职业态度和职业精神，高标准、严要求、精益求精的工匠精神。

其次是对场地、工位、设备、环境等进行5S，养成规范、卫生、环保、自律意识。

最后是对任务计划的调整改进，对前期做的工作计划进行优化，训练学生自我改进、自我优化的自我管理能力，以此实现学生不断地进步提高。

教师要重点引导学生对队友的支持性意见的表达，并引导学生接纳他人建议。

教学实施指导

1）教师提供任务检查单。要求学生分组，小组合作完成任务检查及5S，在任务检查单上标注。

2）学生小组合作修改完善工作计划，进行全面的复盘改进，并标注。

无人机零部件及子系统测试任务检查及 5S

1）请进行必要的最终任务检查。

检查项目	检查内容	问题记录	处理意见
检查实施过程			
检查实施结果			

2）请进行必要的5S。

5S 场地（　　）

5S 设备工具（　　）

5S 工位（　　）

3）请根据任务实施过程和任务实施结果的实际情况，优化、调整、完善、改进工作计划。（以另一颜色的笔在任务计划上标注作答）

3.8 任务交付

课程思政点睛

任务交付与任务接受呼应，特别适合对学生进行平等、公平、友善、和谐价值观引导。如何做到和伙伴友善合作，如何做到站在公司立场为公司的利益和效率着想，如何站在客户角度为客户着想等，在指导学生进行任务交付的话术训练时全面体现平等、公平、友善、和谐。

教学实施指导

教师指导学生依据 3.8.1 无人机零部件及子系统测试任务交付剧本，参考 3.8.2 任务交付中英文音视频，以角色扮演方式进行任务交付。

3.8.1 无人机零部件及子系统测试任务交付剧本（中英文）

1. 任务完成，正常交付

组　　长：领导，您好！经过我们团队3小时的努力，我们已经按照相应类型与型号的无人机零部件及子系统测试的流程与标准规范，全部保质保量地完成了。

Hello, Director! After 3 hours efforts, We have completed all the UAV parts and subsystems in accordance with the process and standard specifications of the corresponding types and models.

项目负责人：好的，你们辛苦了。已经送到质检组进行检测了吧？

All right. Thank you! Have they been sent to the quality inspection team?

组　　长：是的，已经送检了。质检全部通过！

Yes. All passed the quality inspection!

项目负责人：完美。你们先休息一下，一会儿再布置新的任务给你们。

Perfect. Have a rest. I will assign you a new task later.

组　　长：好嘞，等您。

OK.

2. 任务未完成，异常交付

组　　长：领导，您好！不好意思跟您说，我们团队虽然已经很努力了，但是没有在规定时间内完成项目组内所有无人机的零部件及子系统测试任务。

Hi, Director! I'm sorry to tell you that although our group has tried very hard, we have yet to completed the test tasks of all UAV parts and subsystems within the project team within the stipulated time.

项目负责人：啊？！为什么？到底哪里出了问题？

Ah?! Why so? What went wrong?

组　　长：真的非常抱歉，主要是我们专业技术水平还不够娴熟，再加上团队合作不够顺畅，导致了工作结果出现问题。

I'm really sorry. Since there is still much to be desired in our professional proficiency and group cooperation, we fail to finish the work on time.

项目负责人：算了。意识到问题的原因就好，下次多注意。那你们自己能解决吗？需不需要其他团队的帮助？

Come on. Just draw the lesson next time. Can you handle it by yourselves? Do you need help from other groups?

组　　长：我们自己能解决，不需要帮助。不过，还需要点时间。

We can handle it by ourselves. We don't need help. But it will take some more time.

项目负责人：多久？

How long will it take?

组　　长：2个小时吧。

About two hours.

项目负责人：好吧。再给你们团队 2 个小时，必须保质保量完成。
All right. Two more hours for you.. You must fulfill it.
组　　　长：谢谢您了！我们这就继续开工。您走好！
Thank you very much! We will continue with our work. See you!

3.8.2　无人机零部件及子系统测试任务交付音视频（中英文）

1. 无人机零部件及子系统测试任务正常交付音视频（中文）
2. 无人机零部件及子系统测试任务正常交付音视频（英文）
3. 无人机零部件及子系统测试任务异常交付音视频（中文）
4. 无人机零部件及子系统测试任务异常交付音视频（英文）

3.9　巩固拓展

课程思政点睛

　　巩固拓展环节是充分利用学生的课余时间布置高质量的作业，对课上所学及完成的任务进行温故知新，同时训练学生举一反三、迁移新任务的解决问题能力。任务选择注意课程内容的延续性及拓展性，稍微增加难度，在小组主持作业的情况下，既要对学生克服困难独立完成任务的职业素养进行训练，也要对学生团队合作、高效率高质量完成任务的能力和素养进行训练。

教学实施指导

　　1）完成信息化系统中关于教学流程的每一步测评表，并提交。
　　2）以小组为单位完成演练月财务结算表和成绩统计。
　　3）以小组为单位熟练无人机零部件及子系统测试所有项目的操作。
　　4）布置新任务，要求学生小组合作完成新任务的工作方案。

Studying Situation 04

学习情境 4
无人机整机及任务载荷系统测试

4.0 教学准备

知识目标
- 无人机整机及任务载荷系统测试的内容及要求。
- 整机超视距飞行时安全性与稳定性测试的方法、流程及注意事项。
- 整机飞行性能测试的方法、流程及注意事项。
- 任务载荷作业飞行时安全性与稳定性测试的方法、流程及注意事项。
- 飞行器平台整机功能测试的方法、流程及注意事项。
- 任务载荷系统功能测试的方法、流程及注意事项。
- 整机与任务载荷系统联机功能测试的方法、流程及注意事项。
- 根据不同机型定制整机及任务载荷系统测试的工作方案。
- 无人机整机及任务载荷系统测试的技术要点与规范标准。

技能目标
- 测试整机超视距飞行时安全性与稳定性。
- 测试航时、航程、飞行高度、飞行速度等整机飞行性能。
- 测试任务载荷作业飞行时安全性与稳定性。
- 测试飞行器平台整机功能。
- 测试任务载荷系统功能。
- 测试整机与任务载荷系统联机功能。

素养目标
- 能够提炼总结简单的技术文本并建构自己的知识体系思维导图。
- 能够在两人对话中有效沟通并交换信息。
- 能够把自己的观点表达清楚。
- 能够在团队中承担自己的角色功能,平等、和谐、友善。
- 能够在团队中主动并有积极合作意识。
- 能够在制订计划时尽可能考虑全面,做到精益求精。
- 能够控制自己的情绪,跟伙伴友好合作。
- 能够认真倾听并及时记录。
- 能够进行恰当的图文展示。
- 能够以 ERP 沙盘演练的形式进行专业学习。

- 能够把企业经营理念与人文情怀贯穿到专业知识学习中。
- 能够具有创新、创业精神和意识。

4.1 任务接受

课程思政点睛

任务接受环节特别适合对学生进行平等、公平、友善、和谐价值观的训练。如何做到和伙伴友善合作，如何做到站在公司立场为公司的利益和效率着想，如何做到站在客户角度为客户着想等，在指导学生进行任务接受话术训练时，教师要及时、适时地对学生进行引导训练，全面体现平等、公平、友善、和谐。

任务接受环节涉及第 4 个演练月的企业经营，在布置演练月财务核算任务时，严格要求学生具备诚信经营意识，做到严谨、规范、一丝不苟，同时还要有独特的创新意识和不屈不挠的创业精神。

教学实施指导

1）教师指导学生依据 4.1.1 无人机整机及任务载荷系统测试任务接受剧本，学习过程参考 4.1.2 任务接受中英文音视频，采取角色扮演的方法完成任务接受。

2）角色扮演之后明确工作任务。

4.1.1 无人机整机及任务载荷系统测试任务接受剧本（中英文）

学习情境描述

无人机越来越广泛地应用于测绘、航拍、巡检、植保、物流、应急救援等领域。你作为测绘设计研究院的无人机测绘项目部的某项目组员工，请你按照相应类型与型号的无人机整机及任务载荷系统测试的技术标准规范，选择合适的方法，制订检查测试流程，正确使用工量具、设备、仪器等，完成整机及任务载荷系统的测试检修，确保无人机具备正常飞行性能，能顺利完成专业的测绘任务。

希望通过各项目组的精诚合作，能够在 3 小时内完成整机及任务载荷系统测试项目。测试过程注意工作效率、经济效益与安全注意事项等。

组　　长：领导，您好！这次是什么任务？
　　　　　Hi, Director! What's the mission?

项目负责人：您好！请你们完成我们项目组所有无人机的整机及任务载荷系统测试检修。
　　　　　Hello! Please complete the test and overhaul of all UAV and mission load system of our project team.

组　　长：好的！知道了。有什么特殊的具体要求吗？
　　　　　All right! I see. But are there any specific requirements?

项目负责人：没有什么特殊要求，你们按照相应类型与型号的无人机整机及任务载荷系统测试的技术标准规范，选择合适的方法，正确使用工量具、设备、仪器等，能够确保无人机飞行性能正常工作就行了。
　　　　　Nothing special. You in accordance with the corresponding type and model of UAV complete machine and mission load system test technical standards, choose the appropriate method, the correct use of measuring tools, equipment,

instruments, etc., to ensure the normal operation of the UAV flight performance on the line.

组　　　长：好，没问题！规范和标准我们一定严格执行。
No problem! We will follow the specifications and standards strictly.

项目负责人：另外，测试过程要嘱咐组员，注意谨慎安全操作，千万别磕磕碰碰或掉落、损坏零部件，谁损坏，谁赔偿。尽量节约成本。
In addition, during the test process, the team members should be instructed to pay attention to careful and safe operation, do not bump or drop or damage parts, whoever causes damage must compensate. Try to save costs.

组　　　长：好的！您放心，我会嘱咐团队成员小心安全操作。给我们多长时间完成？
All right! Don't worry. I will tell the group members to be careful. How much time we are allowed to finish the job?

项目负责人：3小时内必须保质保量完成。完成后，上交质检组检验。
It must be perfectly accomplished within 3 hours. Then the frames shall be submitted to the quality inspection team for inspection.

组　　　长：明白了。您放心！还有要嘱咐的吗？
I see. Don't worry about it. Anything more?

项目负责人：没有了。那就拜托了。有问题随时联系。
No more. Just go ahead. Please contact me if you have any questions.

组　　　长：好的！您慢走！再联系。
OK. See you! Keep in touch.

4.1.2　无人机整机及任务载荷系统测试任务接受音视频（中英文）

1. 无人机整机及任务载荷系统测试任务接受音视频（中文）　　2. 无人机整机及任务载荷系统测试任务接受音视频（英文）

4.2　任务分析

课程思政点睛

任务分析环节以任务接受环节的学习情境描述为参考，对学生启发引导分析任务本身，有助于学生深入思考完成任务需要的知识点、技能点与素养点。教师要抓住机会及时训练学生在文本信息中提取的专注力、严谨、规范、标准、安全、精益求精的工匠精神，养成严谨、规范的逻辑思维意识，对任何信息不疏漏并善于利用，以此提升学生的信息获取能力、逻辑思维能力以及严谨认真的职业态度。

教学实施指导

教师指导学生制作思维导图完成任务分析。

1）学生个人独立查阅学习情境描述，在笔记本上制作明确任务的思维导图1：包含任务背景、任务对象、任务要求、任务目标、任务结果、任务角色等。

2）学生个人独立思考完成本任务需要的知识、技能、能力要求，认真制作思维导图2。

3）学生小组合作讨论出本组的思维导图1与2。

4）教师指定小组讲解展示，其他小组领会理解，补充改进。

4.3 理实一体化学习

课程思政点睛

1）以大疆无人机的全球保有量，激发学生的爱国热情和民族自豪感，引导学生树立政治立场与坚定世界观。

2）以大疆无人机、天途无人机为教学内容，及时对学生进行科技强国教育与创新创业教育。

3）通过工作站方法的学习指导，引导学生养成独立、民主、自由、公平、友善、诚信、合作、和谐、敬业等价值观，培养学生严谨、规范、精益求精的职业态度和职业精神。

教学实施指导

教师提供给学生为完成本任务（无人机整机及任务载荷系统测试）必要的学习资料（6个模块），要求并指导学生利用工作站法完成理实一体化学习。学生按照教师的要求，认真完成6个模块的企业内部培训，力争自己解决问题。

1）工作站法学习：完成4.3.1~4.3.6所有理实一体化的学习内容。

2）学生以竞争方式，采用展览馆法讲解展示学习结果。

4.3.1 整机安全性与稳定性测试

1. 信息页

学习领域	无人机维保检修		
学习情境	LS4：无人机整机及任务载荷系统测试	学习时间	30min
工作任务	A：整机安全性与稳定性测试	学习地点	理实一体化教室

整机安全性与稳定性测试

（1）学习目标

掌握无人机整机的安全性与稳定性测试方法与流程。

（2）教具准备

1）TTA M4E 云控系统，如图1所示。

TTA M4E 地面站采用无人机云控系统，可以使用网页版地面站和后台服务器，借助 4G/5G/LTE 自建网络实现无人机远程监控与实时操控的地面站系统。

不同于传统地面站的安装操作，网页版地面站通过打开地面站链接就可实现对无人机的监控及控制，兼容 PC 端、手机端、便携式计算机。不受系统兼容性限制，通

图 1 TTA M4E 云控系统

用性更强。同时由于无人机通过网络服务器与地面站实现数据通信,只要网络条件允许,理论上无人机的操控是不限维保距离的,因此可以实现无人机的远距离超视距控制。

云控特点：云控云算、空地一体、网格部署、开放平台、安全互联。

云控云算,无须人为操控即可自主执行飞行任务,多架次同时起降自动避让,并事实回传数据至云算中心。

空地一体,用户手机、计算机、后台可以同时共享云数据中心数据,一键生成所需材料。

网格部署,基于无人机场的部署,可使无人机实现异地降落,飞行任务距离可最大化,无须返回原起飞点。无人机可在机场间来回起降,同时进行多调度飞行,任务高效执行。

开放平台,支持本系统无人机相关数据向第三方平台开放,持安全可靠的鉴权机制授权,支持多机型接入,支持多家无人机公司的飞行器或飞控接入。

安全互联,共享数据依托加密网络安全分享,机身自检保障任务安全执行。

2) DJI M3E 无人机配备鱼眼镜头,如图 2 所示。

图 2 DJI M3E 无人机配备鱼眼镜头

DJI M3E 机身配备鱼眼镜头可实现无盲区全向感知,还支持设置告警和刹停距离,灵活应对不同作业需求。DJI M3E 配合 DJI O3 图传行业版可以远距离作业,选配 4G 增强图传,在有遮挡的复杂环境下也能确保信号稳定。无人机及遥控器都支持 DJI Cellular 模块,4G 增强图传与 O3 图传行业版可同时工作,轻松应对各类复杂环境,飞行更安全。

DJI M3E 智能返航模式,自动规划最优返航路线,省电、省时、更安全,支持 APAS 5.0,无人机自动绕障前行,安心飞行作业。

（3）整机安全性与稳定性测试

1）航线规划时安全性与稳定性测试。

步骤	操作内容	图示
1	将 TTA M4E-EDU 无人机与 TTA 云控平台连接，完成无人机的飞行前检查，确保硬件的正常运行	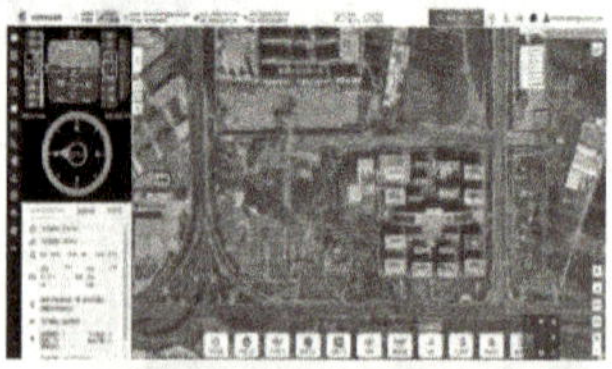
2	进行航线编辑，并设置合理的飞行参数：高度、速度、转弯模式以及在每一航点的停留时间 注意：测试应在实际无人机的机动参数之内设置	
3	发送指令让无人机完全自主起飞→进入航线→执行远程任务→低电量自动返航→降落 注意：测试初期应以无人机对基本功能执行作为重点	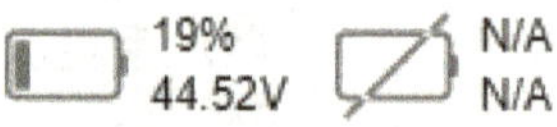 19% 44.52V N/A N/A
4	更换不同远端作业环境，多次模拟紧急情况，验证云控平台及无人机的规避机制 注意：在执行基本指令没问题后，进一步对无人机紧急情况处理测试	

2）超视距航点飞行时安全性与稳定性测试。

步骤	操作内容	图示
1	从 App 首页单击航线入口进入航线库，单击创建航线	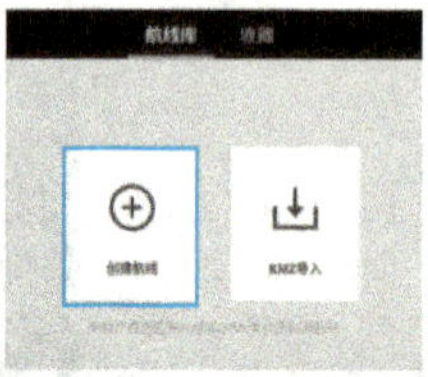
2	单击航点飞行，选择地图选点，进入航点编辑页面 注意：DJI M3 与云控不同之处为通信链路距离问题，应考虑电台通信距离的把控	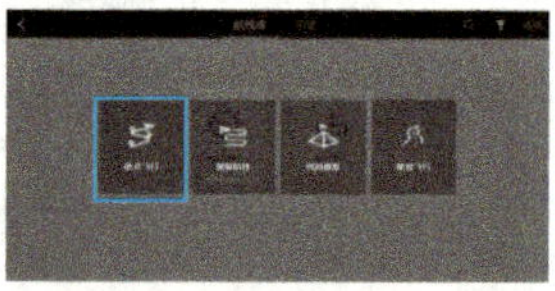
3	绘制航点，单击【航点】可编辑航点信息，完成后单击保存	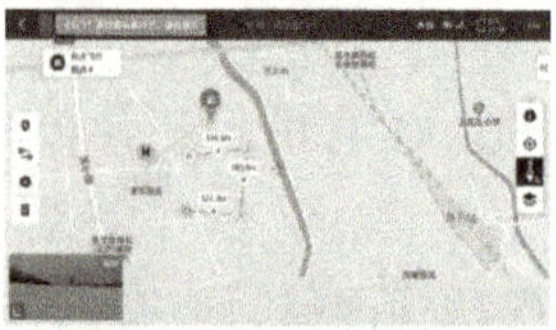
4	最后上传航线，并让无人机自主起飞→进入航线→执行远程任务→低电量自动返航→降落，对超视距飞行的安全性与稳定性等基本功能进行测试 注意：低电量返航根据自己的设置执行	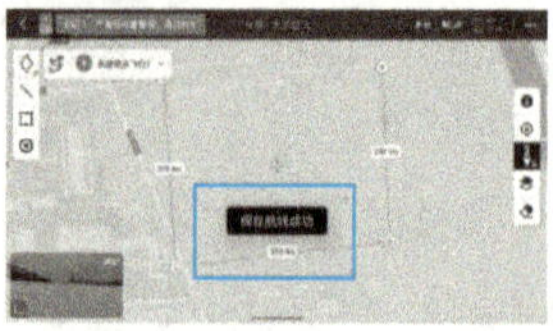

2. 工作页

学校名称		任课教师	
班　　级		学生姓名	
学习领域	无人机维保检修		
学习情境	LS4：无人机整机及任务载荷系统测试	学习时间	30min
工作任务	A：整机安全性与稳定性测试	学习地点	理实一体化教室

整机安全性与稳定性测试

1）请提炼关键词，完成航线规划时安全性与稳定性测试的工作流程表格。

步骤	操作内容	工具设备仪器	标准规范	注意事项
预估完成耗时：		预估成本：		

2）请提炼关键词，完成超视距航点飞行时安全性与稳定性测试的工作流程表格

步骤	操作内容	工具设备仪器	标准规范	注意事项
预估完成耗时：		预估成本：		

4.3.2 整机飞行性能测试

1. 信息页

学习领域	无人机维保检修		
学习情境	LS4：无人机整机及任务载荷系统测试	学习时间	30min
工作任务	B：整机飞行性能测试	学习地点	理实一体化教室

整机飞行性能测试

（1）学习目标

掌握无人机的航时、航程、飞行高度、飞行速度等飞行性能参数的测试方法。

（2）教具准备

1）TTA M4E-EDU 无人机基本参数，见表 1。

表 1　TTA M4E-EDU 无人机基本参数

整机尺寸（展开状态，不带桨状态）	1090mm×1090mm×655mm
整机尺寸（折叠收纳状态，含螺旋桨）	670mm×670mm×655mm
对称电机轴距	1416mm
飞行器电机个数	4
飞行器机臂收纳形式	折叠收纳
飞行器电机定子尺寸	87mm×25mm
螺旋桨尺寸	长度 28inch
螺旋桨材质	塑胶（可折叠）
螺旋桨重量（含桨夹）	174g
整机空载重量（含电池）	14.4kg
空机重量（不含电池）	9.9kg
标准起飞重量	19kg
整机最大有效起飞重量	22kg
最大有效载荷重量	5kg
飞行器驱动形式	电驱动
悬停功率	空载 1700W
	满载 2500W
悬停时间	空载≥25min
	满载≥17min
飞行器准备时间	≤2min
飞行定位方式	RTK 差分定位、GNSS 定位
RTK 基站覆盖范围	≥5km
飞行器定向方式	RTK 定向、磁罗盘定向
飞行器安全起飞角度	≤15°
飞行器控制精度	水平 ±0.5m，垂直 ±1.5m（GNSS）
	水平 ±0.3m，垂直 ±0.1m（RTK）
最大作业高度	普通桨 <3000m，3000m< 高原桨 <5000m
最大旋转角度	360°

（续）

最大俯仰角度	≤25°（出厂默认≤16°）
最佳作业速度	4~8m/s
最大上升速度	5m/s（出厂默认3m/s）
最大下降速度	3m/s
最大飞行速度	15m/s
遥控器通信链路距离	>10km（通视环境）

2）DJI M3E 无人机基本参数，见表 2。

表 2　DJI M3E 无人机基本参数

裸机重量（带桨叶）	915g
最大起飞重量	1050g
尺寸	折叠（不带桨）/mm：长221，宽96.3，高90.3 展开（不带桨）/mm：长347.5，宽283，高107.7
轴距	对角线：380.1mm
最大上升速度	6m/s（普通档） 8m/s（运动档）
最大下降速度	6m/s（普通档） 6m/s（运动档）
最大水平飞行速度 （海平面附近无风）	15m/s（普通档） 前飞：21m/s，侧飞：20m/s，后飞：19m/s（运动档）
最大抗风速度	12m/s
最大起飞海拔高度	6000m（空载飞行）
最长飞行时间 （无风环境）	45min
最长悬停时间 （无风环境）	38min
最大续航里程	32km
飞行高度	大疆限制500m，部分地区能到1500m，特殊解禁3000m

DJI M3E 小巧可折叠，方便携带，可快速部署灵活高效应对山地野外等复杂环境的作业需求，DJI M3E 续航长达 45min，有效作业时长及作业半径大幅提升。单架次可完成面积 2km² 区域的测绘作业。

3）DJI M3E 遥控器导航信息模块，如图 1 所示。

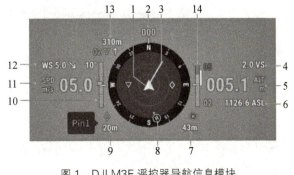

图 1　DJI M3E 遥控器导航信息模块

图中：

1—飞行器：当飞行器旋转时，导航信息模块的罗盘将跟随旋转。

2—飞行器朝向：该数字为当前飞行器的朝向及角度，该角度在罗盘上以北为0°，每30°为步长，顺时针进行角度排布，360°后回到正北方，如罗盘中的数字24表示飞行器正北0°顺时针旋转240°后的航向位置。

3—飞行器的水平速度矢量：由飞行器牵引出的白线为飞行器的飞行方向以及飞行速度。

4—垂直速度：显示飞行器爬升或下降的垂直速度。

5—相对高度（ALT）：飞行器相对起飞点的高度。

6—海拔高度（ASL）：显示当前飞行的海拔高度。

7—返航点信息：显示当前飞行器到返航点的水平距离。

8—返航点和遥控器方位：

a）在导航信息模块内，显示返航点相对于飞行器的方位。当返航点与飞行器水平距离超过16m，则返航点驻留在导航信息模块的边缘。

b）当遥控器与返航点相对距离不超过5m，则导航信息模块内仅显示返航点；当遥控器与返航点距离超过5m，则显示为蓝色圆点以表示遥控器的位置；当遥控器与飞行器水平距离超过16m，则表示遥控器位置的蓝色圆点图标将驻留在导航信息模块的边缘。

c）当遥控器的指南针正常：工作时，遥控器蓝色圆点图标将会显示遥控器的方向。飞行过程中，如果信号不佳，可以调整遥控器朝向，使遥控器蓝色圆点图标的箭头指向飞行器方向。

9—Pin点信息：使用打点定位时，显示Pin点名称以及当前飞行器到Pin点的水平距离。

10—云台俯仰角度。

11—飞行器的水平速度。

12—风速与风向。其中，风向是相对于飞行器的方向。

13—航点信息：航线飞行时，显示航点名称、当前飞行器到航点的水平距离、以及当前航线上升或下降的趋势。

14—垂直避障信息：垂直方向上一旦检测到有障碍物，将出现障碍条图标；当达到告警距离时，显示红色与橙色，且遥控器将发出"嘀..嘀..嘀.."提示音；当到达刹停距离时，只显示红色，且遥控器将发出"嘀.嘀.嘀"提示音。避障刹停距离和告警距离均可在DJI Pilot 2 App中设置，请根据App提示进行设置。白条将显示出3s后飞行器可到达的位置，垂直速度越大白色的线越长。

4）水平避障信息。

障碍物进入16m内且未达到警告距离，障碍物用绿色框表示；障碍物进入16m内且达到了告警距离时，变为橙色框；当障碍物接近避障刹停距离时，则变为红色框，如图2所示。

当关闭飞行器避障功能时，显示OFF；当避障功能开启，但是视觉系统和红外感知系统都失效时，显示为NA，如图3所示。

图 2　开启水平避障

图 3　关闭水平避障

（3）整机飞行性能测试

1）航时测试。

步骤	操作内容	图示
1	准备阶段：确保无人机电池已充满电，且所有设备（如电机、螺旋桨、飞控等）都处于良好的工作状态。同时，选择一个开阔、无障碍物的适合飞行的场地进行测试，确保飞行过程中无人机不会受到干扰或碰撞	
2	校准阶段：对无人机进行必要的校准操作，包括水平校准和磁北校准 注意：这些校准步骤对于确保无人机能够稳定飞行并准确记录飞行数据至关重要	
3	设置飞行计划：在飞行前，设定好飞行计划，包括飞行高度、速度、路线等参数 注意：这些参数将直接影响无人机的飞行时长和飞行效果	

（续）

步骤	操作内容	图示
4	起飞阶段：按照无人机的操作指南，正确解锁无人机并启动飞行。在起飞过程中，注意观察无人机的状态，确保它能够稳定起飞并进入预设的飞行路线	
5	飞行阶段：在飞行过程中，保持对无人机的持续监控，确保它按照预设的飞行计划进行飞行。同时，记录飞行过程中的各种数据，如飞行时间、飞行距离、电池电量等	
6	降落阶段：飞行结束，按照无人机的操作指南，正确地将无人机降落到地面。降落过程中，同样需要保持对无人机的持续监控，确保它能够安全降落	
7	数据分析阶段：在飞行结束后，对收集到的飞行数据进行分析，计算出无人机的实际飞行时长。同时，根据飞行数据，评估无人机的性能表现，如稳定性、续航能力等 注意：通过以上步骤完成无人机的飞行时长测试。在测试过程中，需要注意保持对无人机的持续监控，确保它能够稳定、安全地完成飞行任务。同时，对收集到的飞行数据进行分析，可以为后续的优化和改进提供有价值的参考信息	

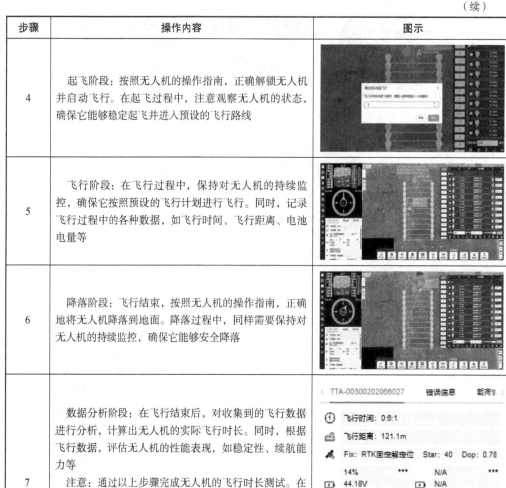

2）航程测试。

步骤	操作内容	图示
1	准备工作：确保无人机电池充满电，并检查无人机的各项功能是否正常。同时，选择一个开阔、无障碍物的适合飞行的场地进行测试	

（续）

步骤	操作内容	图示
2	设置航线：使用无人机遥控器或飞控软件，设置一条直线或曲线航线，航线长度应尽可能长，以测试无人机的最大飞行距离	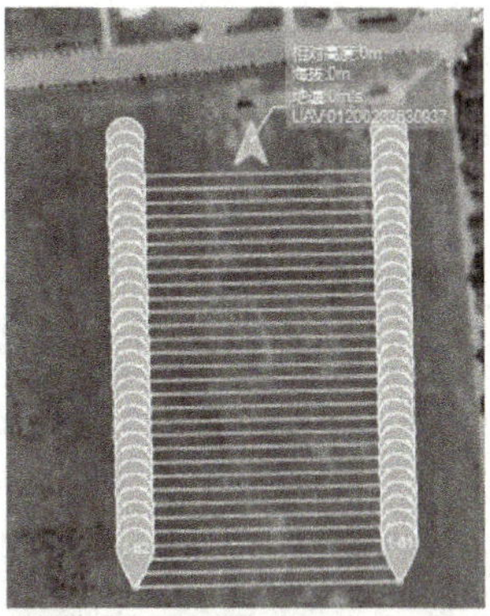
3	开始测试：将无人机起飞至一定高度，然后按照预设的航线开始飞行。在飞行过程中，要密切注意无人机的电量、信号强度以及飞行轨迹等信息	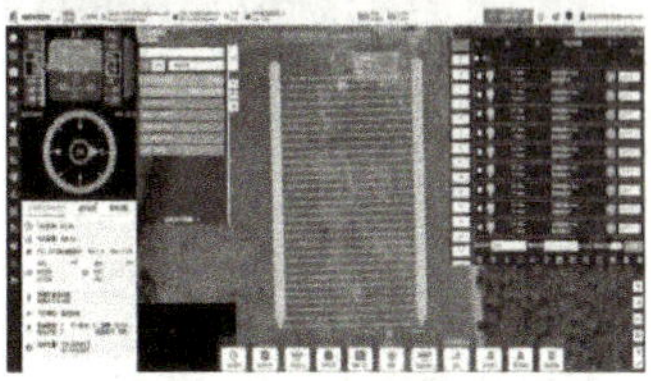
4	记录数据：在无人机飞行的过程中，要记录无人机的飞行距离、飞行时间、电量消耗等数据。这些数据可以用于分析无人机的性能表现 注意：在进行最大飞行距离测试时，要始终确保无人机在视线范围内，避免无人机飞失或发生其他意外情况。同时，要遵守当地的法律法规和飞行规定，确保飞行安全	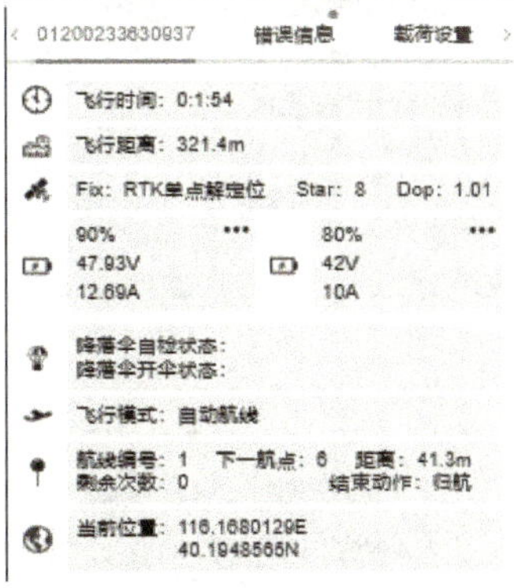
5	结束测试：当无人机电量即将耗尽或信号强度过低时，应及时控制无人机返回起飞点并降落。在降落后，要检查无人机的各项功能是否正常，并进行必要的维护和保养	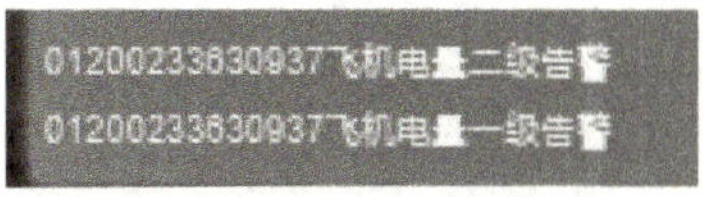

3）飞行高度测试。

步骤	操作内容	图示
1	准备工作：确保无人机已充满电，具备足够的电量以完成测试。检查无人机的机械部件、电池、电机、传感器等是否正常工作，确保无人机在最佳状态下进行测试。选择一个安全的测试场地，确保周围没有障碍物、高压线等危险物体	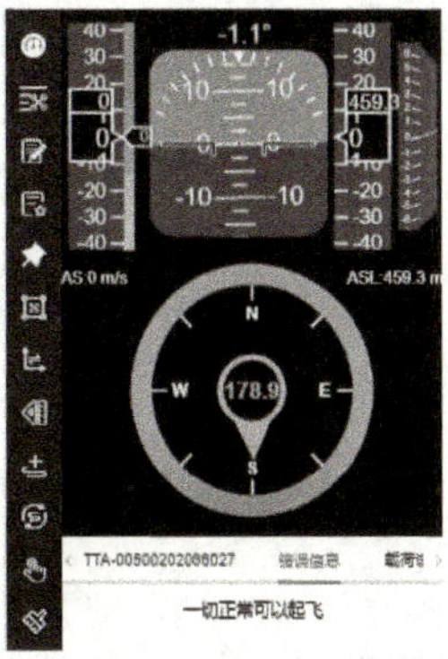

（续）

步骤	操作内容	图示
2	设置测试参数：根据无人机的性能参数，设定一个合理的最大飞行高度。一般来说，无人机的最大飞行高度会受到其设计、动力系统和飞行控制算法的限制。设定无人机的飞行模式，如定高模式、自动飞行模式等，以确保无人机在测试过程中保持稳定	
3	开始测试：将无人机放置在平整的地面上，并启动无人机。通过遥控器或地面站控制无人机起飞，并逐渐升高至设定的最大飞行高度。在无人机达到最大飞行高度后，保持一段时间的稳定飞行，观察无人机的飞行状态、姿态和高度控制是否稳定	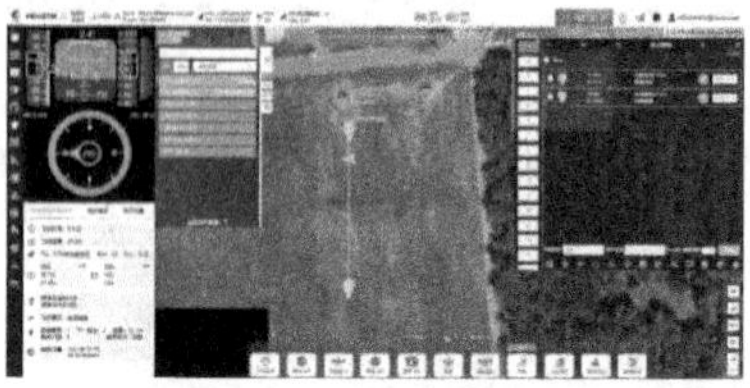
4	数据记录与分析：在测试过程中，使用遥控器或地面站记录无人机的飞行数据，包括高度、速度、姿态等信息。对记录的数据进行分析，检查无人机在最大飞行高度下的性能表现，如是否出现抖动、漂移等问题	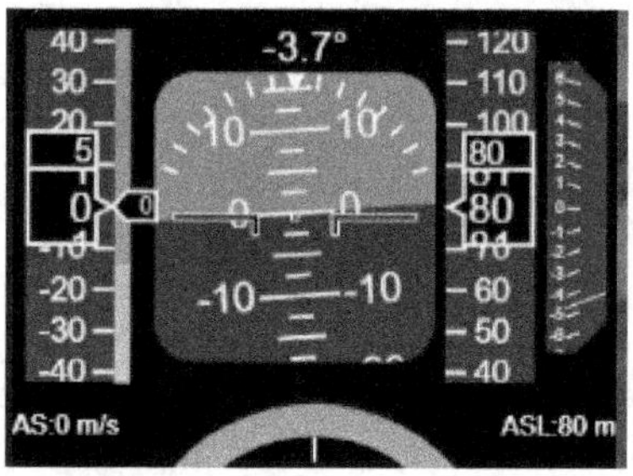
5	安全降落：测试完成后，通过遥控器或地面站控制无人机安全降落。检查无人机的机械部件、电池等是否有损坏或异常情况	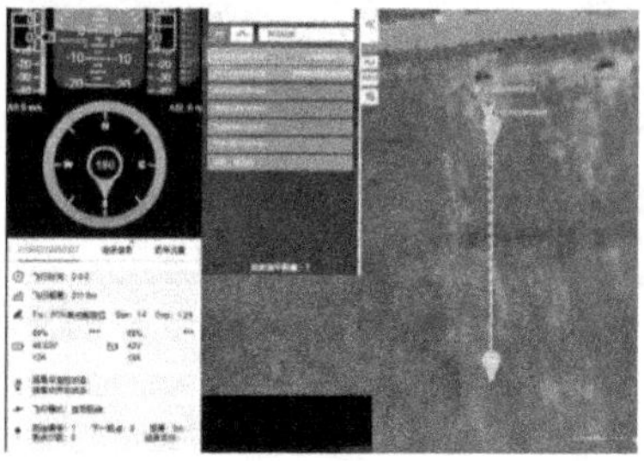

4）飞行速度测试。

步骤	操作内容	图示
1	准备工作：选择一个开阔且无障碍物的场地进行测试。确保无人机在飞行过程中不会受到任何干扰或碰撞。确保无人机已充满电，并且所有部件（如电机、螺旋桨、传感器等）都处于良好状态。此外，进行必要的校准和预热	

（续）

步骤	操作内容	图示
2	设置飞行模式：将无人机设置为手动模式，这样可以完全控制无人机的飞行，包括速度调整	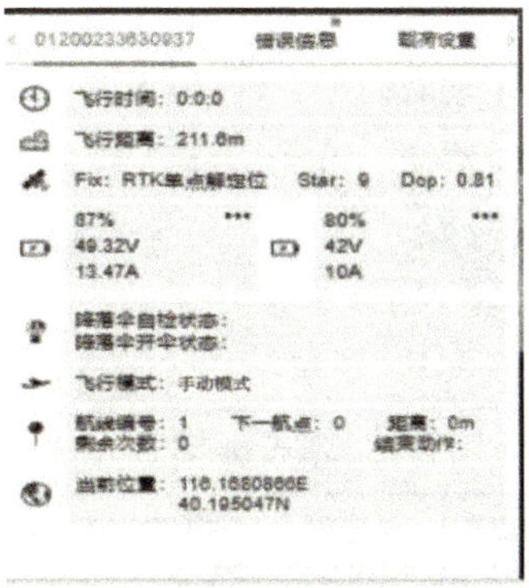
3	逐步加速：飞行中逐渐增加飞行速度，观察其飞行状态。确保无人机在加速过程中保持稳定	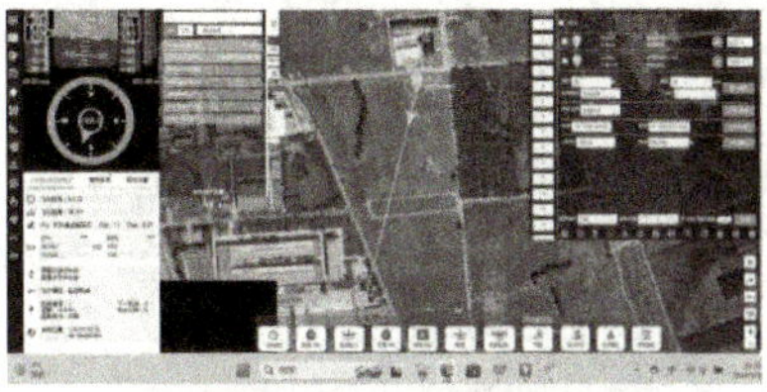
4	记录数据：使用专业的测速设备或专用软件记录无人机的实际飞行速度。同时，注意观察无人机的其他飞行参数，如高度、航向等，及时记录	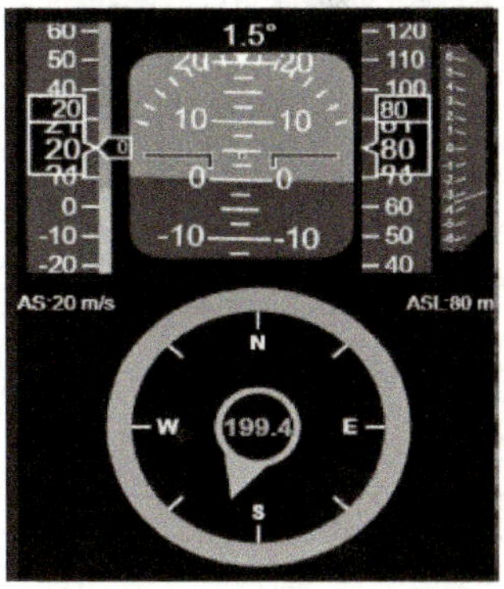
5	重复测试：为了获得更准确的结果，进行多次测试。每次测试后，让无人机充分冷却并检查其状态	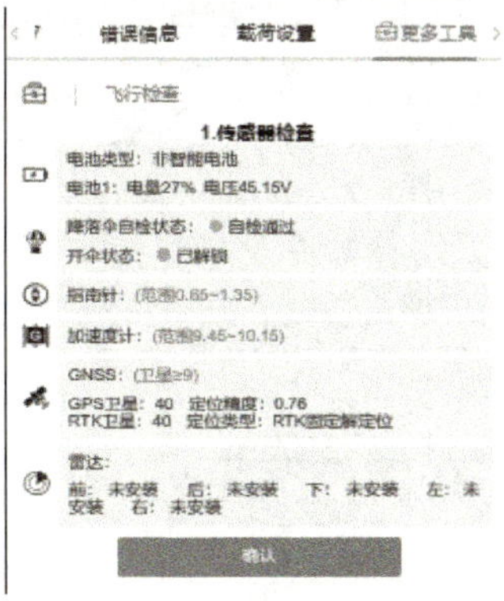
6	分析数据：将收集到的数据进行整理和分析，以确定无人机的最大飞行速度。同时，注意检查其他飞行参数的变化，以了解无人机在不同速度下的性能表现	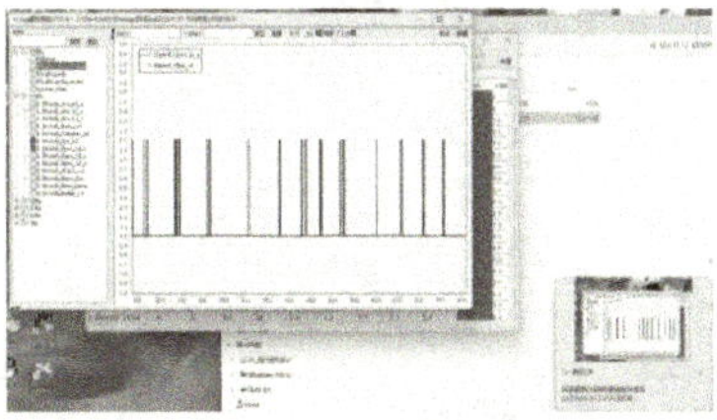

2. 工作页

学校名称			任课教师	
班　　级			学生姓名	
学习领域	无人机维保检修			
学习情境	LS4：无人机整机及任务载荷系统测试		学习时间	30min
工作任务	B：整机飞行性能测试		学习地点	理实一体化教室

整机飞行性能测试

1）请提炼关键词，完成整机飞行航时测试的工作流程表格。

步骤	操作内容	工具设备仪器	标准规范	注意事项

预估完成耗时：　　　　　　　　预估成本：

2）请提炼关键词，完成整机飞行航程测试的工作流程表格。

步骤	操作内容	工具设备仪器	标准规范	注意事项

预估完成耗时：　　　　　　　　预估成本：

3）请提炼关键词，完成整机飞行高度测试的工作流程表格。

步骤	操作内容	工具设备仪器	标准规范	注意事项
预估完成耗时：		预估成本：		

4）请提炼关键词，完成整机飞行速度测试的工作流程表格。

步骤	操作内容	工具设备仪器	标准规范	注意事项
预估完成耗时：		预估成本：		

4.3.3 飞行器平台整机功能测试

1. 信息页

学习领域	无人机维保检修		
学习情境	LS4：无人机整机及任务载荷系统测试	学习时间	30min
工作任务	C：飞行器平台整机功能测试	学习地点	理实一体化教室

飞行器平台整机功能测试

（1）学习目标

掌握飞行器平台整机功能测试的方法与流程。

（2）教具准备

无人机平台整机功能测试是一个复杂和系统化的过程。通过对硬件、软件、环境和安全性进行综合评估和检测，确保无人机能够在各种应用场景中发挥出其最大的潜力和价值。进行无人机测试工作时，遵循相关标准和规范，尽可能模拟真实场景以保证测试结果的准确性和可靠性。

无人机系统飞行前需进行地面试验和飞行试验。地面试验的目的是验证各分系统的功能和部分性能是否满足使用要求；飞行试验的目的是验证无人机升空后各分系统的功能和性能是否满足使用要求，以及验证全系统的功能和性能是否满足产品需求。

悬停是无人机必备的一项重要功能，尤其在需要精确操控和实时观察任务中。无人机悬停时，通过内置的传感器和飞控系统实时调整姿态和位置，以保持稳定的悬停状态。通过测试无人机在不同飞行模式下的悬停性能，评估无人机的悬停稳定性和位置保持能力，确定其适用性和可靠性。

DJI M3E 无人机机身上包含机头 LED 指示灯以及飞行器状态指示灯。机头 LED 指示灯用于指示飞行器的机头方向，飞行器开启电机未启动时将显示红灯常亮。飞行器电机未启动时，飞行器状态指示灯指示当前飞控系统的状态。不同的闪灯方式所表示的飞控系统状态，见表1。

表 1　DJI M3E 无人机飞行器状态指示灯含义

正常状态		
●●●……	红黄绿连续闪烁	系统自检
●×4	黄灯闪四次	预热
●……	绿灯慢闪	使用 GNSS 定位
●×2……	绿灯双闪	使用视觉系统定位
●……	黄灯慢闪	无 GNSS 无视觉定位（姿态模式）
警告与异常		
●……	黄灯快闪	遥控器信号中断
●……	红灯慢闪	无法起飞错误，如低电量报警
●……	红灯快闪	严重低电量报警
●——	红灯常亮	严重错误
●●……	红黄灯交替闪烁	指南针数据错误，需校准

飞行器电机启动后,指示灯呈固定闪烁方式:机头 LED 指示灯红绿灯交替闪烁,飞行器状态指示灯绿灯闪烁。

(3)飞行器平台整机功能测试

步骤	操作内容	图示
1	飞行前检查。将无人机机臂展开,将镜头保护罩摘掉,短按电池开关键,检查电池剩余电量。检查各指示灯显示是否正常	
2	使用 M3E 带屏遥控器切换至悬停 GNSS 模式,可以看到遥控器有三个档位:F 档竞速模式;S 档运动模式;N 档稳定飞行模式。在起飞时要将档位调至 N 档 注意:一般作业均在 GNSS 模式下进行	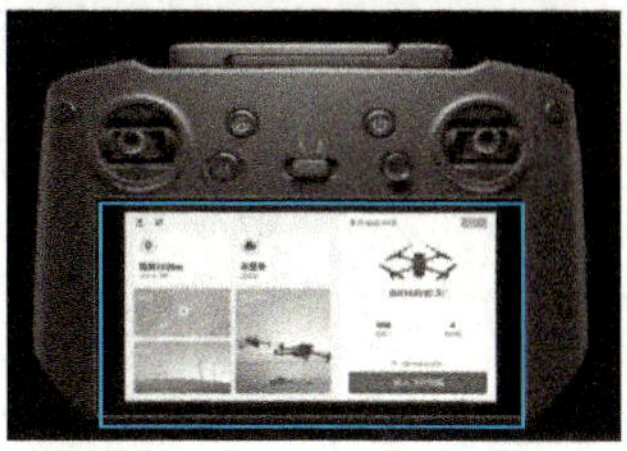
3	手动起飞前,遥控器内八解锁,油门缓推起飞至 1~2m 高度,悬停保持 1min 注意:悬停主要确定自主修正功能	
4	查看无人机是否能够稳定悬停,稳定后进行操纵测试,分别进行前后、左右以及航向控制,水平位置移动 3~5m,航向偏转不小于 90° 注意:操纵测试主要确定与操纵杆反馈功能	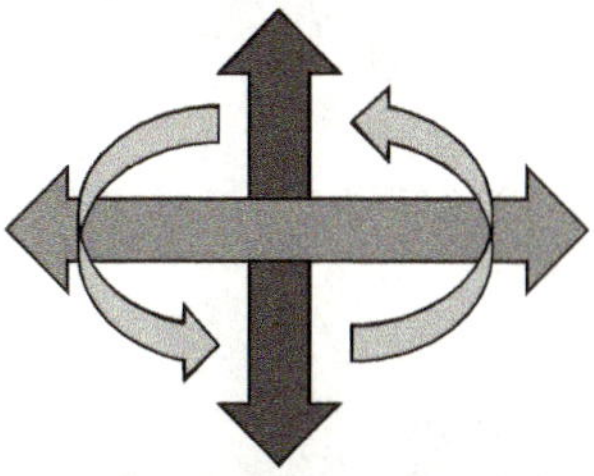
5	查看无人机回传图像是否正常。查看变焦模式以及广角模式是否正常使用 注意:观察图像主要确定任务载荷系统的回传功能	
6	评价操纵响应与悬停姿态的稳定性。无人机在悬停是否有抖动;在飞行时是否可以正常飞行 注意:在非正常情况下需对不同问题进行参数调整	

2. 工作页

学校名称			任课教师	
班　　级			学生姓名	
学习领域	无人机维保检修			
学习情境	LS4：无人机整机及任务载荷系统测试		学习时间	30min
工作任务	C：飞行器平台整机功能测试		学习地点	理实一体化教室

飞行器平台整机功能测试

请提炼关键词，完成飞行器平台整机功能测试的工作流程表格。

步骤	操作内容	工具设备仪器	标准规范	注意事项

预估完成耗时：　　　　　　　　预估成本：

4.3.4 任务载荷系统功能测试

1. 信息页

学习领域	无人机维保检修		
学习情境	LS4：无人机整机及任务载荷系统测试	学习时间	30min
工作任务	D：任务载荷系统功能测试	学习地点	理实一体化教室

任务载荷系统功能测试

（1）学习目标

掌握无人机任务载荷系统功能测试的方法与流程。

（2）教具准备

DJI M3E 搭载长焦及广角相机，可在高倍率变焦画面与广角画面之间快速切换，方便在广角画面搜寻到目标物体后，快速切换至高倍率变焦画面进行细节观察。

DJI M3E 广角相机采用 4/3 CMOS，有效像素 2000 万，等效焦距为 24mm，支持机械快门，避免果冻效应，可实现最快 0.7s 间隔连拍。长焦相机采用 1/2inch CMOS，有效像素 1200 万，等效焦距为 162mm，镜头光圈为 f/4.4。焦点范围为 3μm 至无穷远，可捕捉最高 56 倍变焦影像，如图 1 所示。

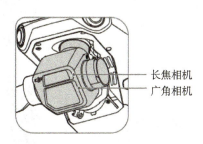

图 1　DJI M3E 无人机任务载荷

使用时注意不要将热成像相机镜头对准强能量源，如太阳、熔岩、激光束等，否则可能会灼伤相机传感器，对其造成不可恢复的损坏。

在标称的温度、湿度范围内使用及保存相机，以保持相机镜头良好的性能。对于镜头表面的脏污或灰尘，使用专业镜头清洁工具清洁，以免损伤镜头或对画质产生影响。

确保相机无任何遮挡覆盖，否则高温可能导致相机损坏，甚至烫伤使用人。

（3）任务载荷系统功能测试

步骤	操作内容	图示
1	准备 DJI M3E 带屏遥控器和无人机，并取掉云台保护罩 注意：测试时不需要安装螺旋桨	

（续）

步骤	操作内容	图示
2	短按并长按电源键，使遥控器和无人机开机，然后检查云台自检是否正常 注意：自检时，云台会在水平、俯仰、滚转最大限度做三轴运动	
3	在 M3E 带屏遥控器进入飞行界面，查看图传界面显示是否正常，并拍照、录像、拨动对焦滑轮，拨动镜头俯仰滑轮，然后检查画面是否正常显示 注意：通过图像显示是否正常，可以确定任务载荷回传功能是否正常	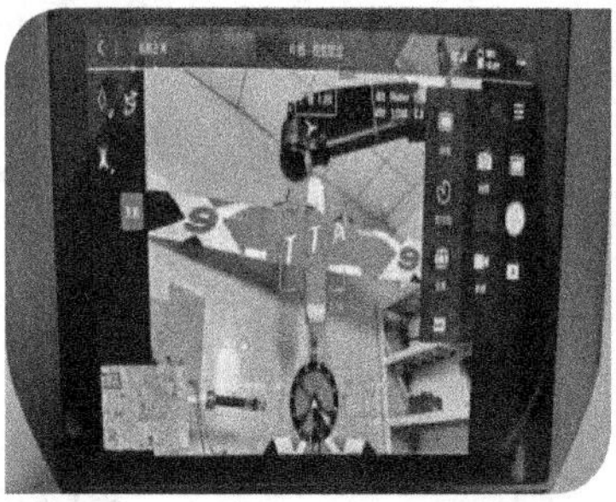
4	点击回放图标查看拍摄的图片和视频是否可以正常查看 注意：通过查看拍摄的照片是否正常，可以确定任务载荷读写储存功能是否正常	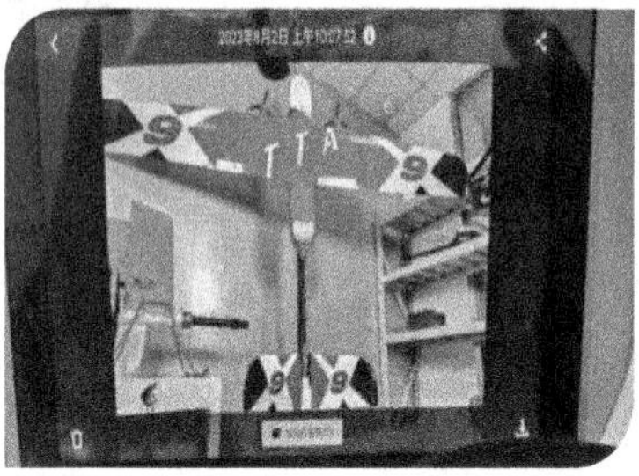

2. 工作页

学校名称		任课教师	
班　　级		学生姓名	
学习领域	无人机维保检修		
学习情境	LS4：无人机整机及任务载荷系统测试	学习时间	30min
工作任务	D：任务载荷系统功能测试	学习地点	理实一体化教室

任务载荷系统功能测试

请提炼关键词，完成无人机任务载荷系统功能测试的工作流程表格。

步骤	操作内容	工具设备仪器	标准规范	注意事项

预估完成耗时：		预估成本：	

4.3.5 整机与任务载荷系统联机功能测试

1. 信息页

学习领域	无人机维保检修		
学习情境	LS4：无人机整机及任务载荷系统测试	学习时间	30min
工作任务	E：整机与任务载荷系统联机功能测试	学习地点	理实一体化教室

整机与任务载荷系统联机功能测试

（1）学习目标

掌握无人机与任务载荷系统联机功能测试的方法与流程。

（2）教具准备

确保遥控器、飞行器电池电量充足，且智能飞行电池安装稳固，确保飞行器螺旋桨安装紧固、无破损、变形，电机和螺旋桨干净无异物，螺旋桨和机臂完全展开。

确保移除相机、视觉系统与红外传感系统的保护膜，确保飞行器的视觉、相机镜头，以及红外传感器、补光灯的镜片均无异物、脏污或指纹等，且不被机身上的负载或外部配件等遮挡。确保移除云台保护罩，云台能够无阻碍地活动。确保遥控器天线已展开。

确保固件以及 DJI Pilot 2 App 已经更新至最新版本。开启遥控器与飞行器，并检查遥控器状态指示灯和飞行器电池电量指示灯是否绿灯常亮，确保飞行器与遥控器对频状态正常，且具有飞行器控制权。确保飞行场所处于飞行限制区域之外，且飞行场所适合进行飞行。将飞行器放置于户外平整开阔地带，确保周边无障碍物、建筑物、树木等，飞手距离飞行器 5m 并面朝机尾。进入 DJI Pilot 2 App 相机界面，根据"飞行检查"列表对飞行器相关参数进行检查，如失控行为（建议设置为返航）、摇杆模式、返航高度、避障距离等飞行安全相关参数；以确保参数设置符合自身需求，保证飞行安全。

DJI Pilot 2 App 首页中单击"进入飞行界面"，完成飞前检查后，默认进入相机画面。以 M3T 的变焦模式为相机主画面进行说明，如图 1 所示。

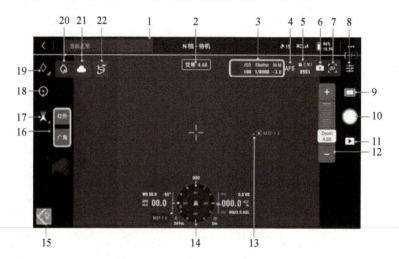

图 1　M3T 的变焦模式相机主画面

图中：

1—顶部状态栏：顶部状态栏将显示飞行器状态、档位、信号质量等信息。详细内容请阅读顶部状态栏章节。

2—当前模式：显示当前主画面的模式。

3—相机参数：显示相机当前的拍照/录像参数。

4—对焦模式：单击可调节长焦相机的对焦模式，支持 MF（手动对焦）、AFC（自动连续对焦）、AFS（自动单点对焦）。

5—存储信息：显示飞行器当前 SD 卡剩余存储容量。拍照模式下显示剩余可拍照张数，录像模式下显示剩余可录制时长。

6—相机档位设置：M3T 的长焦和广角相机支持 AUTO 档和 M 档；M3E 的长焦相机支持 AUTO 档和 M 档，广角相机支持 AUTO 档、S 档、A 档和 M 档。不同档位下可分别对 EV、自动曝光锁定或 ISO、快门等相机参数进行设置。

7—联动变焦功能 *：单击可对红外和变焦模式的画面进行变焦联动，可通过红外画面的分屏功能查看联动变焦效果。

8—相机设置菜单：单击进入相机设置菜单。不同相机可设参数有所不同，可切换至不同相机画面后，再查看该设置菜单参数内容。使用 M3T 的红外模式时，开启智能红外超分功能后，可在低光环境下得到更清晰的红外图像。

9—拍照/录像模式设置：单击可设置拍照和录像模式。

a）拍照模式包括：单拍、智能低光、定时拍照、全景、超清矩阵等模式。

b）录像模式下可以选择不同的分辨率，长焦相机和广角相机支持 3840×2160、1920×1080。

10—拍照/录像：单击可拍照或开始/停止录像。

11—回放功能：单击进入相册，可以查看、下载飞行器 microSD 卡内存储的照片/视频。

12—变焦调节：单击或拖动变焦条可调节变焦模式下的变焦倍率。

13—AR 投射：AR 投射功能可将 Pin 点、航点、返航点等信息在相机界面中投射出来，提升用户的飞行感知。

14—导航信息模块：显示飞行器速度、高度、朝向，以及返航点等信息。

15—地图界面：触摸单击该画面框，可切换地图界面作为主界面。支持最大化、最小化地图界面。

16—镜头切换：单击可在广角/变焦/红外模式之间切换画面。

17—云台模式：单击可选择云台回中、云台朝下。

18—智能环绕：单击可开启智能环绕功能。

19—Pin 点功能：单击可基于飞行器当前坐标添加 Pin 点。长按可展开 Pin 点的设置面板。

20—看向目标点：当用户有选中的 Pin 点时，单击看向目标点图标，可以让相机看向 Pin 点。

21—照片/视频上传云端状态显示：显示 DJI Pilot 2 App 上传照片/视频至大疆司空 2 状态或直播连接状态，单击可查看详情。如果使用大疆司空 2 云服务，可以快速设置媒体文件上传功能。

22—航线：点击进入航线库，在此可以创建航线任务、浏览所有航线任务等。

注意：上述功能中，带 * 标记的功能仅 M3T 支持。

（3）整机与任务载荷系统联机功能测试

步骤	操作内容	图示
1	准备 DJI M3E 至起飞状态并将遥控器和无人机开机，且确定无人机与遥控器是否对频成功，若没有对频，遥控器是无法操控无人机进行飞行的。可以按照如下步骤进行对频： ①开启遥控器，连接移动设备。开启智能飞行电池电源 ②选择"相机"界面，单击遥控器图标，然后单击"遥控器对频"按钮 ③带屏遥控器显示倒数对话框，此时遥控器状态指示灯显示蓝灯闪烁，并且发出"嘀嘀"提示音 ④使用合适工具按下对频按键后松开，完成对频 对频成功后，遥控器指示灯显示绿灯常亮。对频按键和对频指示灯位于飞行器侧面	
2	待无人机指示灯显示正常后，单击进入飞行界面。进入飞行界面后即可看到载荷回传信息	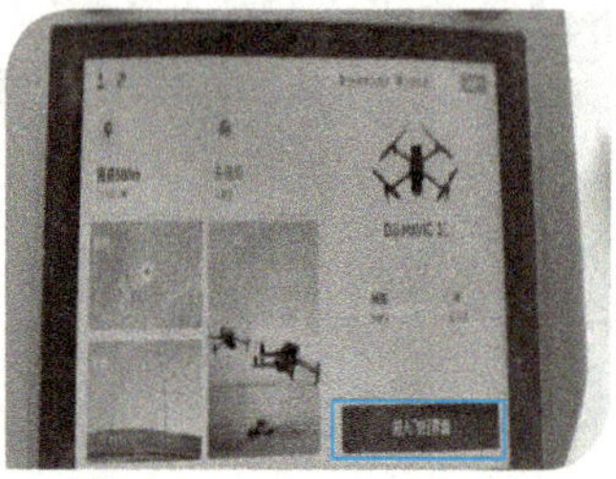
3	解锁无人机并起飞至 3~5m 高度，进行相机测试。这个高度既能保证飞行的安全，还可以肉眼可见镜头前的物体。通过拍照以及录像结合肉眼所见，对相机的功能以及像素进行测试	
4	单击录像按钮进行拍摄，同时将无人机向前飞行，并操作云台进行俯仰（上下）操作，查看飞行画面是否显示正常，有无卡顿，并录制一段视频保存	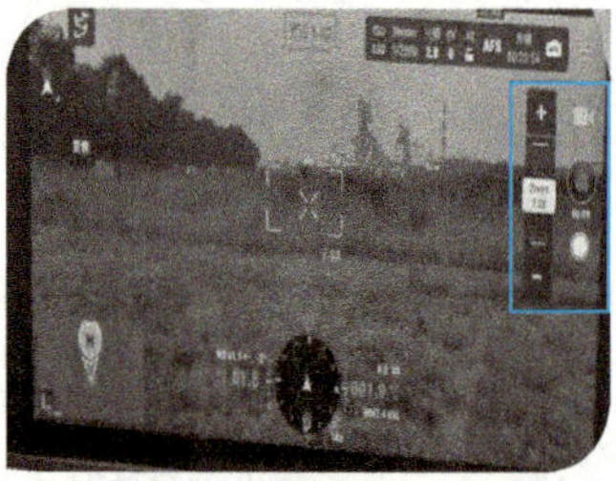
5	将无人机降落后，查看已录制保存的视频，显示是否正常，画面是否卡顿。如没有上述情况，则表示无人机与任务载荷联机功能正常	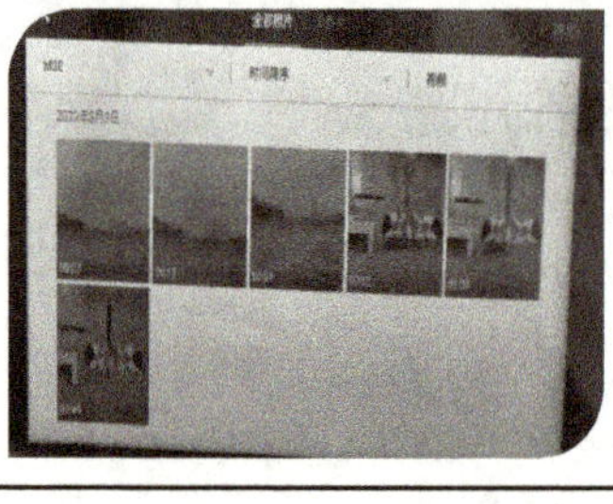

2. 工作页

学校名称		任课教师	
班　　级		学生姓名	
学习领域	无人机维保检修		
学习情境	LS4：无人机整机及任务载荷系统测试	学习时间	30min
工作任务	E：整机与任务载荷系统联机功能测试	学习地点	理实一体化教室

整机与任务载荷系统联机功能测试

请提炼关键词，完成无人机整机与任务载荷系统联机功能测试的工作流程表格。

步骤	操作内容	工具设备仪器	标准规范	注意事项

预估完成耗时：	预估成本：

4.3.6 视距内作业飞行测试

1. 信息页

学习领域	无人机维保检修		
学习情境	LS4：无人机整机及任务载荷系统测试	学习时间	30min
工作任务	F：视距内作业飞行测试	学习地点	理实一体化教室

视距内作业飞行测试

（1）学习目标

掌握无人机视距内作业飞行时安全性与稳定性测试的方法与流程。

（2）教具准备

新国标规定无人机作业时应满足飞行重量、避障、智能动力电池、机身强度、通信电子围栏等。TTA M4E-EDU 无人机是满足最新国标的一款无人机，如图1所示。

图1 新国标文件

（3）视距内作业飞行时安全性与稳定性测试

步骤	操作内容	图示
1	准备 TTA M4E-EDU 无人机，做好飞行前检查，检查内容包括：给需要校准磁罗盘的无人机及时进行校准，校准完后断电重启。确保起落架和作业箱安装紧固，所有螺钉已锁紧。确保飞行器电机清洁无损，手动转动无卡滞现象。检查遥控器摇杆和按键是否都能正常使用。检查遥控器摇杆模式是否符合自己的操作习惯，摇杆是否需要校准。检查遥控器各按钮是否处于待命状态	

（续）

步骤	操作内容	图示
2	使用遥控器控制无人机起飞，在无风天气、姿态模式下，以满杆满舵、快打杆的方式进行无人机的机动测试及陀螺仪稳定工作测试 注意：在极限机动测试，可能会出现一些问题，但一定要注意人身安全	
3	在 3~5 级有风天气，进行姿态模式下无人机打杆抗风性测试 注意：当操控无人机不能进行与风对抗时应及时降落无人机	
4	在极寒情况下，打杆到无人机最大姿态时进行整体机身强度测试 注意：在寒冷条件下，一般材质都会变得更脆	
5	在设定电子围栏情况下，使用遥控器模拟无人机意外失控，看能否安全地拦截下来 注意：若电子围栏不能将无人机拦截下来，应及时拉回无人机	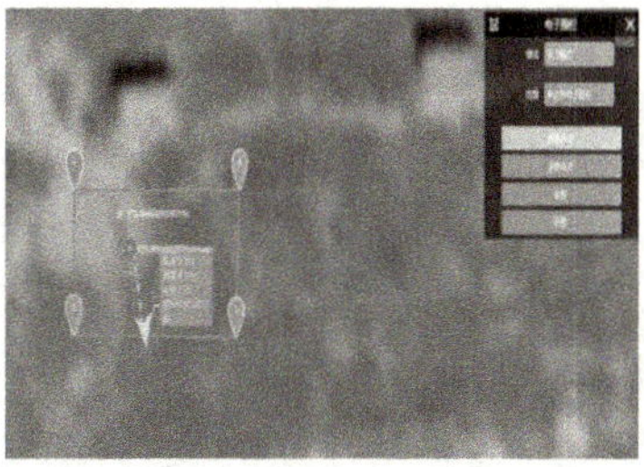
6	找某处凸起障碍，让无人机飞行至此，看是否可以通过避障让无人机停止运动 注意：当避障未产生效果时，应及时手动停止无人机的运动	

2. 工作页

学校名称		任课教师	
班　　级		学生姓名	
学习领域	无人机维保检修		
学习情境	LS4：无人机整机及任务载荷系统测试	学习时间	30min
工作任务	F：视距内作业飞行测试	学习地点	理实一体化教室

视距内作业飞行测试

请提炼关键词，完成无人机视距内作业飞行测试的工作流程表格。

步骤	操作内容	工具设备仪器	标准规范	注意事项
预估完成耗时：		预估成本：		

4.4 任务计划

课程思政点睛

1）任务计划环节是在理实一体化学习之后，为培养学生先谋后动的思维意识和工作习惯而进行的训练，学生小组合作完成工作计划的制订。

2）利用规范性、标准性非常高的计划表格引导学生养成严谨、认真、负责任的职业态度和工匠精神。

3）通过对规范、环保、安全方面的强调和要求，培养学生的环境保护意识、安全意识及大局观。

教学实施指导

1）教师指导学生分组讨论，在 4.3 理实学习环节完成的工作页的基础上，按照教师派发的任务要求，合作完成工作计划海报。

2）教师选出一个组讲解展示海报内容，师生评价。教师强调统筹、标准、规范、安全、环保、时间及成本控制意识的训练。

4.5 任务决策

课程思政点睛

任务决策环节是在任务计划的基础上，跟师傅或领导对任务计划进行修改确认，或者是对多种计划方案进行优中选优。指导学生吸收采纳教师或其他人的建议，能够对自己的学习知识体系进行重新梳理，不断地接受他人的合理化意见或建议，是虚心、进取心的表现，同时也是尊重他人、客观公正对待自己的人生态度。在任务实施之前对自己的计划进行确认与调整，是严谨、认真、负责的态度体现，也是精益求精的工匠精神养成。

教学实施指导

1）教师指导学生个人独立按照任务决策的关键要素完成任务决策表。

2）教师选出某组学生代表和自己进行任务决策，其他学生观察，并进行口头评价、补充、改进。

3）学生修改任务决策方案表，提交；教师进行确认；学生获得教师对自己所做决策方案的确认信息后才有资格进行任务实施。

无人机整机及任务载荷系统测试任务决策方案表

决策类型	决策方案
与师傅决策	请站在企业的角度，和师傅沟通工作方案实施的可能性（包括：工作步骤的正确性、规范性和合理性，工作过程的安全性、环保性等注意事项，工作质量把控，时间控制和成本控制等，并记录决策结果与师傅建议）
意见或建议	

4.6 任务实施

课程思政点睛

1）任务实施环节对学生进行严谨、规范、标准操作训练。

2）要求学生必须按照前期经过决策的任务计划执行，养成先谋后动的工作意识，深入思考后才可以操作，严禁冒失和鲁莽行事。

3）在操作过程中要求学生在一个团队内必须通力合作，分工明确，提高工作效率，以此训练学生未来步入社会工作的团队合作能力和时间把控能力。

4）若在操作中万一有违规操作或者是失误、错误出现，要求学生必须如实告知。

教学实施指导

1）学生观察教师的示范动作，或观看 4.6.1~4.6.2 无人机整机及任务载荷系统测试视频中的示范动作。

2）学生分为 4 组，分工操作。每组每次安排 2 名学生操作，所有学生轮流，每个学生都要完成一次操作。当 2 名学生进行操作时，另外安排 1~2 名学生填写 4.6.3 任务工单（维保档案），1~2 名学生分别对其进行评价，填写 4.6.4 评价表，1 名学生拍视频，1 名学生监督质量并记录，1 名学生查阅组装手册改进计划。

4.6.1 无人机整机性能测试视频

1. 飞行安全与稳定性测试视频　2. 飞行航时测试视频　3. 飞行航程测试视频　4. 飞行高度测试视频　5. 飞行速度测试视频

4.6.2 无人机任务载荷系统测试视频

1. 飞行器平台整机功能测试视频　2. 任务载荷系统功能测试视频　3. 任务载荷系统联机功能测试视频

4.6.3 无人机整机及任务载荷系统测试任务工单

项目名称	无人机维保检修
任务名称	无人机整机及任务载荷系统测试
无人机型号	
故障状态	
故障原因	

（续）

测试流程及工具耗材使用等情况记录：			
步骤	操作内容	工具耗材	结果
1			
2			
3			
4			
5			
6			
7			
8			

（可另附页）

测试结论：	
维保检修人：	项目负责人/质检员签字：
成本核算：	完成时间：

4.6.4　无人机整机及任务载荷系统测试任务实施评价表

被评人：

一级指标	二级指标	配分	评价	评价指标
1. 按照规范标准对无人机整机及任务载荷系统测试	按照工作计划执行	5		信息获取
	正确选择工具设备	5		专业能力
	规范使用工具设备	5		规范性
	正确顺序作业	5		专业能力
	规范地进行标准作业	5		专业能力
	专业地正确进行作业	5		专业能力
	操作中遵守技术规范和标准	5		规范性
	操作中遵守设备及人身安全防护	5		安全性
	操作中遵守环保要求	5		环保性
	操作过程保证工作质量	5		责任心
	维保结果正确	5		专业能力
	维保记录完整准确	5		记录
	走路轻快稳、手脚利落，注重工作效率	5		工作规范
2. 任务实施中的自我管理	完成任务的时间控制把握	5		时间管理
	与队友友好且高效合作	5		团队合作
	对任务计划及时调整与改进	5		自我改进

评价人：

4.7 任务检查

课程思政点睛

任务检查环节包含三个层次的内容：

首先是复盘检查，对任务实施过程和实施结果进行检查，确保工作质量，养成学生严谨规范、认真负责的职业态度和职业精神，高标准、严要求、精益求精的工匠精神。

其次是对场地、工位、设备、环境等进行 5S，养成规范、卫生、环保、自律意识。

最后是对任务计划的调整改进，对前期做的工作计划进行优化，训练学生自我改进、自我优化的自我管理能力，以此实现学生不断地进步提高。

教师要重点引导学生对队友的支持性意见的表达，并引导学生接纳他人建议。

教学实施指导

1）教师提供任务检查单。要求学生分组，小组合作完成任务检查及 5S，在任务检查单上标注。

2）学生小组合作修改完善工作计划，进行全面的复盘改进，并标注。

无人机整机及任务载荷系统测试任务检查及 5S

1）请进行必要的最终任务检查。

检查项目	检查内容	问题记录	处理意见
检查实施过程			
检查实施结果			

2）进行必要的 5S。

5S 场地（   ）

5S 设备工具（   ）

5S 工位（   ）

3）请根据任务实施过程和任务实施结果的实际情况，优化、调整、完善、改进工作计划。（以另一颜色的笔在任务计划上标注作答）

4.8 任务交付

课程思政点睛

任务交付与任务接受呼应，特别适合对学生进行平等、公平、友善、和谐价值观引导。如何做到和伙伴友善合作，如何做到站在公司立场为公司的利益和效率着想，如何站在客户角度为客户着想等，在指导学生进行任务交付的话术训练时全面体现平等、公平、友善、和谐。

教学实施指导

教师指导学生依据 4.8.1 无人机整机及任务载荷系统测试任务交付剧本，参考 4.8.2 任务交付中英文音视频，以角色扮演方式进行任务交付。

4.8.1 无人机整机及任务载荷系统测试任务交付剧本（中英文）

1. 任务完成，正常交付

组　　长：领导，您好！经过我们团队 3 小时的努力，我们已经按照相应类型与型号的无人机整机及任务载荷系统测试的流程与标准规范，全部保质保量地完成了。

Hello, Director! After 3 hours efforts, we have completed the whole UAV and mission payload system testing process and standard specifications in accordance with the corresponding type and model, and all the quality and quantity have been completed.

项目负责人：好的，你们辛苦了。已经送到质检组进行检测了吧？

All right. Thank you! Have they been sent to the quality inspection team?

组　　长：是的，已经送检了。质检全部通过！

Yes. All passed the quality inspection!

项目负责人：完美。你们先休息一下，一会儿再布置新的任务给你们。

Perfect. Have a rest. I will assign you a new task later.

组　　长：好嘞，等您。

OK.

2. 任务未完成，异常交付

组　　长：领导，您好！不好意思跟您说，我们团队虽然已经很努力了，但是没有在规定时间内完成项目组内所有无人机的整机及任务载荷系统测试任务。

Hi, Director! I'm sorry to tell you that although our group has tried very hard, we have yet to completed the whole machine and mission payload system test tasks of all UAVs in the project team within the stipulated time.

项目负责人：啊？！为什么？到底哪里出了问题？

Ah?! Why so? What went wrong?

组　　长：真的非常抱歉，主要是我们专业技术水平还不够娴熟，再加上团队合作不够顺畅，导致了工作结果出现问题。

I'm really sorry. Since there is still much to be desired in our professional proficiency and group cooperation, we fail to finish the work on time.

项目负责人：算了。意识到问题的原因就好，下次多注意。那你们自己能解决吗？需不需要其他团队的帮助？

Come on. Just draw the lesson next time. Can you handle it by yourselves? Do you need help from other groups?

组　　长：我们自己能解决，不需要帮助。不过，还需要点时间。

We can handle it by ourselves. We don't need help. But it will take some more time.

项目负责人：多久？

How long will it take?

组　　长：2 个小时吧。

About two hours.

项目负责人：好吧。再给你们团队 2 个小时，必须保质保量完成。
　　　　　All right. Two more hours for you.. You must fulfill it.

组　　　长：谢谢您了！我们这就继续开工。您走好！
　　　　　Thank you very much! We will continue with our work. See you!

4.8.2　无人机整机及任务载荷系统测试任务交付音视频（中英文）

1. 无人机整机及任务载荷系统测试任务正常交付音视频（中文）
2. 无人机整机及任务载荷系统测试任务正常交付音视频（英文）
3. 无人机整机及任务载荷系统测试任务异常交付音视频（中文）
4. 无人机整机及任务载荷系统测试任务异常交付音视频（英文）

4.9　巩固拓展

课程思政点睛

巩固拓展环节是充分利用学生的课余时间布置高质量的作业，对课上所学及完成的任务进行温故知新，同时训练学生举一反三、迁移新任务的解决问题能力。任务选择注意课程内容的延续性及拓展性，稍微增加难度，在小组主持作业的情况下，既要对学生克服困难独立完成任务的职业素养进行训练，也要对学生团队合作、高效率高质量完成任务的能力和素养进行训练。

教学实施指导

1）完成信息化系统中关于教学流程的每一步测评表，并提交。
2）以小组为单位完成演练月财务结算表和成绩统计。
3）以小组为单位熟练无人机整机及任务载荷系统测试所有项目的操作。
4）布置新任务，要求学生小组合作完成新任务的工作方案。

Studying Situation

05 学习情境 5
无人机系统调试

5.0 教学准备

知识目标
- 无人机系统调试的内容及要求。
- 动力系统调试的方法、流程及注意事项。
- 飞行控制与导航系统调试的方法、流程及注意事项。
- 通信系统调试的方法、流程及注意事项。
- 起飞着陆系统联调的方法、流程及注意事项。
- 任务载荷系统联调的方法、流程及注意事项。
- 根据不同机型定制系统调试的工作方案。
- 无人机系统调试的技术要点与规范标准。

技能目标
- 动力系统调试。
- 飞行控制与导航系统调试。
- 通信系统调试。
- 起飞着陆系统联调。
- 任务载荷系统联调。

素养目标
- 能够提炼总结简单的技术文本并建构自己的知识体系思维导图。
- 能够在两人对话中有效沟通并交换信息。
- 能够把自己的观点表达清楚。
- 能够在团队中承担自己的角色功能,平等、和谐、友善。
- 能够在团队中主动并有积极合作意识。
- 能够在制订计划时尽可能考虑全面,并做到精益求精。
- 能够控制自己的情绪,跟伙伴友好合作。
- 能够认真倾听并及时记录。
- 能够进行恰当的图文展示。
- 能够以 ERP 沙盘演练的形式进行专业学习。
- 能够把企业经营理念与人文情怀贯穿到专业知识学习中。
- 能够具有创新、创业精神和意识。

5.1 任务接受

课程思政点睛

任务接受环节特别适合对学生进行平等、公平、友善、和谐价值观训练。如何做到和伙伴友善合作，如何做到站在公司立场为公司的利益和效率着想，如何做到站在客户角度为客户着想等，在指导学生进行任务接受话术训练时，教师要及时、适时地对学生进行引导训练，全面体现平等、公平、友善、和谐。

任务接受环节涉及第 5 个演练月的企业经营，在布置演练月财务核算任务时，严格要求学生具备诚信经营意识，做到严谨、规范、一丝不苟，同时还要有独特的创新意识和不屈不挠的创业精神。

教学实施指导

1）教师指导学生依据 5.1.1 无人机系统调试任务接受剧本，学习过程参考 5.1.2 任务接受中英文音视频，采取角色扮演的方法完成任务接受。

2）角色扮演之后明确工作任务。

5.1.1 无人机系统调试任务接受剧本（中英文）

学习情境描述

无人机越来越广泛地应用于测绘、航拍、巡检、植保、物流、应急救援等领域。你作为测绘设计研究院的无人机测绘项目部的某项目组员工，请你按照相应类型与型号的无人机系统调试的技术标准规范，选择合适的方法，制订检查调试流程，正确使用工量具、设备、仪器等，完成无人机系统调试，确保无人机具备正常飞行性能，顺利完成专业的测绘任务。

希望通过各项目组的精诚合作，能够在 3 小时内完成系统调试项目。调试过程注意工作效率、经济效益与安全注意事项等。

组　　　长：领导，您好！这次是什么任务？

　　　　　　Hi, Director! What's the mission?

项目负责人：您好！请你们完成我们项目组所有无人机的系统调试。

　　　　　　Hello! Please complete the system debugging of all UAVs in our project team.

组　　　长：好的！知道了。有什么特殊的具体要求吗？

　　　　　　All right! I see. But are there any specific requirements?

项目负责人：没有什么特殊要求，你们按照相应类型与型号的无人机系统调试的技术标准规范，选择合适的方法，正确使用工量具、设备、仪器等，能够确保无人机飞行性能正常工作就行了。

　　　　　　Nothing special. You in accordance with the corresponding type and model of unmanned aerial vehicle system debugging technical standards, choose the appropriate method, the correct use of measuring tools, equipment, instruments, etc., to ensure the normal operation of the flight performance of the unmanned aerial vehicle on the line.

组　　　长：好，没问题！规范和标准我们一定严格执行。

　　　　　　No problem! We will follow the specifications and standards strictly.

项目负责人： 另外，调试过程要嘱咐组员，注意谨慎安全操作，千万别磕磕碰碰或掉落、损坏零部件，谁损坏，谁赔偿。尽量节约成本。
In addition, during the debug process, the team members should be instructed to pay attention to careful and safe operation, do not bump or drop or damage parts, whoever causes damage must compensate. Try to save costs.

组　　长： 好的！您放心，我会嘱咐团队成员小心安全操作。给我们多长时间完成？
All right! Don't worry. I will tell the group members to be careful. How much time we are allowed to finish the job?

项目负责人： 3小时内必须保质保量完成。完成后，上交质检组检验。
It must be perfectly accomplished within 3 hours. Then the frames shall be submitted to the quality inspection team for inspection.

组　　长： 明白了。您放心！还有要嘱咐的吗？
I see. Don't worry about it. Anything more?

项目负责人： 没有了。那就拜托了。有问题随时联系。
No more. Just go ahead. Please contact me if you have any questions.

组　　长： 好的！您慢走！再联系。
OK. See you! Keep in touch.

5.1.2　无人机系统调试任务接受音视频（中英文）

1. 无人机系统调试任务接受音视频（中文）　　2. 无人机系统调试任务接受音视频（英文）

5.2　任务分析

课程思政点睛

任务分析环节以任务接受环节的学习情境描述为参考，对学生启发引导分析任务本身，有助于学生深入思考完成任务需要的知识点、技能点与素养点。教师要抓住机会及时训练学生在文本信息中提取的专注力、严谨、规范、标准、安全、精益求精的工匠精神，养成严谨、规范的逻辑思维意识，对任何信息不疏漏并善于利用，以此提升学生的信息获取能力、逻辑思维能力以及严谨认真的职业态度。

教学实施指导

教师指导学生制作思维导图完成任务分析。

1）学生个人独立查阅学习情境描述，在笔记本上制作明确任务的思维导图1：包含任务背景、任务对象、任务要求、任务目标、任务结果、任务角色等。

2）学生个人独立思考完成本任务需要的知识、技能、能力要求，认真制作思维导图2。

3）学生小组合作讨论出本组的思维导图1与2。

4）教师指定小组讲解展示，其他小组领会理解，补充改进。

5.3 理实一体化学习

课程思政点睛

1）以大疆无人机的全球保有量，激发学生的爱国热情和民族自豪感，引导学生树立政治立场与坚定世界观。

2）以大疆无人机、天途无人机为教学内容，及时对学生进行科技强国教育与创新创业教育。

3）通过工作站方法的学习指导，引导学生养成独立、民主、自由、公平、友善、诚信、合作、和谐、敬业等价值观，培养学生严谨、规范、精益求精的职业态度和职业精神。

教学实施指导

教师提供给学生为完成本任务（无人机系统调试）必要的学习资料（5个模块），要求并指导学生利用工作站法完成理实一体化学习。学生按照教师的要求，认真完成5个模块的企业内部培训，力争自己解决问题。

1）工作站法学习：完成 5.3.1~5.3.5 所有理实一体化的学习内容。

2）学生以竞争方式，采用展览馆法讲解展示学习结果。

5.3.1 动力系统调试

1. 信息页

学习领域	无人机维保检修		
学习情境	LS5：无人机系统调试	学习时间	30min
工作任务	A：动力系统调试	学习地点	理实一体化教室

动力系统调试

（1）学习目标

掌握使用软、硬件调试无人机的电机转向与步进，使用软件校准电子调速器的方法与流程。

（2）教具准备

1）无人机及云控平台，如图1所示。

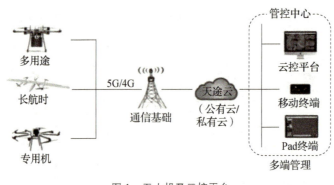

图1 无人机及云控平台

无人机云控系统提供飞行全过程的飞行管理，基于云平台，可实现多端、多人同任务管理，实现跨区域、跨部门、跨网络的融合指挥和管理，也可实现应急状态下无人机地面端控制权快速无缝切换。系统具备强大的兼容性和可扩展性，既支持其他品牌无人机的接入，又支持与第三方平台的快速集成。

针对作业地点处于偏远地区，没有 4G/5G 网络信号，或者所处行业有较高的数据保密需求，天途研发了尖兵无人机系统解决方案。通过作业现场部署无线通信站＋瑶光移动服务器，并基于"L"波段自组网络搭建，实现现场指挥部与无人机之间的通信链路保障，用户无须使用公网依然能顺利完成多机协同作业，可实现标配 15km（不同基站最大支持 100km），16 架无人机的同时作业管理，如图 2 所示。

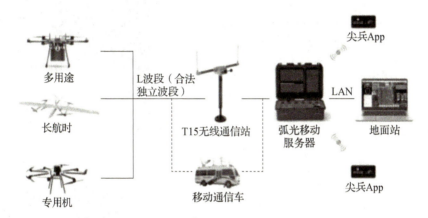

图 2　尖兵无人机系统

2）电子调速器，如图 3 所示。
3）电机，如图 4 所示。

图 3　电子调速器　　　　　　　　图 4　电机

（3）动力系统调试
1）电机转向与步进调试。

步骤	操作内容	图示
1	打开 TTA 云控地面站软件，在左侧任务栏旁边会显示当前在线的无人机，选择需要进行调试的无人机 注意：一定确定好需要测试的无人机，检查好对应的无人机编号	

155

（续）

步骤	操作内容	图示
2	在左侧任务栏找到第一个 PFD 功能并单击，此时下方会出现校准详情，选择更多工具，并选择传感器校准 注意：PFD 为主飞行显示器，主要显示无人机飞行时的飞行数据，包括各个设备的工作状态	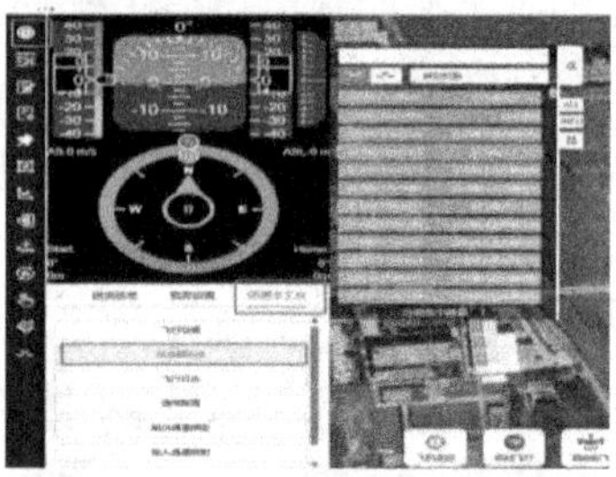
3	选择电机测试，并输入相应的无人机 SN 码，多次检查 SN 码，包括有无空格和数字顺序，观察调试电机的转向、步进状态 注意：测试前一定要拆除无人机上所有的螺旋桨，以保证安全	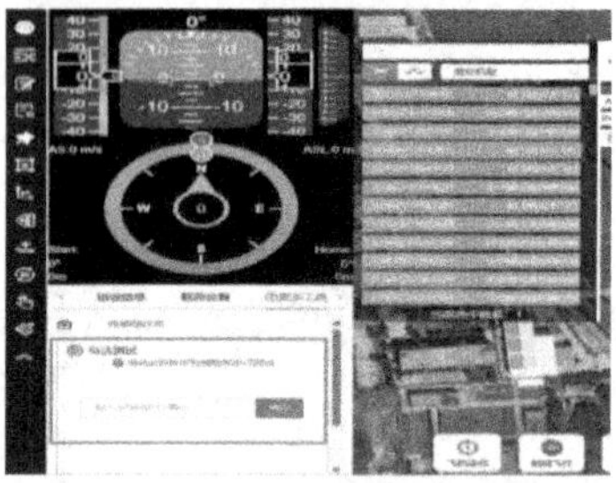

2）电调校准。

步骤	操作内容	图示
1	将电机与电机座进行组装，然后在 WF-EDU-02 测试台安装固定，并将指定电机的三相线接入线缆快速接头，将电调出线与电机出线进行连接，电调 PWM 信号线与 PWM 控制信号线相连 注意：杜邦插头白色为信号线，黑色为地线，在连接的时候不能接反	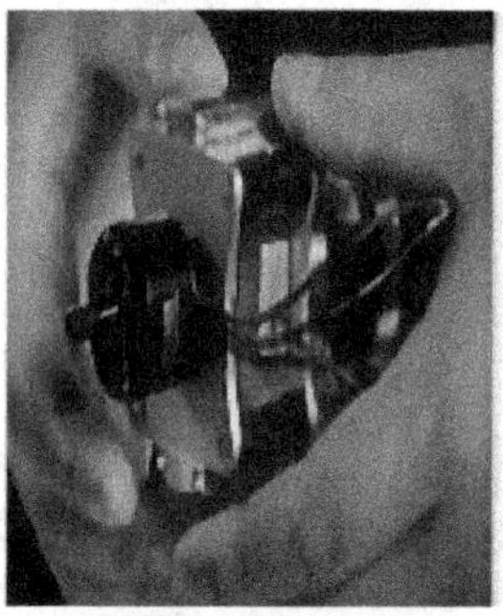
2	校准前确保动力测试设备电源总开关、电机电源开关处于关闭状态。将电源线一端插入设备电源孔，另一端插入 220V 电源，打开设备电源总开关，听到"嘀嘀嘀"的声音，代表设备上电成功。将数据线 DB9 端连接到设备，USB 端连接到计算机，打开 MET 软件，系统会自动进行连接，设备发出"嘀嘀"的声音，代表软件连接成功。将开关调至内部电源位置，打开电机电源开关，此时会听到"嘀——"的电机上电提示音，电机上电成功	
3	单击油门解锁，系统出现"嘀嘀"提示音，油门解锁成功；断开电机开关电源，将油门位置拖动至 100%，打开电机开关电源，电机会发出"嘀嘀、嘀嘀嘀"的提示声，此时将油门快速拖动到 0% 的位置，或者按空格键，此时会听到"嘀——"提示声，电调行程校准完成	

2. 工作页

学校名称		任课教师	
班　　级		学生姓名	
学习领域	无人机维保检修		
学习情境	LS5：无人机系统调试	学习时间	30min
工作任务	A：动力系统调试	学习地点	理实一体化教室

动力系统调试

1）请提炼关键词，完成无人机电机转向与步进调试的工作流程表格。

步骤	操作内容	工具设备仪器	标准规范	注意事项
预估完成耗时：		预估成本：		

2）请提炼关键词，完成无人机电调校准的工作流程表格。

步骤	操作内容	工具设备仪器	标准规范	注意事项
预估完成耗时：		预估成本：		

5.3.2 飞行控制与导航系统调试

1. 信息页

学习领域	无人机维保检修		
学习情境	LS5：无人机系统调试	学习时间	30min
工作任务	B：飞行控制与导航系统调试	学习地点	理实一体化教室

飞行控制与导航系统调试

（1）学习目标

掌握安装、配置和操作飞行控制与导航系统调试软件，对加速度计、磁罗盘、飞行模式、遥控器校准等进行基础调试的方法与流程。

（2）教具准备

1）TTA M4E-EDU 飞控，如图 1 所示。

无人机的飞控系统是无人机的核心控制部分，也是无人机的大脑，它负责无人机的飞行控制、导航、传感器数据采集等重要功能。

①飞控组成。主要有陀螺仪（飞行姿态感知）、加速计、地磁感应、气压传感器（悬停高度粗略控制）、超声波传感器（低空高度精确控制或避障）、光流传感器（悬停水平位置精确确定）、GNSS 模块（水平位置高度粗略定位），以及控制电路组成。主要的功能就是自动保持无人机的正常飞行姿态。

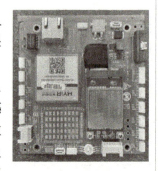

图 1　TTA M4E-EDU 飞控

a）加速度计：加速度计是用于测量当前系统中加速度数值的传感器，用以保证水平及垂直方向的线性加速。加速度计分别测量 x、y、z 这 3 个轴的加速度值；其中 x 轴为横轴，y 轴为纵轴，z 轴为立轴。相关的数据可作为计算速率、方向，乃至于无人机高度的变化率。加速度计还可以用以检测无人机所承受的振动。

b）磁罗盘：无人机的磁罗盘作用是对陀螺仪进行修正，实时输出高精度姿态信息。磁罗盘又称磁力计，是一种可以测量当前磁场强度的传感器。磁罗盘同样可以测量 x、y、z 这 3 轴的磁场强度；但磁罗盘测量的 3 轴磁场强度是地磁向量在三维空间中的分量。为了能够测量地磁方向，通常将地磁向量分解为垂直和水平两个分量，而水平分量可以近似地表示地磁的方向；但在地球上磁轴与地轴还存在一个磁偏角，磁偏角在不同的地理位置上也是不同的，在无人机的航向计算时可以通过 GNSS 获取当前的经纬度，然后查表得到当前位置的磁偏角，对航向进行修正。

c）陀螺仪：陀螺仪传感器能检测三轴的角速度，因而可检测出俯仰、翻滚和偏摆时方向的变化率，按照动态控制电机速度，并保证电机稳定性，确保无人机按照用户操纵装置所设定的方向旋转。

②飞控作用。

a）飞行控制：飞控系统可以通过控制无人机的电机和舵机，实现无人机的起飞、飞行、降落和悬停等动作；飞控系统可以实时计算无人机的飞行状态，调整无人机的飞行速度和方向，确保无人机的安全飞行。

b）导航控制：飞控系统可以通过控制无人机的导航系统，实现无人机的精准导航和定位；飞控系统可以内置多种导航传感器，如 BDS（北斗卫星导航系统）GPS、GLONASS、惯性导航系统等，确保无人机在不同的环境中精准飞行。

c）任务控制：飞控系统可以通过控制无人机的任务设备，实现无人机的拍摄、侦察、探测和救援等任务，实时计算无人机的任务参数，调整无人机的任务设备，确保无人机安全完成任务。

d）数据管理：飞控系统可以通过控制无人机的数据设备，实现无人机的数据收集、存储和处理；飞控系统可以内置多种数据传感器，如摄像头、激光雷达、温度传感器等，实时收集无人机的数据，并将数据上传到云端或地面控制中心，实现数据的共享和分析。

2）导航系统。

导航系统是一些基础功能的集合，包括："定位""目的地选择""路径计算""路径指导"。系统在其较高的性能系列中也提供彩色地图显示。所有这些功能要求有一个道路网的数字化地图，它通常存储在 CDROM 中。

（3）飞行控制与导航系统调试

1）飞行控制与导航系统安装配置。

步骤	操作内容	图示
1	安装：将飞控使用黏胶固定在飞控舱位中，注意各种与飞控有关的连接线，不要弯折、断裂，使用螺钉固定飞控板，保证飞控稳定，不偏移 注意：少数飞控需要使用减振过滤无人机的低频振动，另外，飞控的安装方向应与无人机机头方向保持一致	
2	配置：安装好飞控，应对应设置飞控的基本参数，包括飞控的安装角、GNSS 位置、飞行器布局、磁罗盘，具体数值需考虑飞控版本及飞行器结构 注意：若不进行基本参数配置，不得再进一步进行 PID 数据调整	
3	飞行控制参数：飞行控制参数为 PID 感度调整，其主要分为内环、外环。内环主要调整 GNSS 模式下的手感，因个人而异分为偏硬或偏软。偏硬状态下打舵反馈会较快，且在回舵时机身回平较快，偏软则相反。外环主要是姿态模式及导航自主飞行时 注意：所谓的偏软或偏硬，主要是根据 PID 比例、积分和微分这三方面互相补偿配合的关系	

（续）

步骤	操作内容	图示
4	导航系统参数：导航系统参数主要包括飞行姿态限制、飞行水平及垂直速度限制、飞行高度、低电压动作、链路丢失动作等 注意：这些参数一般都是最大的允许，也就是无人机最大的机动范围内数据	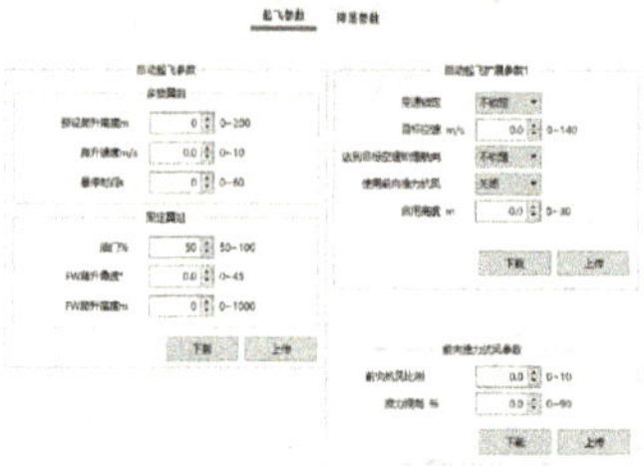

2）加速度计、磁罗盘、飞行模式、遥控器校准。

步骤	操作内容	图示
1	加速度计校准：x 轴分别校准无人机静止状态下，机头朝正左侧及机头朝正右侧两个面；y 轴分别较准无人机静止状态下，机头朝正上及机头朝正下两个面；z 轴分别校准无人机水平静止状态下，脚架朝下及脚架正朝上两个面 注意：在校准加速度计时应保持每一面绝对静止不动	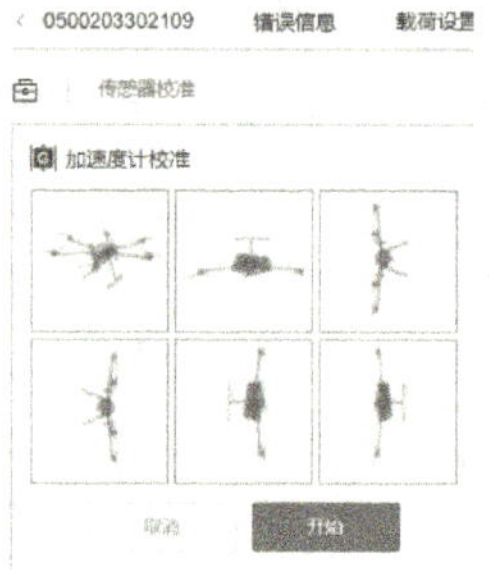
2	磁罗盘校准：先校准 z 轴，水平抬起无人机以一只脚作为基准点保持不动，围绕这个基准点做圆周运动，旋转一周即可；接着校准 y 轴，左侧朝下右侧朝上，旋转一周即可；最后校准 x 轴，机头朝正下方，旋转一周即可 注意：校准磁罗盘时应确定校准环境，包括操作员身上，不得带有强磁干扰	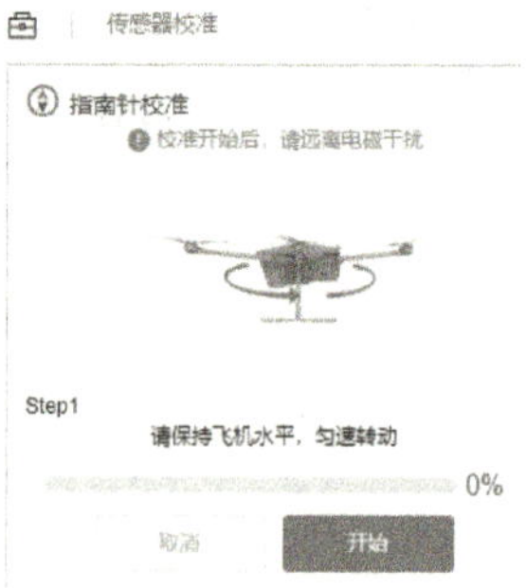
3	遥控器校准：找到遥控器设置，选中遥控器校准，弹出弹窗关闭无人机电源，将所有摇杆都放到中位，校准过程中，按提示操作，不然可能导致校准不成功。缓慢推动左右摇杆至上下左右方向最大行程，以美国手为例，左手横向方向舵，纵向油门，先后推至最大行程，右手横向副翼，纵向升降舵先后推至最大行程；随后多次缓慢拨动左右波轮到最大位置处进行波轮校准 注意：在最大行程校准时一定将摇杆打到位，避免校准后存在较大的误差	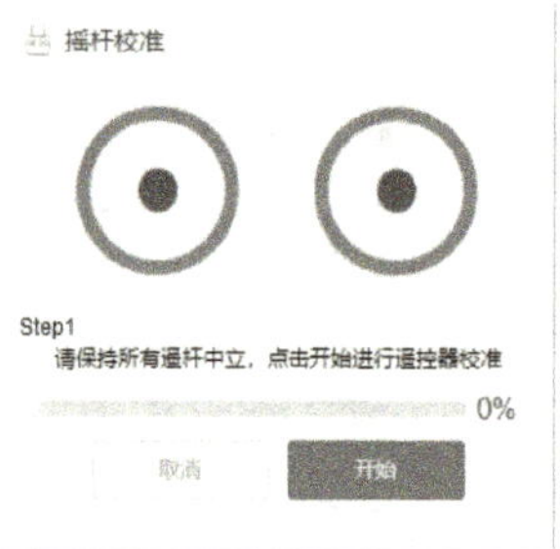
4	飞行模式校准：飞行模式一般为 GNSS、姿态、手动。主要在遥控器上分别拨动到对应位置，观察与地面工作站上现实的是否一致，并观看无人机当前状态以及打舵反馈和当前模式是否符合	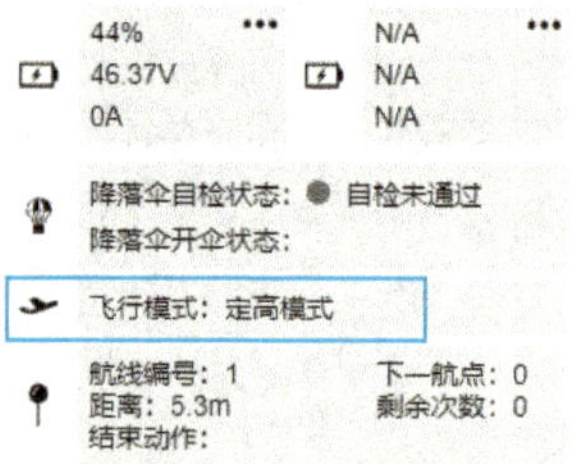

2. 工作页

学校名称		任课教师	
班　　级		学生姓名	
学习领域	无人机维保检修		
学习情境	LS5：无人机系统调试	学习时间	30min
工作任务	B：飞行控制与导航系统调试	学习地点	理实一体化教室

<h3 style="text-align:center">飞行控制与导航系统调试</h3>

1）请提炼关键词，完成安装、配置飞控与导航系统调试软件的工作流程表格。

步骤	操作内容	工具设备仪器	标准规范	注意事项

预估完成耗时：　　　　　　　　　　预估成本：

2）请提炼关键词，完成加速度计、磁罗盘、飞行模式、遥控器校准的工作流程表格。

步骤	操作内容	工具设备仪器	标准规范	注意事项

预估完成耗时：　　　　　　　　　　预估成本：

5.3.3 通信系统调试

1. 信息页

学习领域	无人机维保检修		
学习情境	LS5：无人机系统调试	学习时间	30min
工作任务	C：通信系统调试	学习地点	理实一体化教室

通信系统调试

（1）学习目标

掌握无人机遥控器发射机和接收机对频，设置无线图像传输系统通信频道等参数，设置遥控器机型、通道、舵量、油门曲线等参数，设置无线数据传输系统波特率等参数的方法及流程。

（2）教具准备

1）接收机，如图1所示。

2）遥控器，如图2所示。

遥控器与接收机之间通过无线电波进行连接通信，常用的遥控器频率是2.4GHz。

图1　接收机　　　　　　　　图2　遥控器

影响遥控器遥控距离的因素主要有：

①发射功率：发射功率大则距离远，但耗电大，容易产生干扰。

②接收灵敏度：接收器的接收灵敏度提高，遥控距离增大，但容易受干扰造成误动或失控。

③天线：采用直线型天线，并且相互平行，遥控距离远，但占据空间大，在使用中把天线拉长、拉直可增加遥控距离。

④高度：天线越高，遥控距离越远，但受客观条件限制。

⑤阻挡：无线遥控器使用国家规定的UHF频段，其传播特性和光近似，直线传播，绕射较小，发射器和接收器之间如有墙壁阻挡将大大打折遥控距离，如果是钢筋混凝土的墙壁，由于导体对电波的吸收作用，影响更甚。

3）串口调试软件，如图3所示。

串口调试工具有多个版本。以友善串口调试助手为例，它支持9600、19200等常用各种波特率及自定义波特率，可以自动识别串口，能设置校验、数据位和停止位，能以ASCII码或十六进制接收或发送任何数据或字符，可以任意设定自动发送周期，并能将接收数据保存成文本文件，能发送任意大小的文本文件。

硬件连接方面，传统台式PC机支持标准RS232接口，但是带有串口的计算机很少见，所以需要USB/232转换接口，并且安装相应驱动程序。

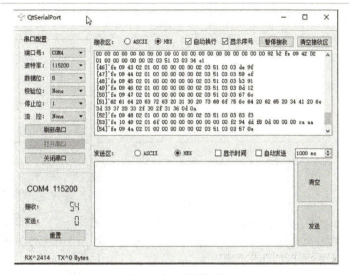

图 3　串口调试软件

软件功能：
① 自动搜索串口并打开串口。
② 支持多串口。
③ 支持自定义波特率，支持非标准波特率。
④ 支持发送历史记录。
⑤ 接收数据可以进行十六进制和 ASCII 切换。
⑥ 接收数据时，光标可定位在指定行或在最后一行。
⑦ 可以以十六进制或 ASCII 格式，向指定串口发送数据。
⑧ 定时发送数据。
⑨ 接收数据可以保存为文件，也可打开已保存数据文件。
⑩ 串口打开过程中，可修改通信参数，如波特率。
⑪ 自动记录上次操作参数，如串口号、波特率等。

4）波特率与比特率。

波特率是指数据信号对载波的调制速率，它用单位时间内载波调制状态改变的次数来表示，其单位是波特（Baud）。波特率与比特率的关系是比特率＝波特率 × 单个调制状态对应的二进制位数。在信息传输通道中，携带数据信息的信号单元叫码元，每秒钟通过信道传输的码元数称为码元传输速率，简称波特率。波特率是传输通道频宽的指标。

比特率表示有效数据的传输速率。每秒钟通过信道传输的信息量称为位传输速率，简称比特率。通俗讲波特率是指在数字通信中，每秒钟传输的比特数。在串行通信中，波特率越高，数据传输速度就越快。通常情况下，波特率是用每秒钟传输的比特数来表示的，例如 9600 波特率，就是指每秒钟传输 9600 个比特。

波特率决定了数据传输的速度。在数字通信中，波特率越高，数据传输速度就越快。因此，波特率的作用非常重要，它直接影响着数字通信的速度和效率。波特率的计算公式为：波特率＝传输速率/每个符号所需的比特数。例如，在一个串行通信中，每个符号需要 8 个比特，而传输速率为 9600bit/s，那么波特率就是 9600/8=1200。

波特率与数据传输距离有一定的关系。通常情况下，波特率越高，数据传输距离就越短。在数字通信中，高波特率会导致信号失真，从而影响数据传输的质量。因此，在数字通信中，需要根据实际情况选择合适的波特率，以保证数据传输的质量和效率。

（3）通信系统调试

1）遥控器发射机与接收机对频。

步骤	操作内容	图示
1	检查遥控器外观是否完好，天线是否断裂，并打开遥控器，检查遥控器电量和接收机相对应的发射制式，在遥控器中找到对频菜单，单击开始对频	
2	接收机通电，在保证附近没有其他同频遥控器的情况下，按住接收机上的对频按钮 注意：此时接收机为通电状态，并接收机指示灯为红色	
3	接收机红黄灯常亮表示正在对频，此时可以将对频按钮松开，显示绿灯常亮表示对频成功，否则失败，将以上步骤进行重复，直至绿灯常亮 注意：此时切勿断电，避免周围也有同频遥控器在对频工作	
4	进行对频检查，无人机断电，遥控器返回主页面，随后给无人机通电，查看接收机指示灯，如果是绿常亮代表对频成功，且为当前遥控器和接收机相连接成功	

2）遥控器参数设置。

步骤	操作内容	图示
1	机型设定：先找到 Default channel order（新建模型默认顺序）设置为 AETR。短按 MENU 进入模型菜单设置，找到空白位置单击确认键，显示弹窗，找到 Create model（新建模型）单击确认；可以选择固定翼、三角翼、多旋翼，在这里选择多旋翼机型，会有提示，问油门是否为 CH3，也就是俗称美国手，如果是后面一直点 PAGE，如果遇到不确定的可长按 EXIT 退出。到此机型设定结束。如果需要选择其他模型，移动光标将选项对准要选择的模型，长按确认键显示弹窗，找到 Select model 选择模型即可	 

（续）

步骤	操作内容	图示
2	通道选择及设定：短按 MENU 进入模型菜单设置，短按 PAGE 进行翻页，翻到第五页 INPTS（混控输入设置），映入眼帘的是 Ail、Ele、Thr、Rud，依次是副翼舵、升降舵、油门舵、方向舵，一般保持默认不需要调整；再次短按 PAGE 翻页，翻到第六页 MIXES（混控输出），前 4 个依旧是副翼舵、升降舵、油门舵、方向舵，保持不变，移动光标到第 5 栏单击确认，可以设置控制无人机解锁上锁功能，短按确认键进入第五通道设置，找到 Source（硬件映射资源）默认 S1，短按确认键，变为闪烁后可拨动想设置的拨杆，点击 EXIT 推出或确定都可保存；移动光标到第 6 栏单击确认，设置飞行模式，找到 Source（硬件映射资源）默认 S2，改用三段式拨杆开关使用，短按确定设置完成	 
3	舵量设定：舵量是指遥控发射控制信号的比例。使用遥控器找到 Ail、Ele、Thr、Rud 分别对应的副翼舵、升降舵、油门舵、方向舵，可以更改每个舵量的控制比例。如俯仰通道设定 100% 舵量，向前满推杆的时候遥控器发射的是 100% 信号；左右通道设定 80% 舵量，向左满推杆，遥控器发射的是 80% 的信号，就相当于实际只推杆到了 80% 的位置。设置低舵量适合新手进行练习。飞行器不会达到最灵敏的程度。找到 TRAINER（教练开关）可以设置主控给副控的舵量行程，参数设置 100% 是将所对应的舵量全部给到副控，副控可以满舵量控制，如果参数设置 50%，副控对应舵量打满，无人机只会接收到一半的电信号	
4	参数校准：找到 Calibration（校准）单击确认，将所有摇杆归中后继续单击确认键，左右手按在杆上去做画圆动作（可观察遥控器，按照显示位置打杆），注意每个位置都需打到极限值，完成后双杆回到中位，单击确认键或者退出键即可	

3）无线图像传输系统参数设置。

步骤	操作内容	图示
1	检查设备外观是否完好，电量是否充足，并按顺序依次启动 DJI M3E 无人机的遥控器电源和电池电源	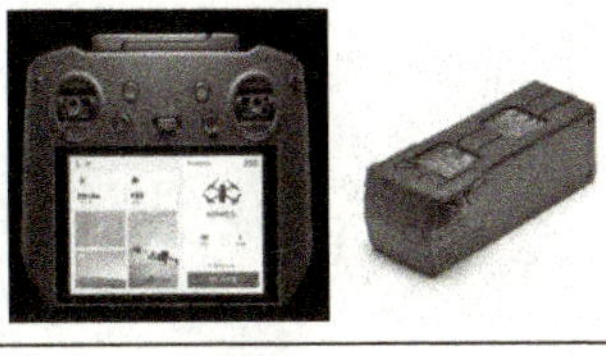

（续）

步骤	操作内容	图示
2	单击遥控器首页进入飞行界面按键，进入飞行界面，在飞行界面中单击右上角●●●选项按键，进入更多选项界面	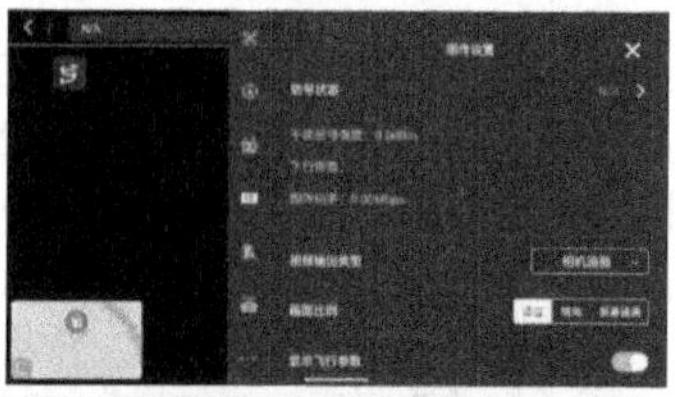
3	在更多选项界面中单击 HD 按键，进入图传设置界面，在图传设置界面中，查看工作频段、信号状态。可以设置图传信道模式、选择视频输出类型以及画面比例 注意：选择信道是更好地让画面传输的更流畅，视频输出类型及画面比例根据后期要求以及内存大小决定	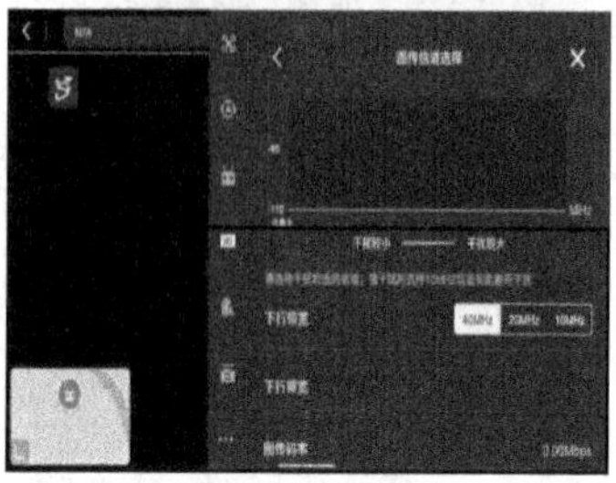

4）无线数据传输系统波特率参数设置。

步骤	操作内容	图示
1	将需要修改波特率的硬件设备接入计算机 注意：个别硬件设备需安装驱动软件	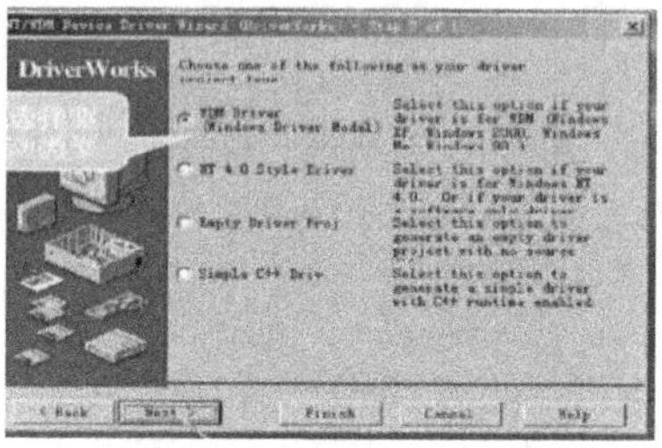
2	打开可更改波特率的软件 注意：软件内的串口选择	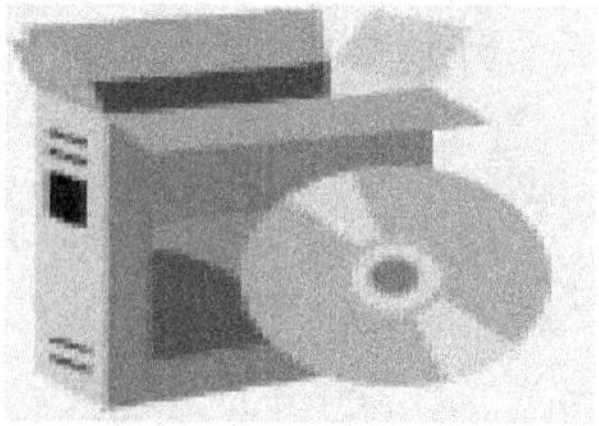
3	单击连接，等待连接成功，观察数据显示窗口数据吐纳速度	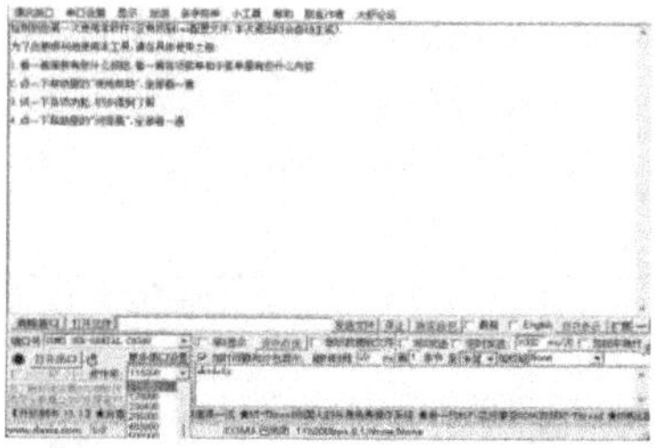
4	改小波特率，观察数据显示窗口变化，增大波特率，观察数据显示窗口变 注意：当吐纳速度不满足正常数据传输时，应再次调整波特率	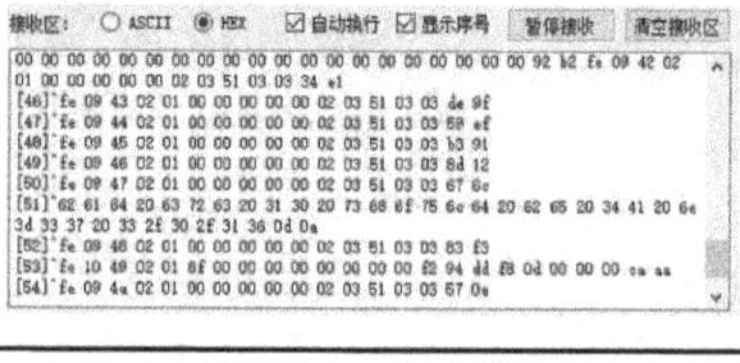

2. 工作页

学校名称		任课教师	
班　　级		学生姓名	
学习领域	无人机维保检修		
学习情境	LS5：无人机系统调试	学习时间	30min
工作任务	C：通信系统调试	学习地点	理实一体化教室

通信系统调试

1）请提炼关键词，完成无人机遥控器发射机与接收机对频的工作流程表格。

步骤	操作内容	工具设备仪器	标准规范	注意事项
预估完成耗时：		预估成本：		

2）请提炼关键词，完成无人机遥控器参数设置的工作流程表格。

步骤	操作内容	工具设备仪器	标准规范	注意事项
预估完成耗时：		预估成本：		

3) 请提炼关键词，完成无人机无线图像传输系统参数设置的工作流程表格。

步骤	操作内容	工具设备仪器	标准规范	注意事项

预估完成耗时：　　　　　　　　　　预估成本：

4) 请提炼关键词，完成无人机无线数据传输系统波特率参数设置的工作流程表格。

步骤	操作内容	工具设备仪器	标准规范	注意事项

预估完成耗时：　　　　　　　　　　预估成本：

5.3.4 起飞着陆系统调试

1. 信息页

学习领域	无人机维保检修		
学习情境	LS5：无人机系统调试	学习时间	30min
工作任务	D：起飞着陆系统调试	学习地点	理实一体化教室

起飞着陆系统调试

（1）学习目标

掌握无人机起落架滑跑着陆系统的调试方法与流程。

（2）教具准备

无人机滑跑起落架，如图1所示。

图1 无人机滑跑起落架

起落架装置是飞行器重要的具有承力兼操纵性的部件，在飞行器安全起降过程中担负着极其重要的使命。起落架是无人机起飞、着陆、滑跑、地面移动和停放所必需的支持系统，是无人机的主要部件之一，其性能的优劣、稳定性与可靠性直接关系到无人机的使用与安全。无人机起落架系统相对于常规无人机起落架系统，有着自重轻、自身体积小等特点。

起落架主体一般由起落架支柱、差动机构、弹性支撑系统、轮胎、制动系统、配重、动力源架等构成。起落架支柱是起落架承重结构，主要起支撑、固定和减振等作用；差动机构是核心部件，控制起落架升降和收放；弹性支撑系统采用弹簧缓冲和减振功能，降低飞行时起落架对无人机结构的冲击；轮胎是起落架底部的部件，起支撑和缓冲作用；制动系统是调节无人机地面制动力和转弯能力的主要部分；配重是发动机前的小型燃机，用于使起落架在离地时具有足够的起动力；动力源架用于为配重系统和驾驶舱供电。

（3）起落架滑跑着陆系统调试

步骤	操作内容	图示
1	准备一套完整起落架零件及1#、2#、2.5#螺丝刀各一把	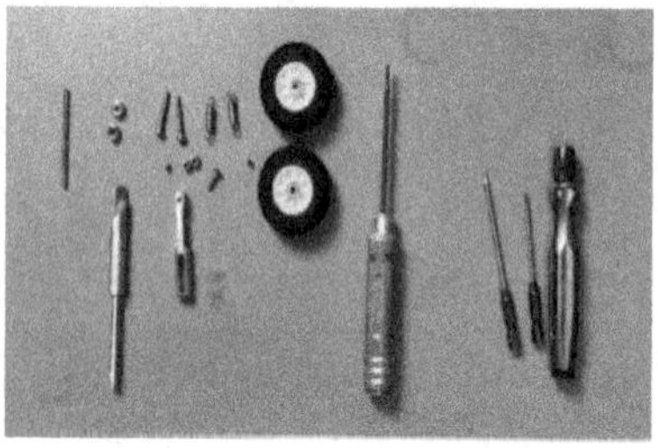
2	将无人机端支柱和轮胎端横轴用2#螺丝刀进行固定安装 注意：紧固螺钉时螺丝刀、螺钉与螺钉孔应保持垂直在一条线上，螺丝刀旋转匀速，不要过于用力，应适当添加螺钉胶，起到防松作用	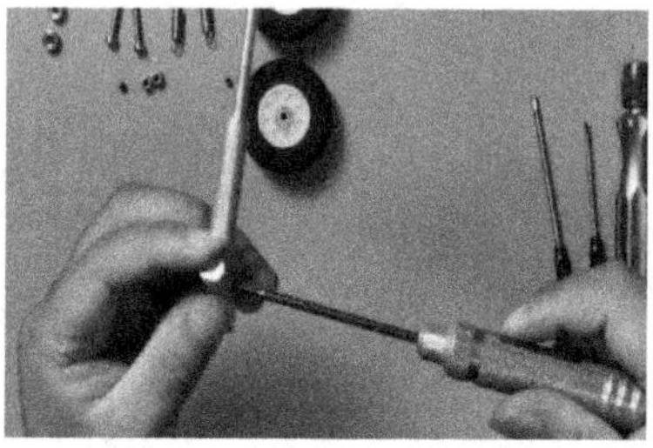
3	接下来先安装轮胎两端支柱，再将轮胎安装在起落架支柱下端 注意：不要将卡扣太靠近轮胎，留有一定余量保证轮胎可以正常转动，安装完成后简单测试一下轮胎是否卡顿	
4	最后用长螺栓和螺母将两个弹簧进行固定，让支柱留有一个下压的缓冲区，安装完成后检查是否牢固 注意：安装螺钉和螺母时，可使用尖嘴钳之类的工具固定住螺母，同时使用螺丝刀进行紧固，下压的缓冲区不宜太大，避免使弹簧发生形变	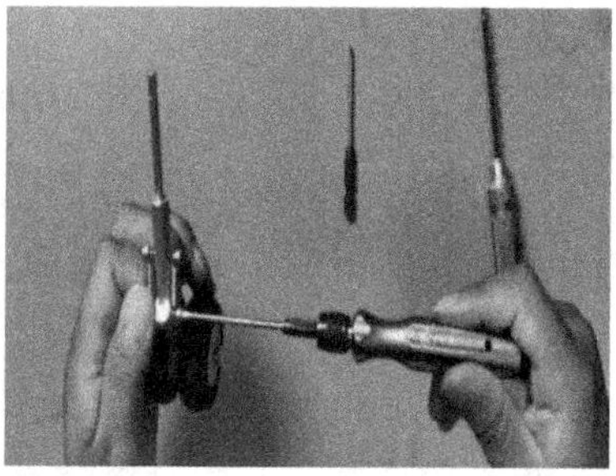

2. 工作页

学校名称		任课教师	
班　　级		学生姓名	
学习领域	无人机维保检修		
学习情境	LS5：无人机系统调试	学习时间	30min
工作任务	D：起飞着陆系统调试	学习地点	理实一体化教室

起飞着陆系统调试

请提炼关键词，完成无人机起落架调试的工作流程表格。

步骤	操作内容	工具设备仪器	标准规范	注意事项

预估完成耗时：	预估成本：

5.3.5 任务载荷系统调试

1. 信息页

学习领域	无人机维保检修		
学习情境	LS5：无人机系统调试	学习时间	30min
工作任务	E：任务载荷系统调试	学习地点	理实一体化教室

任务载荷系统调试

（1）学习目标

掌握第一人称视角（FPV）系统运动相机、FPV 眼镜等的调试与联调，航拍系统三轴云台、光学相机等的调试与联调，定高、避障等智能传感器系统的调试与联调，航测、遥感系统的调试与联调，植保喷洒系统调试与联调的方法与流程。

（2）教具准备

1）DJI OSMO ACTION 运动相机，如图 1 所示。

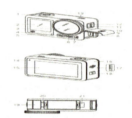

图 1　DJI OSMO ACTION 运动相机

DJI OSMO ACTION 运动相机搭配有 1/1.3 英寸 CMOS，其影像拍摄能力十分强大，主要功能特点是高帧率录像，小巧、方便携带，同时搭配有多种配件，为其赋予了穿戴方便的特性。但由于电池容量的限制，对功耗要求低。

DJI OSMO ACTION 运动相机采用双触摸屏幕，前置触摸屏幕便于自拍取景，后置触摸屏可实时显示取景画面，前后屏幕都可通过触控实现相机参数的设置，机身按键可完成拍摄、快速切换等操作。

首次使用 DJI OSMO ACTION 运动相机时，需要通过使用 DJI MIMO App 激活设备。激活步骤为长按快速切换按键开启运动相机，然后打开手机 WiFi 和蓝牙功能，最后运行 DJI MIMO App，单击首页相机图标连接 DJI OSMO ACTION 运动相机，按界面提示完成激活操作，如图 2 所示。

图 2　连接 DJI OSMO ACTION 运动相机

2）DJI AVATA 无人机及 DJI GOGGLES FPV 眼镜，如图 3 和图 4 所示。

图 3　DJI AVATA 无人机及 DJI GOGGLES FPV 眼镜

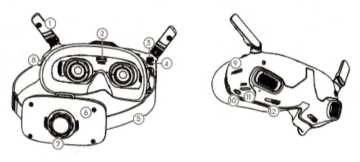

图 4　DJI GOGGLES FPV 眼镜

1—天线　2—micro SD 卡槽　3—五维按键（向右拨动按键，可打开飞行眼镜菜单，向前拨动按键，可打开相机参数面板，向后拨动按键，可打开快捷设置面板）　4—返回按键　5—头带（头带内置电源线，不可用力拉扯，防止损坏）　6—电池舱　7—头带调节按钮　8—面罩　9—电量指示灯　10—电源/对频按键（该按键短按一次可显示当前电量，短按一次再长按 2s 可开启或关闭电源，开机状态下长按，可开启对频状态）　11—USB-C 接口（该接口用于充电或连接耳机、连接手机或计算机）　12—瞳距 IPD 调节模块（左右拨动可调节镜筒距离与人眼瞳距相匹配）

DJI GOGGLES FPV 眼镜在使用前须进行头带和天线的安装与展开，在进行眼镜收纳时务必折叠天线收纳，一旦出现挤压或碰撞可能会对天线造成不必要的损坏。安装顶部头带时，将顶部头带两端分别穿过眼镜面罩的上方和电池舱上方的头带固定孔，将头带调整至合适的长度后进行黏合，如图 5 所示。

3）TTA-G200 植保无人机，如图 6 所示。

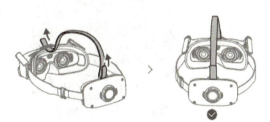

图 5　头带固定　　　　　　　图 6　TTA-G200 植保无人机

TTA-G200 多旋翼植保无人机是一款低成本高效率产品，防水、易维修、航时长，机身使用多种高强度轻质材料，降低了机身重量；使用大功率无刷电机保证了飞行器的机动性，使用新型三元锂电池提升了电池使用寿命；模块化设计机身，便于飞行器维护和保养。

植保无人机喷洒系统主要包括药箱、水泵、软管和喷头，如图 7 所示。配好的农药装入药箱，水泵提供动力引流，再通过导管到达喷头，将农药均匀喷洒到作物表面。

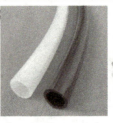

图 7 药箱、水泵、软管和喷头

（3）任务载荷系统调试

1）第一人称视角（FPV）系统 FPV 眼镜调试。

步骤	操作内容	图示
1	检查设备是否完好、设备电源是否充足、无人机电机、螺旋桨顺序是否正确，并按顺序依次启动 DJI AVATA 无人机穿越遥杆电源、无人机电池电源，为飞行眼镜接通充电宝电源线并启动充电宝电源	
2	打开飞行眼镜链路天线，穿戴飞行眼镜同时调整头带长短、瞳距和屈光度	
3	通过飞行眼镜右侧触摸板，向右滑动打开飞行眼镜菜单，将图传设置中的信道模式设置为自动模式	
4	通过飞行眼镜右侧触摸板，向右滑动打开飞行眼镜菜单，检查设置功能中的安全模块中关于最大高度是否为正确数值，推荐设置高度 < 120m（限飞区）或 500m（非限制区），设置最远距离为满足当前飞行环境和飞行任务的需要距离，设置当前返航高度数值为高于地面最高地表附属物的安全飞行高度值，如果当前无人机和飞行眼镜的指南针和IMU均显示为正常，则无须校准；如异常，则需要进行校准设置	

（续）

步骤	操作内容	图示
5	通过飞行眼镜右侧触摸板，向右滑动打开飞行眼镜菜单，检查设置功能中，设置拍摄模块的照片尺寸是否为本次飞行任务所需的4:3或16:9尺寸，设置自动ISO上限不超6400，设置辅助线为九宫格+对角线模式，设置中心点为开启状态，设置返航点为开启状态	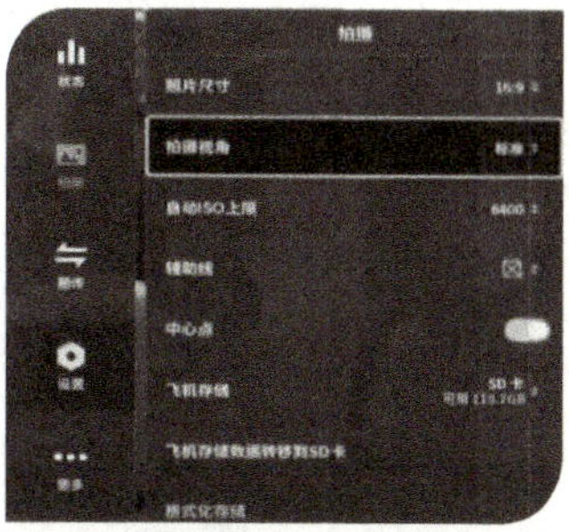

2）航拍云台与光学相机联调。

步骤	操作内容	图示
1	检查电源是否充足，界面是否正常，并按顺序依次启动DJI MAVIC 3E无人机的遥控器电源和电池电源	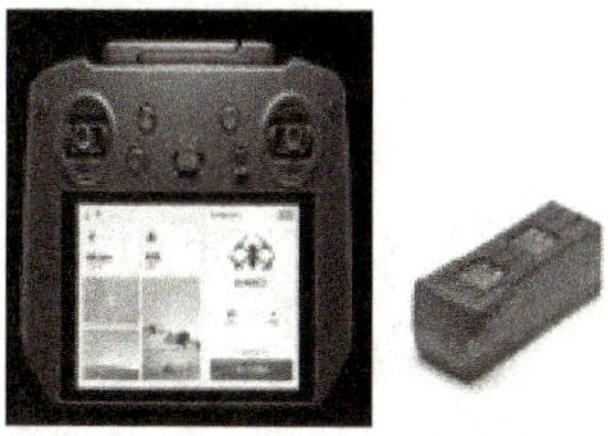
2	单击遥控器首页进入飞行界面按键，进入飞行界面，在飞行界面中单击右上角●●●选项按键，进入更多选项界面	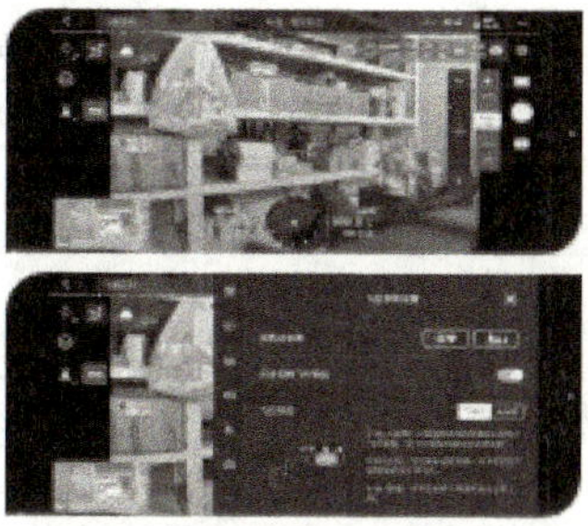
3	在更多选项界面中单击云台相机图标按键，进入云台相机设置界面，在云台相机设置界面中，设置云台俯仰缓启/停数值为默认数值8，云台俯仰轴最大速度为默认数值50%，如果发现云台俯仰轴和横滚轴中心位置异常，可通过单击云台自动校准，重设云台俯仰轴和横滚轴的中心位置	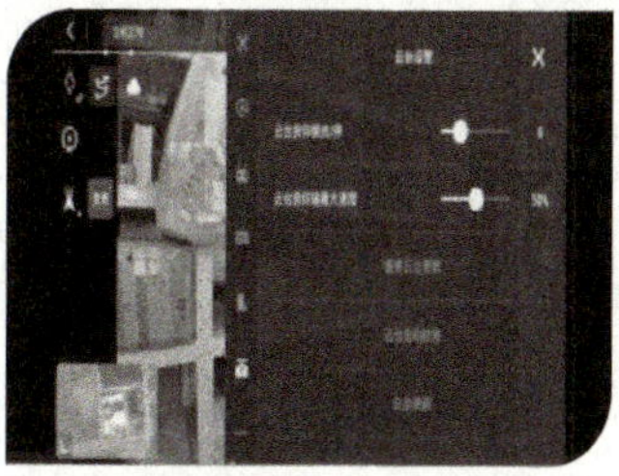

3）定高、避障智能传感器联调。

步骤	操作内容	图示
1	检查电源是否充足，界面是否正常，并按顺序依次启动DJI MAVIC 3E无人机的遥控器电源和电池电源	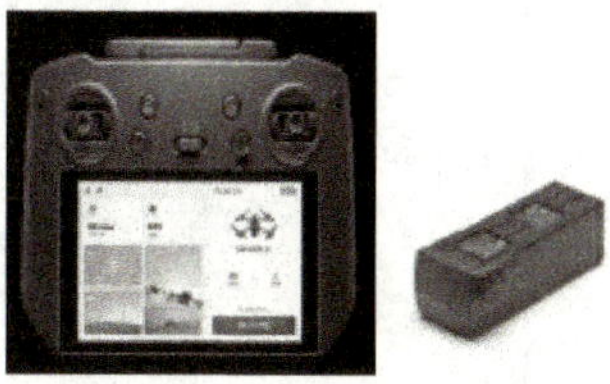

（续）

步骤	操作内容	图示
2	单击遥控器首页进入飞行界面按键，进入飞行界面，在飞行界面中单击右上角●●●选项按键，进入更多选项界面	 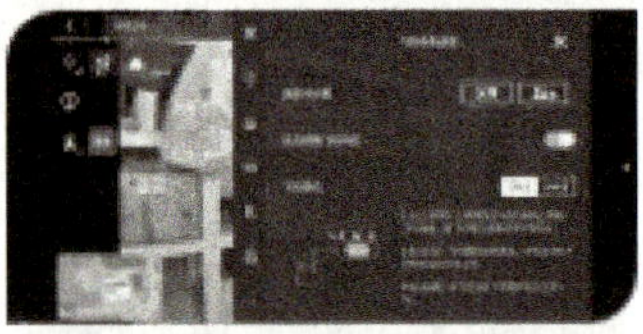
3	在更多选项界面中，单击自上而下第二个圆形包裹指向箭头的按键，进入感知避障设置界面，将避障模式设置为刹停或绕行，不可设置为关闭，依次对水平、上方和下方三个避障设置子菜单进行检查与设置，包括：①启用刹停模式开关，在刹停模式下须设置为开启状态；②启用视觉定位开关须设置为开启状态；③避障刹停距离和告警距离可保持默认距离设置，如需更改，该距离的设置逻辑应充分结合飞行任务中，无人机在飞行任务中的飞行速度、制动距离、可能出现障碍物的尺寸以及综合分析视觉传感器发现障碍物时的平均识别距离范围 注意：如非特殊任务不得避障功能	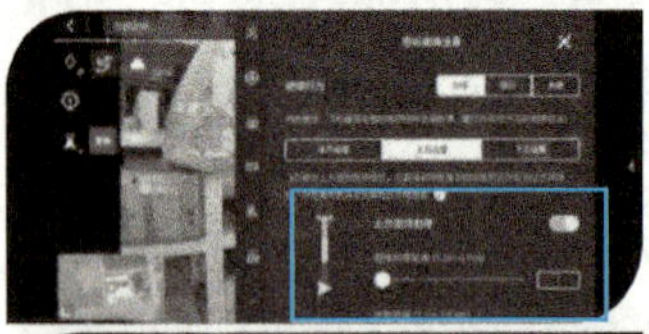 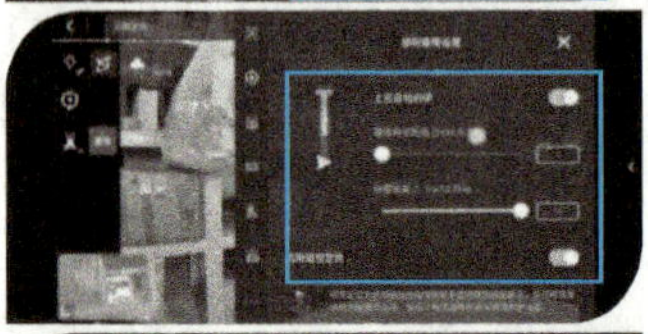 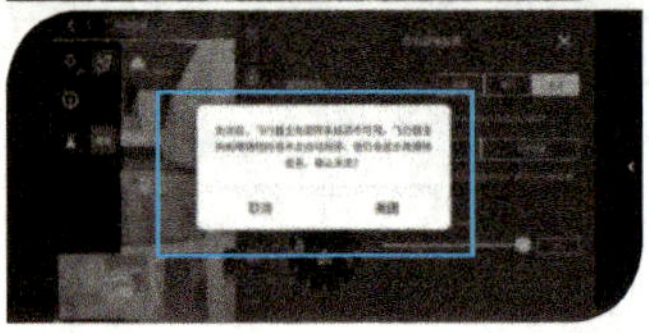

4）航测、遥感系统联调。

步骤	操作内容	图示
1	检查电源是否充足，界面是否正常，并按顺序依次启动 DJI M3E 无人机的遥控器电源和电池电源	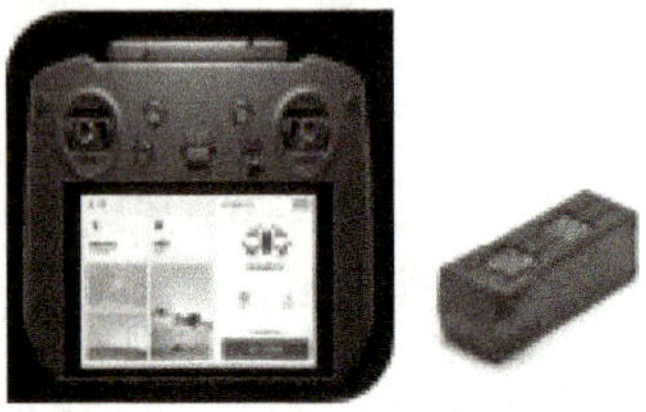
2	单击遥控器首页中的航线功能按键，进入航线库，单击右上角的＋号，创建航线，然后创建应用于 2D/3D 的扫描航线	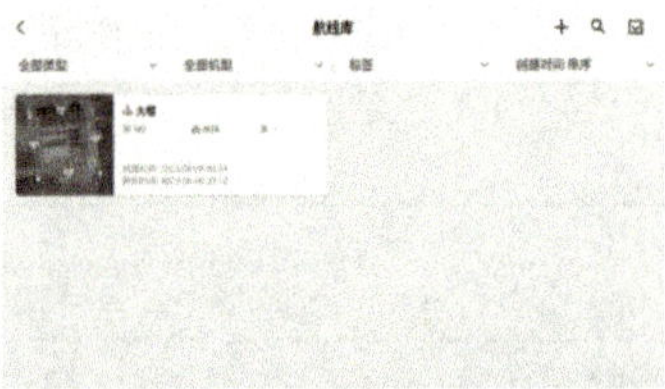
3	在卫星地图上通过单击地图位置，创建航线规划范围，创建完成后单击左上角确认并完成航线规范范围的创建，检查右侧机型参数和相机型号参数设置是否正确，确认无误后，单击右侧下方的蓝色确认按键	

(续)

步骤	操作内容	图示
4	设置航线为正射采集航线,高度模式设置为相对起飞点高度,航线飞行高度设置为安全飞行高度,且该高度下正射 GSD(影像分辨率)满足飞行任务要求,设置高程优化功能为开启状态	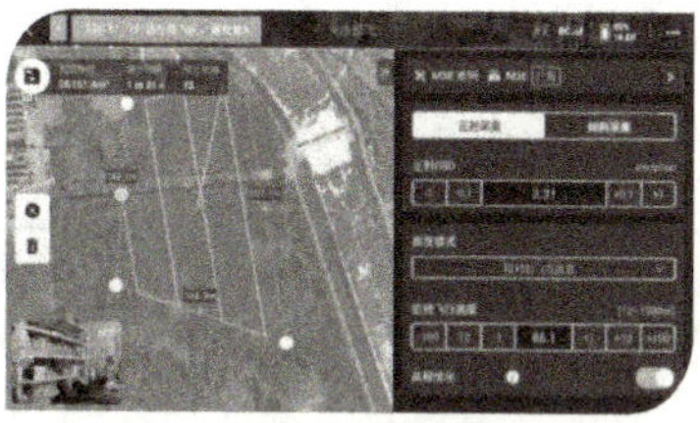
5	设置安全起飞高度为航线高度,或将安全起飞高度设置为起降点至航线 1 点,直线飞行同时爬升的过程中,不会碰到障碍物的合适高度,航线完成动作推荐设置为自动返航	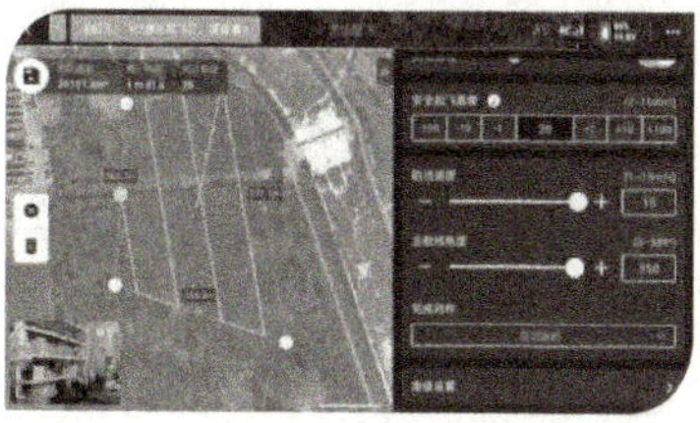
6	设置安全起飞高度为航线高度,或将安全起飞高度设置为起降点至航线 1 点,直线飞行同时爬升的过程中,不会碰到障碍物的合适高度,航线完成动作推荐设置为自动返航	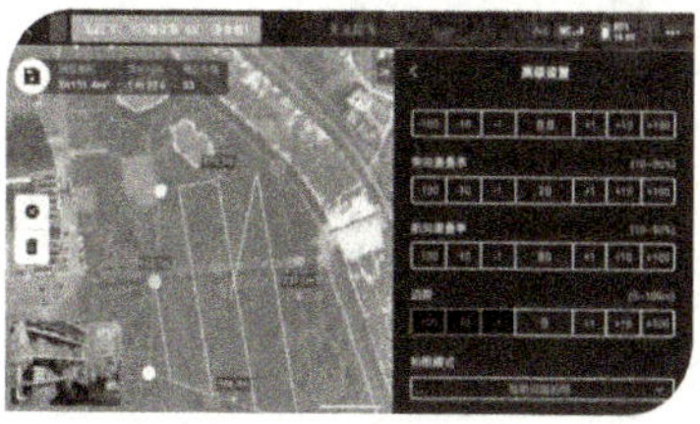
7	单击左上角保存按钮,单击蓝色执行按钮,进入飞行前检查单,在飞行前检查中,设置返航高度为航线飞行高度或高于航线飞行高度,且该高度至起降点之间没有障碍物,设置限高高度略高于返航高度,设置失联行为为返航,设置遥杆模式为与操控员适配的手型,设置避障行为为刹停或绕行,避障告警距离保持默认即可,自定义电量报警保持默认即可;全部内容设置完成后单击下一步	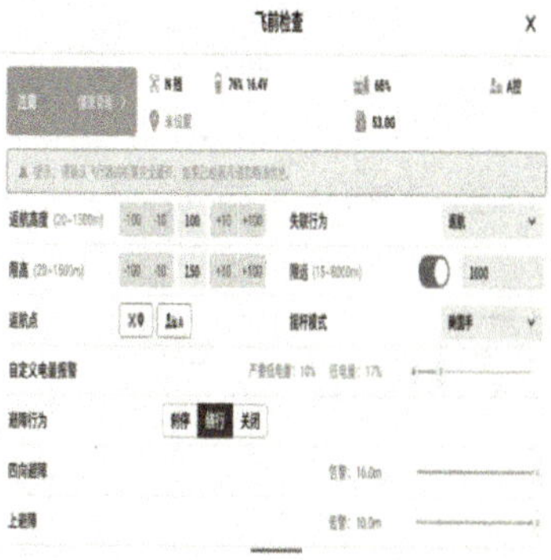
8	在建图航拍检查单中,航线完成动作设置为自动返航,航线失联行为设置为自动返航或继续执行(需充分结合飞行任务和飞行环境),设置相机档位为 AUTO 或根据飞行任务和飞行环境的要求设置相机档位为 S(快门优先模式,快门速度的设置须充分结合无人机飞行速度、飞行时的光线条件、地标附属物性质和飞行任务要求),设置畸变校正功能为关闭状态,全部设置完成后单击上传航线	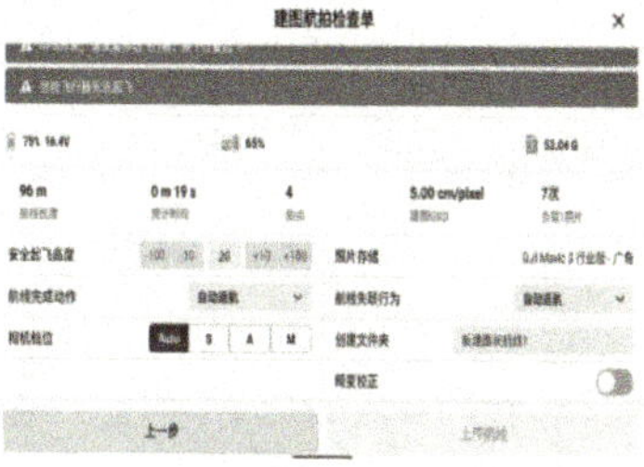

177

2. 工作页

学校名称		任课教师	
班　　级		学生姓名	
学习领域	无人机维保检修		
学习情境	LS5：无人机系统调试	学习时间	30min
工作任务	E：任务载荷系统调试	学习地点	理实一体化教室

任务载荷系统调试

1）请提炼关键词，完成第一人称视角（FPV）系统 FPV 眼镜调试的工作流程表格。

步骤	操作内容	工具设备仪器	标准规范	注意事项

预估完成耗时：　　　　　　　　　预估成本：

2）请提炼关键词，完成无人机航拍系统云台、光学相机调试与联调的工作流程表格。

步骤	操作内容	工具设备仪器	标准规范	注意事项

预估完成耗时：　　　　　　　　　预估成本：

3）请提炼关键词，完成定高、避障等智能传感器系统的调试与联调的工作流程表格。

步骤	操作内容	工具设备仪器	标准规范	注意事项
预估完成耗时：		预估成本：		

4）请提炼关键词，完成无人机航测、遥感系统调试的工作流程表格。

步骤	操作内容	工具设备仪器	标准规范	注意事项
预估完成耗时：		预估成本：		

5.4 任务计划

课程思政点睛

1)任务计划环节是在理实一体化学习之后,为培养学生先谋后动的思维意识和工作习惯而进行的训练,学生小组合作完成工作计划的制订。

2)利用规范性、标准性非常高的计划表格引导学生养成严谨、认真、负责任的职业态度和工匠精神。

3)通过对规范、环保、安全方面的强调和要求,培养学生的环境保护意识、安全意识及大局观。

教学实施指导

1)教师指导学生分组讨论,在5.3理实学习环节完成的工作页的基础上,按照教师派发的任务要求,合作完成工作计划海报。

2)教师选出一个组讲解展示海报内容,师生评价。教师强调统筹、标准、规范、安全、环保、时间及成本控制意识的训练。

5.5 任务决策

课程思政点睛

任务决策环节是在任务计划的基础上,跟师傅或领导对任务计划进行修改确认,或者是对多种计划方案进行优中选优。指导学生吸收采纳教师或其他人的建议,能够对自己的学习知识体系进行重新梳理,不断地接受他人的合理化意见或建议,是虚心、进取心的表现,同时也是尊重他人、客观公正对待自己的人生态度。在任务实施之前对自己的计划进行确认与调整,是严谨、认真、负责的态度体现,也是精益求精的工匠精神养成。

教学实施指导

1)教师指导学生个人独立按照任务决策的关键要素完成任务决策表。

2)教师选出某组学生代表和自己进行任务决策,其他学生观察,并进行口头评价、补充、改进。

3)学生修改任务决策方案表,提交;教师进行确认;学生获得教师对自己所做决策方案的确认信息后才有资格进行任务实施。

无人机系统调试任务决策方案表

决策类型	决策方案
与师傅决策	请站在企业的角度,和师傅沟通工作方案实施的可能性(包括:工作步骤的正确性、规范性和合理性,工作过程的安全性、环保性等注意事项,工作质量把控,时间控制和成本控制等,并记录决策结果与师傅建议)
意见或建议	

5.6 任务实施

课程思政点睛

1)任务实施环节对学生进行严谨、规范、标准操作训练。

2)要求学生必须按照前期经过决策的任务计划执行,养成先谋后动的工作意识,深入思考后才可以操作,严禁冒失和鲁莽行事。

3)在操作过程中要求学生在一个团队内必须通力合作,分工明确,提高工作效率,以此训练学生未来步入社会工作的团队合作能力和时间把控能力。

4)若在操作中万一有违规操作或者是失误、错误出现,要求学生必须如实告知。

教学实施指导

1)学生观察教师的示范动作,或观看 5.6.1 无人机系统调试视频中的示范动作。

2)学生分为 4 组,分工操作。每组每次安排 2 名学生操作,所有学生轮流,每个学生都要完成一次操作。当 2 名学生进行操作时,另外安排 1~2 名学生填写 5.6.2 任务工单(维保档案),1~2 名学生分别对其进行评价,填写 5.6.3 评价表,1 名学生拍视频,1 名学生监督质量并记录,1 名学生查阅组装手册改进计划。

5.6.1 无人机系统调试操作视频

1. 电机调试视频　　2. 电调校准视频　　3. 安装、配置和操作　　4. 飞行控制与导航系
　　　　　　　　　　　　　　　　　　　飞行控制与导航系　　　　统调试视频
　　　　　　　　　　　　　　　　　　　统调试软件视频

5. 遥控器发射机与接　　6. 遥控器参数设置　　7. 起落架测试视频　　8. 任务载荷系统联调
　　收机对频视频　　　　　视频　　　　　　　　　　　　　　　　　　　视频

5.6.2 无人机系统调试任务工单

项目名称	无人机维保检修
任务名称	无人机系统调试
无人机型号	
故障状态	
故障原因	

（续）

调试流程及工具耗材使用等情况记录：

步骤	操作内容	工具耗材	结果
1			
2			
3			
4			
5			
6			
7			
8			

（可另附页）

调试结论：	
维保检修人：	项目负责人/质检员签字：
成本核算：	完成时间：

5.6.3 无人机系统调试任务实施评价表

被评人：

一级指标	二级指标	配分	评价	评价指标
1.按照规范标准对无人机系统调试	按照工作计划执行	5		信息获取
	正确选择工具设备	5		专业能力
	规范使用工具设备	5		规范性
	正确顺序作业	5		专业能力
	规范地进行标准作业	5		专业能力
	专业地正确进行作业	5		专业能力
	操作中遵守技术规范和标准	5		规范性
	操作中遵守设备及人身安全防护	5		安全性
	操作中遵守环保要求	5		环保性
	操作过程保证工作质量	5		责任心
	维保结果正确	5		专业能力
	维保记录完整准确	5		记录
	走路轻快稳、手脚利落，注重工作效率	5		工作规范
2.任务实施中的自我管理	完成任务的时间控制把握	5		时间管理
	与队友友好且高效合作	5		团队合作
	对任务计划及时调整与改进	5		自我改进

评价人：

5.7 任务检查

课程思政点睛

任务检查环节包含三个层次的内容：

首先是复盘检查，对任务实施过程和实施结果进行检查，确保工作质量，养成学生严谨规范、认真负责的职业态度和职业精神，高标准、严要求、精益求精的工匠精神。

其次是对场地、工位、设备、环境等进行 5S，养成规范、卫生、环保、自律意识。

最后是对任务计划的调整改进，对前期做的工作计划进行优化，训练学生自我改进、自我优化的自我管理能力，以此实现学生不断地进步提高。

教师要重点引导学生对队友的支持性意见的表达，并引导学生接纳他人建议。

教学实施指导

1）教师提供任务检查单。要求学生分组，小组合作完成任务检查及 5S，在任务检查单上标注。

2）学生小组合作修改完善工作计划，进行全面的复盘改进，并标注。

无人机系统调试任务检查及 5S

1）请进行必要的最终任务检查。

检查项目	检查内容	问题记录	处理意见
检查实施过程			
检查实施结果			

2）请进行必要的 5S。

5S 场地（　　）

5S 设备工具（　　）

5S 工位（　　）

3）请根据任务实施过程和任务实施结果的实际情况，优化、调整、完善、改进工作计划。（以另一颜色的笔在任务计划上标注作答）

5.8 任务交付

课程思政点睛

任务交付与任务接受呼应，特别适合对学生进行平等、公平、友善、和谐价值观引导。如何做到和伙伴友善合作，如何做到站在公司立场为公司的利益和效率着想，如何站在客户角度为客户着想等，在指导学生进行任务交付的话术训练时全面体现平等、公平、友善、和谐。

教学实施指导

教师指导学生依据 5.8.1 无人机系统调试任务交付剧本，参考 5.8.2 任务交付中英文音视频，以角色扮演方式进行任务交付。

5.8.1 无人机系统调试任务交付剧本（中英文）

1. 任务完成，正常交付

组　　长：领导，您好！经过我们团队 3 小时的努力，我们已经按照相应类型与型号的无人机系统调试的流程与标准规范，全部保质保量地完成了。

Hello, Director! After 3 hours efforts, we have completed the debugging process and standard specifications of the corresponding type and model of unmanned aerial system with full quality and quantity.

项目负责人：好的，你们辛苦了。已经送到质检组进行检测了吧？

All right. Thank you! Have they been sent to the quality inspection team?

组　　长：是的，已经送检了。质检全部通过！

Yes. All passed the quality inspection!

项目负责人：完美。你们先休息一下，一会儿再布置新的任务给你们。

Perfect. Have a rest. I will assign you a new task later.

组　　长：好嘞，等您。

OK.

2. 任务未完成，异常交付

组　　长：领导，您好！不好意思跟您说，我们团队虽然已经很努力了，但是没有在规定时间内完成项目组内所有无人机的系统调试任务。

Hi, Director! I'm sorry to tell you that although our group has tried very hard, we have yet to completed the UAV system debugging tasks within the project team within the stipulated time.

项目负责人：啊？！为什么？到底哪里出了问题？

Ah?! Why so? What went wrong?

组　　长：真的非常抱歉，主要是我们专业技术水平还不够娴熟，再加上团队合作不够顺畅，导致了工作结果出现问题。

I'm really sorry. Since there is still much to be desired in our professional proficiency and group cooperation, we fail to finish the work on time.

项目负责人：算了。意识到问题的原因就好，下次多注意。那你们自己能解决吗？需不需要其他团队的帮助？

Come on. Just draw the lesson next time. Can you handle it by yourselves? Do you need help from other groups?

组　　长：我们自己能解决，不需要帮助。不过，还需要点时间。

We can handle it by ourselves. We don't need help. But it will take some more time.

项目负责人：多久？

How long will it take?

组　　长：2 个小时吧。

About two hours.

项目负责人：好吧。再给你们团队 2 个小时，必须保质保量完成。

All right. Two more hours for you.. You must fulfill it.

组　　长：谢谢您了！我们这就继续开工。您走好！

Thank you very much! We will continue with our work. See you!

5.8.2　无人机系统调试任务交付音视频（中英文）

1. 无人机系统调试任务正常交付音视频（中文）
2. 无人机系统调试任务正常交付音视频（英文）
3. 无人机系统调试任务异常交付音视频（中文）
4. 无人机系统调试任务异常交付音视频（英文）

5.9　巩固拓展

课程思政点睛

巩固拓展环节是充分利用学生的课余时间布置高质量的作业，对课上所学及完成的任务进行温故知新，同时训练学生举一反三、迁移新任务的解决问题能力。任务选择注意课程内容的延续性及拓展性，稍微增加难度，在小组主持作业的情况下，既要对学生克服困难独立完成任务的职业素养进行训练，也要对学生团队合作、高效率高质量完成任务的能力和素养进行训练。

教学实施指导

1）完成信息化系统中关于教学流程的每一步测评表，并提交。
2）以小组为单位完成演练月财务结算表和成绩统计。
3）以小组为单位熟练无人机系统调试所有项目的操作。
4）布置新任务，要求学生小组合作完成新任务的工作方案。

Studying Situation

06 学习情境 6
无人机故障诊断

6.0 教学准备

知识目标
- 无人机零部件及整机系统常见故障的故障现象。
- 无人机脚架收放故障的故障原因、诊断流程与方法。
- 磁罗盘等传感器故障的故障原因、诊断流程与方法。
- 动力电池故障的故障原因、诊断流程与方法。
- 无人机无法解锁故障的故障原因、诊断流程与方法。
- 定点悬停自转方向故障的故障原因、诊断流程与方法。
- 飞行中上蹿故障的故障原因、诊断流程与方法。
- 常见故障的检测诊断工具使用方法。
- 根据不同机型不同故障定制故障诊断的工作方案。
- 无人机故障诊断的技术要点与规范标准。

技能目标
- 使用仪器设备，检测诊断脚架收放故障并排除。
- 使用仪器设备，检测诊断磁罗盘等传感器故障并排除。
- 使用仪器设备，检测诊断动力电池故障并排除。
- 使用仪器设备，检测诊断无人机无法解锁故障并排除。
- 使用仪器设备，检测诊断定点悬停自转方向故障并排除。
- 使用仪器设备，检测诊断飞行中上蹿故障并排除。

素养目标
- 能够提炼总结简单的技术文本并建构自己的知识体系思维导图。
- 能够在两人对话中有效沟通并交换信息。
- 能够把自己的观点表达清楚。
- 能够在团队中承担自己的角色功能，平等、和谐、友善。
- 能够在团队中主动并有积极合作意识。
- 能够在制订计划时尽可能考虑全面并做到精益求精。
- 能够控制自己的情绪，跟伙伴友好合作。
- 能够认真倾听并及时记录。
- 能够进行恰当的图文展示。

- 能够以 ERP 沙盘演练的形式进行专业学习。
- 能够把企业经营理念与人文情怀贯穿到专业知识学习中。
- 能够具有创新、创业精神和意识。

6.1 任务接受

课程思政点睛

任务接受环节特别适合对学生进行平等、公平、友善、和谐价值观训练。如何做到和伙伴友善合作，如何做到站在公司立场为公司的利益和效率着想，如何做到站在客户角度为客户着想等，在指导学生进行任务接受话术训练时，教师要及时、适时地对学生进行引导训练，全面体现平等、公平、友善、和谐。

任务接受环节涉及第 6 个演练月的企业经营，在布置演练月财务核算任务时，严格要求学生具备诚信经营意识，做到严谨、规范、一丝不苟，同时还要有独特的创新意识和不屈不挠的创业精神。

教学实施指导

1）教师指导学生依据 6.1.1 无人机故障诊断任务接受剧本，学习过程参考 6.1.2 任务接受中英文音视频，采取角色扮演的方法完成任务接受。

2）角色扮演之后明确工作任务。

6.1.1 无人机故障诊断任务接受剧本（中英文）

学习情境描述

无人机越来越广泛地应用于测绘、航拍、巡检、植保、物流、应急救援等领域。你作为测绘设计研究院的无人机测绘项目部的某项目组员工，请你按照相应类型与型号无人机故障诊断的技术标准规范，选择合适的方法，制订诊断流程，正确使用工量具、设备、仪器等，完成无人机故障诊断，确保无人机具备正常飞行性能，顺利完成专业的测绘任务。

希望通过各项目组的精诚合作，能够在 3 小时内完成故障诊断项目。作业过程注意工作效率、经济效益与安全注意事项等。

组　　长：领导，您好！这次是什么任务？
　　　　　Hi, Director! What's the mission?

项目负责人：您好！请你们完成我们项目组所有无人机的故障诊断排除。
　　　　　Hello! Please complete the troubleshooting of all drones in our project team.

组　　长：好的！知道了。有什么特殊的具体要求吗？
　　　　　All right! I see. But are there any specific requirements ?

项目负责人：没有什么特殊要求，你们按照相应类型与型号的无人机故障诊断的技术标准规范，选择合适的方法，正确使用工量具、设备、仪器等，能够确保无人机飞行性能正常工作就行了。
　　　　　Nothing special. You in accordance with the corresponding type and model of UAV fault diagnosis technical standards and specifications, choose the

appropriate method, the correct use of measuring tools, equipment, instruments, etc., to ensure the normal operation of UAV flight performance on the line.

组　　　长：好，没问题！规范和标准我们一定严格执行。
No problem! We will follow the specifications and standards strictly.

项目负责人：另外，诊断排除过程要嘱咐组员，注意谨慎安全操作，千万别磕磕碰碰或掉落、损坏零部件，谁损坏，谁赔偿。尽量节约成本。
In addition, during the diagnostic exclusion process, the team members should be instructed to pay attention to careful and safe operation, do not bump or drop or damage parts, whoever causes damage must compensate. Try to save costs.

组　　　长：好的！您放心，我会嘱咐团队成员小心安全操作。给我们多长时间完成？
All right! Don't worry. I will tell the group members to be careful. How much time we are allowed to finish the job?

项目负责人：3小时内必须保质保量完成。完成后，上交质检组检验。
It must be perfectly accomplished within 3 hours. Then the frames shall be submitted to the quality inspection team for inspection.

组　　　长：明白了。您放心！还有要嘱咐的吗？
I see. Don't worry about it. Anything more?

项目负责人：没有了。那就拜托了。有问题随时联系。
No more. Just go ahead. Please contact me if you have any questions.

组　　　长：好的！您慢走！再联系。
OK. See you! Keep in touch.

6.1.2　无人机故障诊断任务接受音视频（中英文）

1. 无人机故障诊断任务接受音视频（中文）

2. 无人机故障诊断任务接受音视频（英文）

6.2　任务分析

课程思政点睛

任务分析环节以任务接受环节的学习情境描述为参考，对学生启发引导分析任务本身，有助于学生深入思考完成任务需要的知识点、技能点与素养点。教师要抓住机会及时训练学生在文本信息中提取的专注力、严谨、规范、标准、安全、精益求精的工匠精神，养成严谨、规范的逻辑思维意识，对任何信息不疏漏并善于利用，以此提升学生的信息获取能力、逻辑思维能力以及严谨认真的职业态度。

教学实施指导

教师指导学生制作思维导图完成任务分析。

1）学生个人独立查阅学习情境描述，在笔记本上制作明确任务的思维导图1：包含任务背景、任务对象、任务要求、任务目标、任务结果、任务角色等。

2）学生个人独立思考完成本任务需要的知识、技能、能力要求，认真制作思维导图2。

3）学生小组合作讨论出本组的思维导图1与2。

4）教师指定小组讲解展示，其他小组领会理解，补充改进。

6.3 理实一体化学习

课程思政点睛

1）以大疆无人机的全球保有量，激发学生的爱国热情和民族自豪感，引导学生树立政治立场，坚定世界观。

2）以大疆无人机、天途无人机为教学内容，及时对学生进行科技强国教育与创新创业教育。

3）通过工作站方法的学习指导，引导学生养成独立、民主、自由、公平、友善、诚信、合作、和谐、敬业等价值观，培养学生严谨、规范、精益求精的职业态度和职业精神。

教学实施指导

教师提供给学生为完成本任务（无人机故障诊断）必要的学习资料（6个模块），要求并指导学生利用工作站法完成理实一体化学习。学生按照教师的要求，认真完成6个模块的企业内部培训，力争自己解决问题。

1）工作站法学习：完成6.3.1~6.3.3所有理实一体化的学习内容。

2）工作站法学习：完成6.3.4~6.3.6所有理实一体化的学习内容。

3）学生以竞争方式，采用展览馆法讲解展示学习结果。

6.3.1 脚架收放故障诊断

1. 信息页

学习领域	无人机维保检修		
学习情境	LS6：无人机故障诊断	学习时间	30min
工作任务	A：脚架收放故障诊断	学习地点	理实一体化教室

脚架收放故障诊断

（1）学习目标

无人机脚架收放故障诊断排除。

（2）教具准备

无人机收放脚架，如图1所示；内六角螺丝刀，如图2所示；伺服舵机，如图3所示；FUTABA遥控器，如图4所示。

 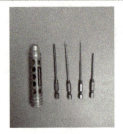  

图1　无人机收放脚架　　图2　内六角螺丝刀　　图3　伺服舵机　　图4　FUTABA遥控器

（3）故障现象

无人机在飞行过程中脚架无法正常收放。

（4）故障原因

1）脚架与机体连接处机械连接不良。脚架与机体连接处有破损或松动，有移动或变形；限位器没有处于正常工作状态。

2）无人机脚架收放装置卡滞或机械损坏。外观机械损伤，有裂纹、断裂或严重磨损；轴承、滑轨和弹簧等卡滞或磨损。

3）伺服舵机收放装置信号线连接不良。伺服舵机信号线破损或断裂；飞控连接孔位破损或断裂；信号线连接松动、顺序错误等。

4）遥控器拨杆及通道设置错误。

5）遥控器通道拨杆触发信号不能正常输出。

（5）故障诊断流程

1）故障诊断一：脚架与机体连接处收放装置的正常运行。

步骤	操作内容	图示
1	观察脚架与机体连接处，查看是否有任何明显的破损或松动。若有，应及时修复或更换	
2	手动操作脚架向上运动，检查其是否平稳且无阻碍。同时，观察连接部分在上升过程中是否有异常的移动或变形	
3	手动操作脚架向下运动，确保脚架在下降时同样运行平稳，无任何卡滞或异常声响	

（续）

步骤	操作内容	图示
4	限位器是确保脚架不会过度上升或下降的重要装置。检查限位器功能是否处于正常工作状态，尝试超过限位范围的操作，观察限位器是否能正常限制脚架的运动范围	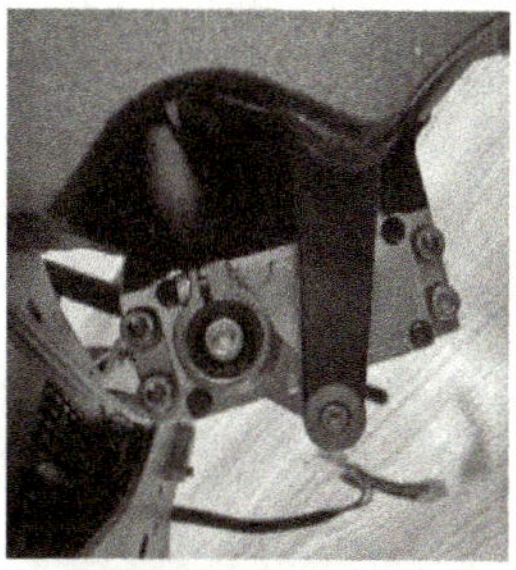
5	在确保单个方向运动测试无误后，进行整体的功能性测试，包括脚架的完全展开、收缩等连续动作，确保在整个过程中，连接部分无异常、无损坏 注意：若在测试过程中发现任何问题，应立即停止使用并进行维修。同时，定期对脚架与机体连接处进行细致的检查和维护，确保其始终保持良好的工作状态	

2）故障诊断二：无人机脚架收放装置是否存在异物卡住或机械损坏。

步骤	操作内容	图示
1	观察无人机脚架收放装置的外观，查看是否有明显的机械损伤，例如裂纹、断裂或严重磨损	
2	检查脚架收放装置的活动部分，如轴承、滑轨和弹簧等，查看它们是否能够顺畅地运动，无明显的卡滞或摩擦声音，是否有异物卡在脚架收放装置的活动部分中，如螺钉、金属片或其他杂物。如果有，使用适当的工具或手动将其移除	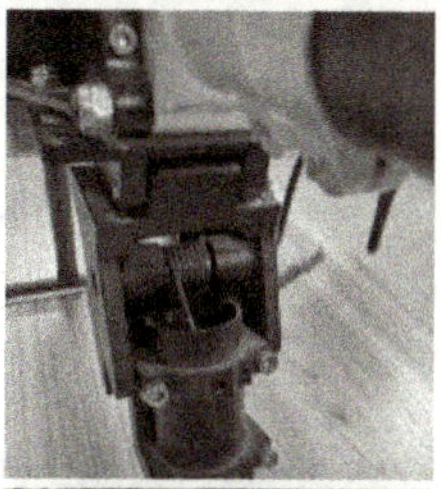 

(续)

步骤	操作内容	图示
3	手动操作脚架收放装置，查看其运动是否平滑，无明显的卡滞或摩擦。如果遇到困难或听到不正常的声音，可能是机械故障或异物卡住	
4	如果可能的话，使用专业的工具或设备对脚架收放装置进行更深入的检查，以确定是否存在潜在的机械故障或损坏 注意：具体操作可能因无人机的型号和设计而有所不同。在进行任何机械检查或维修时，请务必小心谨慎，并遵循制造商的指示和建议	

3）故障诊断三：检查收放装置伺服舵机信号线与飞控连接是否牢靠。

步骤	操作内容	图示
1	确保电源已经关闭，保证操作安全。检查伺服舵机信号线是否完好，有无破损或断裂现象。检查飞控上的连接孔位是否完好，有无破损或断裂现象	
2	根据电路图，确认伺服舵机信号线的正负极与飞控上的正负极对应	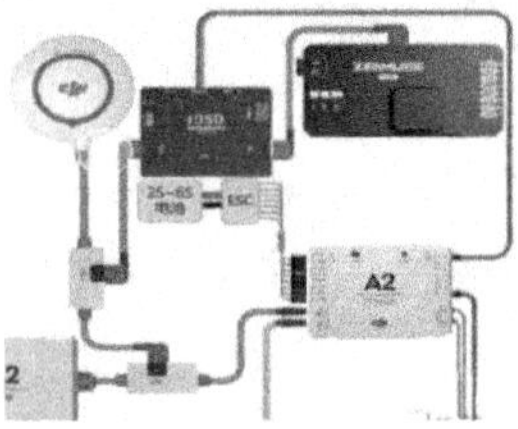
3	将伺服舵机信号线插入飞控的对应孔位，确保插接良好，无松动现象。按照电路图，检查伺服舵机信号线的连接顺序是否正确	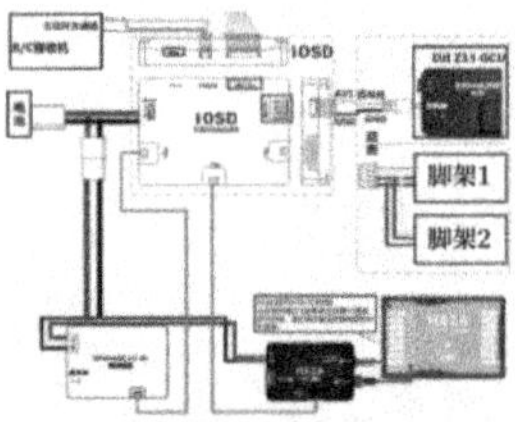
4	使用螺丝刀等工具，将伺服舵机信号线固定在飞控上。轻微拉动伺服舵机信号线，确认其牢固性	

（续）

步骤	操作内容	图示
5	对照飞控说明书，检查确认所有连接正确后，打开电源，测试伺服舵机的功能是否正常，记录检查情况，并存档	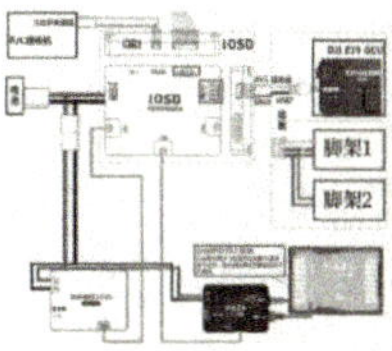 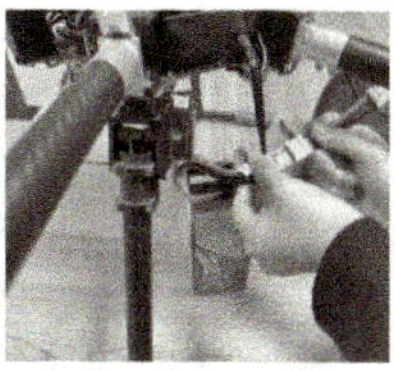

4）故障诊断四：检查 FUTABA 遥控通道设置是否正确。

步骤	操作内容	图示
1	双击遥控器的"链接"（LINK）按钮，进入"LINKAGE MENU"链接设置界面	
2	回到链接设置界面，选择"FUNCTION"（功能）选项，确认通道映射，即遥控器的第一到第四通道，依次对应 J1~J4 摇杆	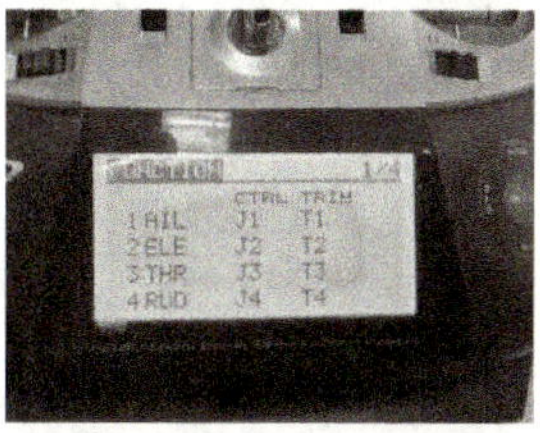
3	回到链接设置界面，选择"REVERSE"（舵机相位）选项，确认通道的反向情况，只有第三通道（油门）为反向的	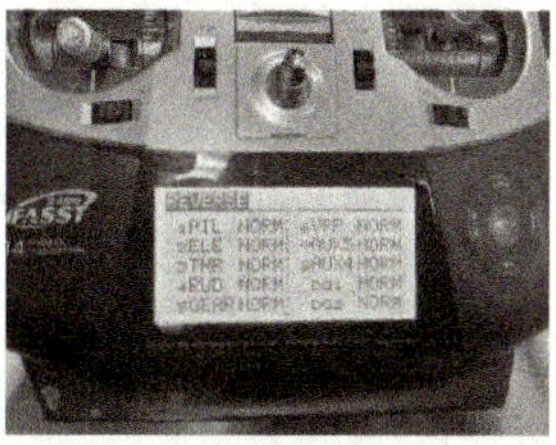
4	回到链接设置界面，选择"FUNCTION"（功能）选项，翻到第二页配置页，将"5 MODE"通道的"CTRL"选项设置为"SE"摇杆（遥控器左上侧摇杆）	
5	同上一步操作，将"6 AUX1"通道设置为"SG"摇杆（遥控器右上侧摇杆） 注意：如果发现任何问题或错误，及时进行调整和修复	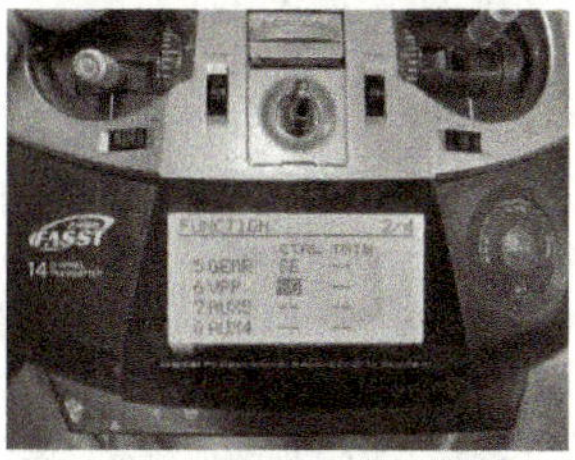

5）故障诊断五：检查 FUTABA 遥控器通道拨杆是否触发正确信号输出。

步骤	操作内容	图示
1	断开舵机的电源线，确保安全。找到 FUTABA 遥控器与舵机连接的插头，使用杜邦线将其中一个通道连接到遥控器上	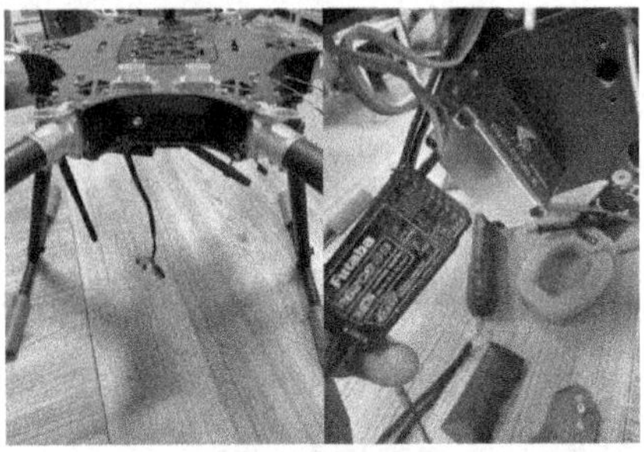
2	将万用表调至电压档，并联在杜邦线上。慢慢转动 FUTABA 遥控器的通道拨杆，观察万用表显示的电压值。正常情况下，随着拨杆的转动，电压值会有明显的变化范围（一般在 1.5~2.5V 之间）。若电压值没有变化或变化范围很小，则说明通道拨杆可能存在问题，需进一步检查或更换	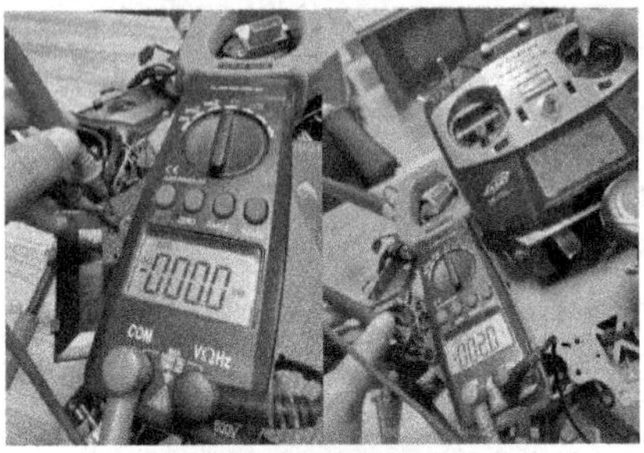
3	电压值变化正常，将舵机与 FUTABA 遥控器连接起来，确保连接牢固	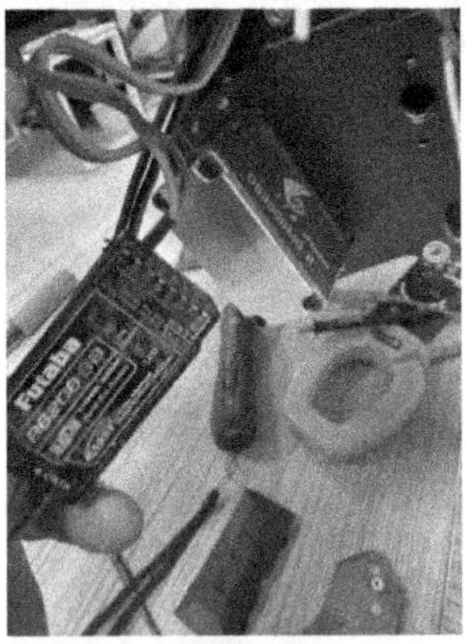
4	给舵机接通电源，确保电源电压与舵机要求的电压一致	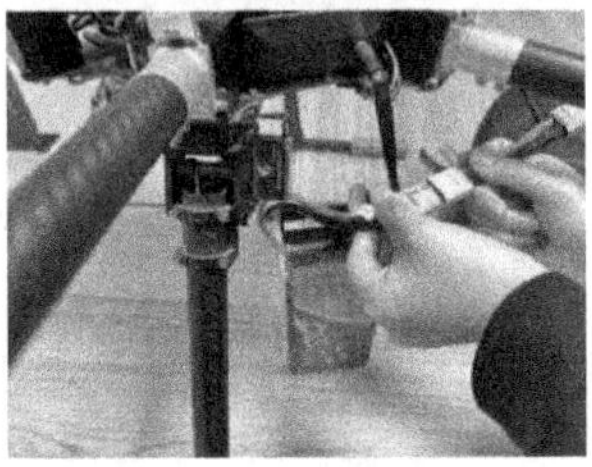
5	慢慢转动 FUTABA 遥控器的通道拨杆，观察舵机的反应。正常情况下，随着拨杆的转动，舵机应该会有相应的转动或偏转。若舵机没有反应或反应不灵敏，可能是通道设置不正确、通道故障或舵机故障，需要进一步检查和调整。若舵机反应正常，则说明 FUTABA 遥控器通道拨杆触发信号输出正常，可以正常使用 注意：操作过程中注意安全，避免触电或损坏设备。使用万用表时，要选择正确的电压档位，避免损坏万用表或造成测量误差	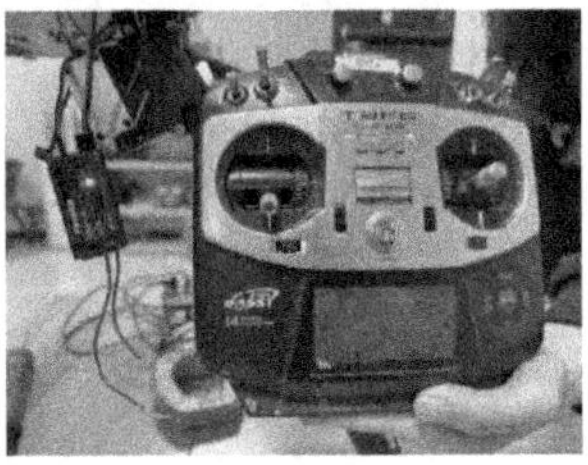

2. 工作页

学校名称		任课教师	
班级		学生姓名	
学习领域	无人机维保检修		
学习情境	LS6：无人机故障诊断	学习时间	30min
工作任务	A：脚架收放故障诊断	学习地点	理实一体化教室

脚架收放故障诊断

请提炼关键词，完成无人机脚架收放故障诊断的工作流程表格。

步骤	操作内容	工具设备仪器	标准规范	注意事项

预估完成耗时：　　　　　　　　预估成本：

6.3.2 动力电池故障诊断

1. 信息页

学习领域	无人机维保检修		
学习情境	LS6：无人机故障诊断	学习时间	30min
工作任务	B：动力电池故障诊断	学习地点	理实一体化教室

动力电池故障诊断

（1）学习目标

掌握动力电池故障诊断排除。

（2）教具准备

无人机动力电池，如图 1 所示；万用表，如图 2 所示；电池内阻测试仪，如图 3 所示；适配电池充电器，如图 4 所示。

图 1　无人机动力电池

图 2　万用表

图 3　电池内阻测试仪

图 4　适配电池充电器

（3）故障现象

无人机动力电池电量不足或放电过快。

（4）故障原因

1）动力电池外观出现物理性破损。

2）动力电池的总电压偏高或过低。

3）动力电池单片电芯内阻差异过大。

4）动力电池无法正常地完成充放电过程。

（5）故障诊断流程

1）故障诊断一：检查动力电池外观是否存在异常。

步骤	操作内容	图示
1	确保工作环境安全，遵守所有相关安全规定和指南。穿戴适当的防护装备，如手套、护目镜等。确保电池是静止的，没有在运行或充电状态	
2	对电池外观进行全面的目视检查，是否有损伤、鼓包、变形、裂缝或泄漏。检查电池连接器和电缆是否有损坏或腐蚀。检查电池上的标签和标识是否清晰可读	

(续)

步骤	操作内容	图示
3	检查电池温度。如果电池过热,可能是内部故障迹象	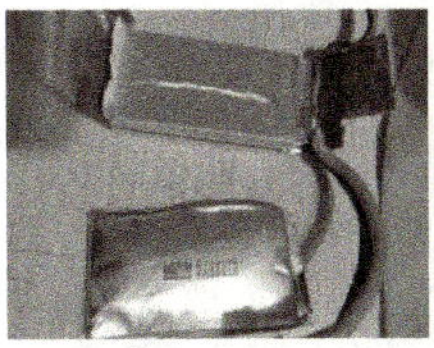 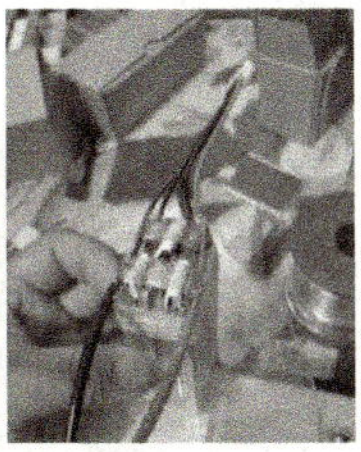
4	检查电池是否有异常气味。若电池有烧焦或化学气味,可能是内部短路迹象	
5	详细记录检查结果,作为维护或维修记录。若发现问题或异常情况及时报告相应部门或人员,再进行解决	

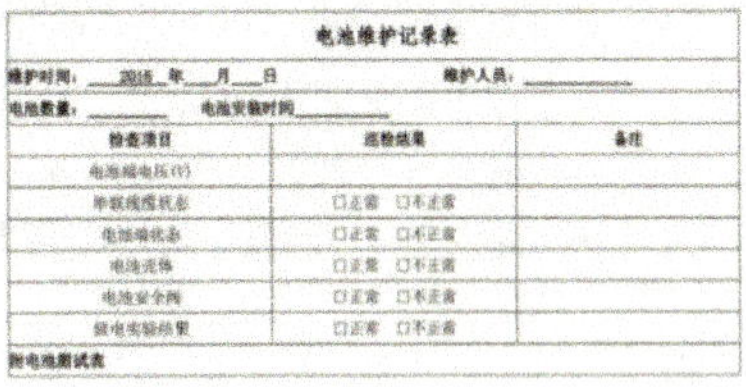

2)故障诊断二:使用万用表检查动力电池总电压是否存在异常。

步骤	操作内容	图示
1	准备好万用表和相关的安全防护设备,如绝缘手套和防护眼镜	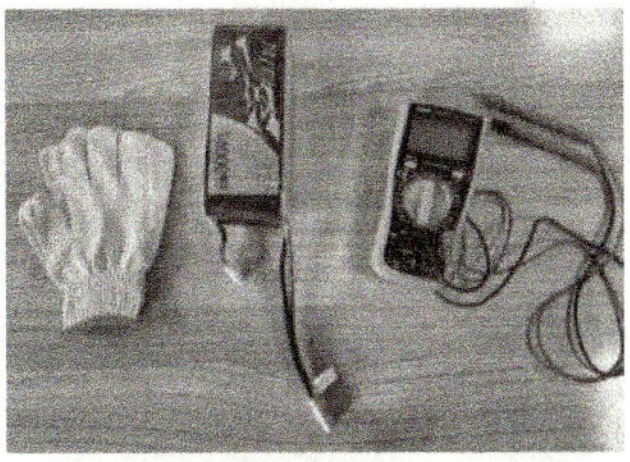
2	将万用表的红色探头连接到动力电池的正极,黑色探头连接到负极。确保连接稳固,且探头与电池接触良好。读取万用表显示的电压值。这个值应该与动力电池的额定电压相近。若电压值过高或过低,表示电池异常 注意:操作时务必遵循相关安全规定和规程,以防止电击或其他安全事故发生	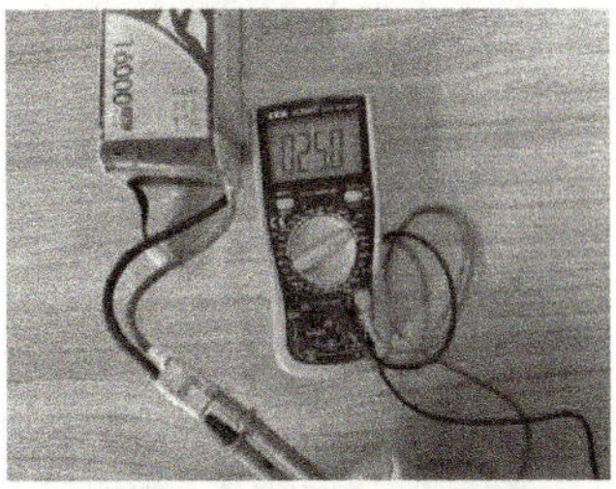
3	记录测量结果,并与之前的测量结果或制造商提供的规格进行比较。如果发现电压异常,可能需要进一步检查和处理	

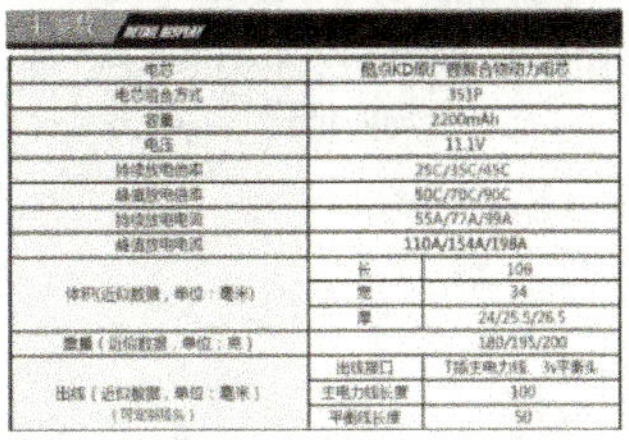

3)故障诊断三:使用电池内阻检测仪检查动力电池单片内阻情况。

步骤	操作内容	图示
1	测试前准备好电池内阻检测仪、待测的动力电池、导线和其他必要的工具。确保测试环境安静、无干扰,测试地面平坦、硬实,以避免测试过程中出现意外情况	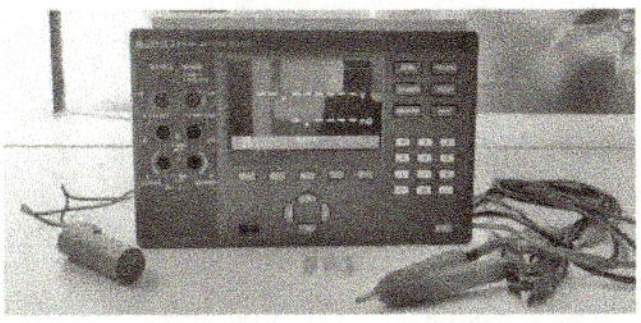

（续）

步骤	操作内容	图示
2	将电池内阻检测仪和待测的动力电池通过导线连接起来。注意正负极的正确性，防止出现反接的情况	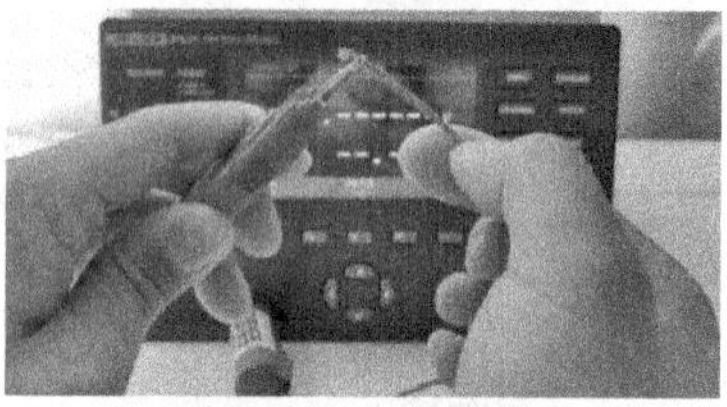
3	根据实际情况设置测试参数，如测试时间、测试项目等，开始测试，观察测试数据的变化情况。若出现异常情况应及时进行处理 注意：详细阅读使用说明书，了解仪器的操作方法和注意事项。测试过程应确保动力电池充满电并处于稳定状态	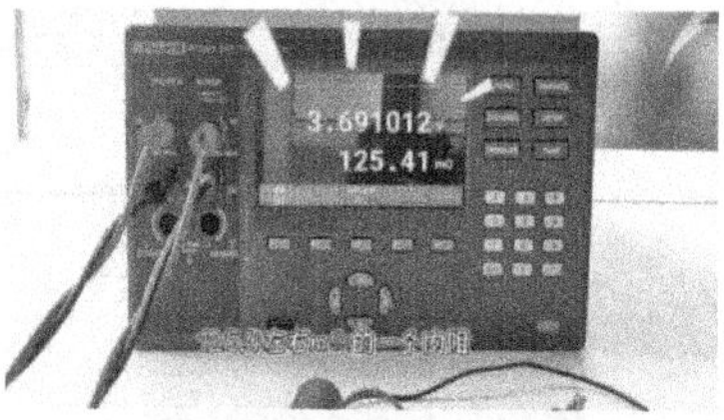
4	测试结束后，对测试结果进行分析。根据测试结果，可以判断动力电池的单片内阻情况。如果测试结果出现异常情况，应及时进行处理	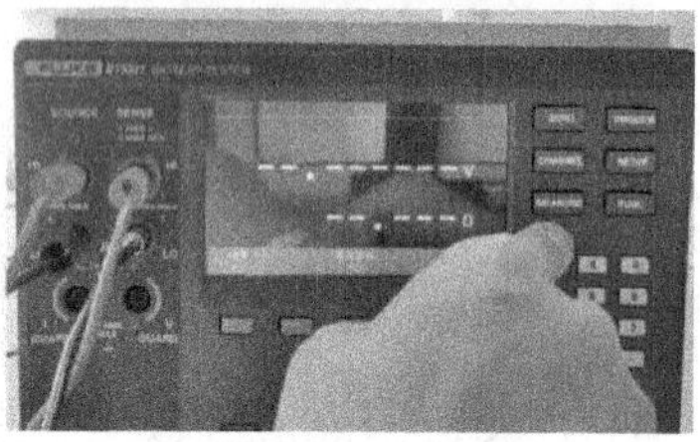

4）故障诊断四：检查动力电池充电是否可以顺利充满。

步骤	操作内容	图示
1	准备好适配的充电器，确保充电器能够正常工作，并且与动力电池的规格相匹配。将充电器与动力电池正确连接，确保连接稳固且无误	
2	启动充电设备，开始为动力电池充电并监测充电过程。利用充电设备上的显示面板或相关的充电管理软件，观察动力电池的充电状态和充电进度。注意检查是否有异常情况，如充电中断、充电速度慢等	
3	当充电设备显示动力电池已充满时，记录下充电时间和其他相关信息。确认动力电池充满后，先关闭充电设备，然后断开充电器与动力电池的连接	
4	充电完成后，检查动力电池的状态，如温度、外观等，确保没有异常情况	

2. 工作页

学校名称		任课教师	
班　　级		学生姓名	
学习领域	无人机维保检修		
学习情境	LS6：无人机故障诊断	学习时间	30min
工作任务	B：动力电池故障诊断	学习地点	理实一体化教室

动力电池故障诊断

请提炼关键词，完成无人机动力电池故障诊断的工作流程表格。

步骤	操作内容	工具设备仪器	标准规范	注意事项
预估完成耗时：		预估成本：		

6.3.3 磁罗盘故障诊断

1. 信息页

学习领域	无人机维保检修		
学习情境	LS6：无人机故障诊断	学习时间	30min
工作任务	C：磁罗盘故障诊断	学习地点	理实一体化教室

磁罗盘故障诊断

（1）学习目标

掌握磁罗盘故障诊断排除。

（2）教具准备

磁罗盘，如图1所示；地面工作站，如图2所示。

图1　磁罗盘　　　　　　　图2　地面工作站

（3）故障现象

无人机飞行时实际航向发生明显偏离，导致无人机出现飘移现象。

（4）故障原因

1）磁罗盘无法正常通电。

2）磁罗盘磁偏角失准。

3）磁罗盘数据更新不及时。

4）磁罗盘受到强磁干扰。

（5）故障诊断流程

1）故障诊断一：检查无人机磁罗盘是否正常通电工作。

步骤	操作内容	图示
1	确保无人机的电源已打开并且电源稳定。检查电源线和连接头是否完好，无损坏或松动	
2	检查磁罗盘模块是否已正确安装并稳固在无人机上。确保磁罗盘模块没有受到任何机械损坏或撞击	

（续）

步骤	操作内容	图示
3	将无人机连接到电源，并打开电源开关。观察磁罗盘模块是否有任何指示灯亮起，表明其已通电	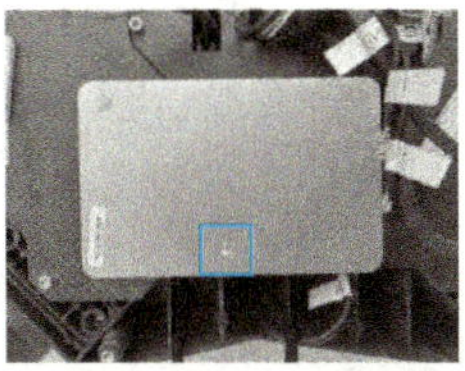

2）故障诊断二：检查无人机磁罗盘中磁偏角是否失准。

步骤	操作内容	图示
1	使用互联网或相关的地理信息服务，查找获取无人机飞行地点（经纬度）的磁偏角数值。磁偏角是地球磁场方向与地理正北方向之间的夹角	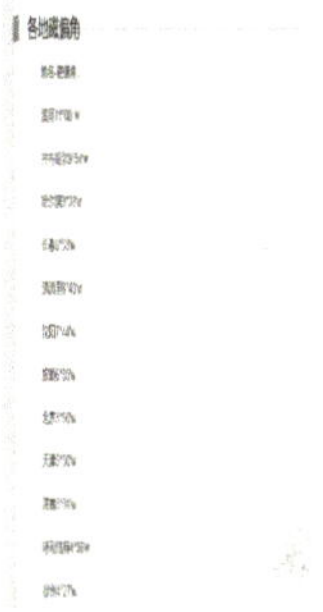
2	确保无人机处于一个平坦的地面上，没有磁场干扰的环境中（远离金属物体、电线、电子设备等）。按照无人机的操作手册或制造商的指南，通过无人机的控制系统或相关软件，按照屏幕上的提示，对无人机的磁罗盘进行校准	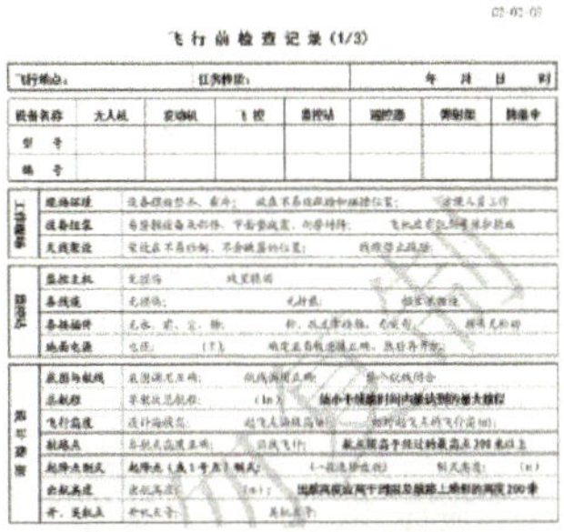
3	在无人机校准完成后，通过无人机的控制系统或相关软件，读取磁罗盘中记录的磁偏角数值	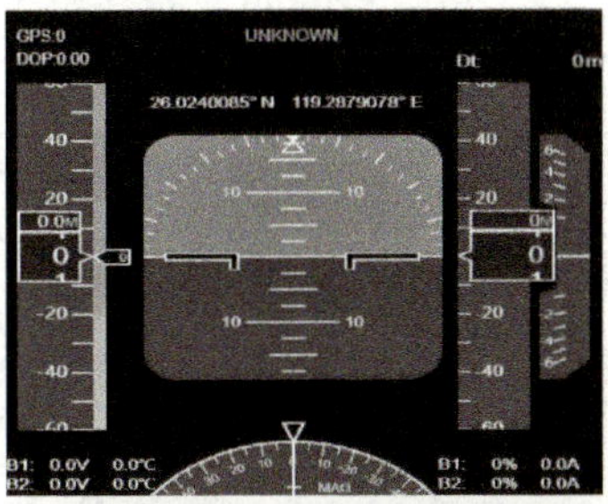
4	将从无人机磁罗盘中读取的磁偏角数值与从互联网或地理信息服务中获取的当地磁偏角数值进行比较，记录比较结果，并根据需要调整无人机的磁罗盘设置或飞行计划。若两个磁偏角数值相近（通常在正负几度以内），则可以认为无人机磁罗盘中的磁偏角数值与当地磁偏角相符。若数值相差较大，可能需要重新校准无人机磁罗盘，或检查无人机周围是否有磁场干扰 注意：磁偏角可能会因地理位置和地球磁场的变化而有所不同，因此定期检查并校准无人机磁罗盘是很重要的	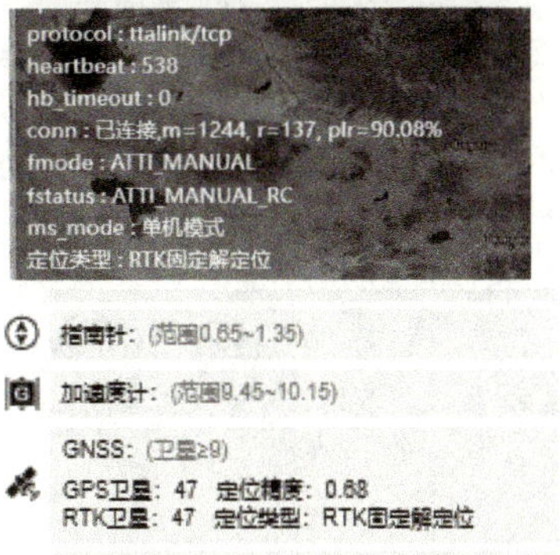

3）故障诊断三：检查并更新无人机磁罗盘的校准数据。

步骤	操作内容	图示
1	查看无人机的飞行数据或相关记录，通常在飞行日志或维护记录中可以查看到磁罗盘的最后一次校准时间。若发现磁罗盘的校准时间已经过去很长时间（如几个月或更长），或者怀疑无人机在飞行中出现了导航问题，则需要重新校准磁罗盘	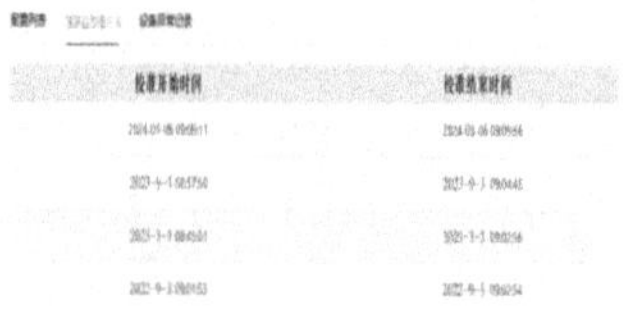
2	选择一个远离磁干扰的地方进行校准。理想的校准环境应该是开阔的、远离大型金属物体（如建筑物、车辆、电线等）的户外区域	
3	将无人机放置在平坦的地面上，按照无人机的用户手册或制造商提供的指南，并按照地面站控制系统或相关软件指示，操作无人机，完成磁罗盘校准	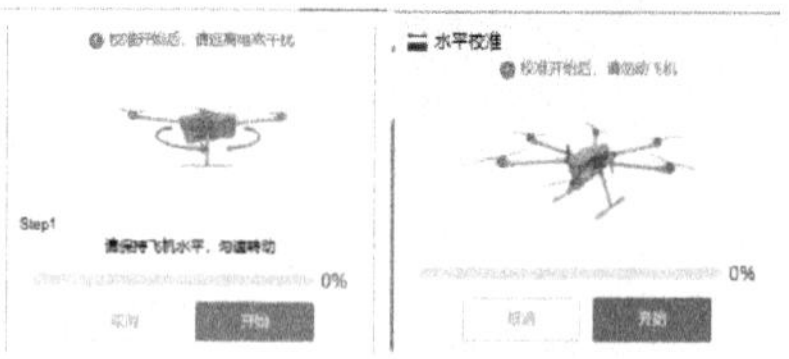
4	记录校准信息，将此次校准的时间、地点和环境条件记录在无人机的维护日志中，以便将来参考。 注意：为确保无人机的持续性能，建议定期检查和更新磁罗盘的校准数据。具体的时间间隔因无人机的型号和使用环境而异，通常建议每几个月或每年进行一次检查和校准	

4）故障诊断四：检查无人机所要飞行的场地是否存在强磁场干扰。

步骤	操作内容	图示
1	飞行前进行磁力计校准。将无人机放置在水平稳定的地面上，按照无人机说明书操作，自动进行磁力计校准。使用无人机的配套应用程序检查是否存在电磁干扰的提示。若应用程序提示电磁干扰，则该场地可能存在强磁场干扰	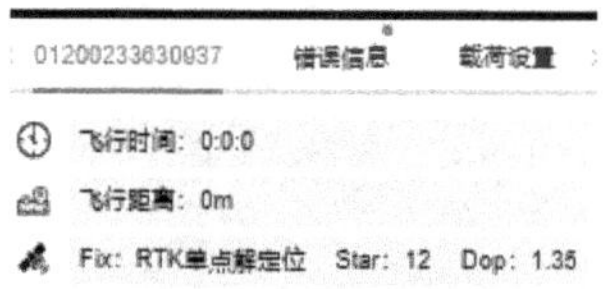
2	检查飞行场地周围是否有可能产生强磁场的设施或设备，如高压输电线路、铁路、电力变电站、化工工业区、考场区（反作弊干扰器）、机场附近等。这些区域都可能对无人机的磁力计造成干扰	
3	若飞行过程中遇到电磁干扰的提示，应立刻提升飞行高度，并操控无人机飞向空旷的区域，以远离可能的干扰源	

2. 工作页

学校名称		任课教师	
班　　级		学生姓名	
学习领域	无人机维保检修		
学习情境	LS6：无人机故障诊断	学习时间	30min
工作任务	C：磁罗盘故障诊断	学习地点	理实一体化教室

磁罗盘故障诊断

请提炼关键词，完成无人机磁罗盘故障诊断的工作流程表格。

步骤	操作内容	工具设备仪器	标准规范	注意事项

预估完成耗时：	预估成本：

6.3.4 无人机无法解锁故障诊断

1. 信息页

学习领域	无人机维保检修		
学习情境	LS6：无人机故障诊断	学习时间	30min
工作任务	D：无人机无法解锁故障诊断	学习地点	理实一体化教室

无人机无法解锁故障诊断

（1）学习目标

掌握无人机无法解锁故障诊断排除。

（2）教具准备

FUTABA 遥控器及接收机，如图1所示。

（3）故障现象

无人机通电正常，按照正常操作但无人机始终无法完成解锁操作，飞控的红蓝指示灯交替闪烁，将飞控连接地面站后显示锁定状态。

图 1　FUTABA 遥控器及接收机

（4）故障原因

1）遥控器设置模型与所要控制的机型不匹配。

2）遥控器与接收机对频连接状态异常。

3）飞控自检异常，GNSS 信号异常或其他传感器校准问题。

（5）故障诊断流程

1）故障诊断一：检查遥控器设置模型。

步骤	操作内容	图示
1	检查遥控器和无人机的型号兼容，确保FUTABA遥控器和无人机模型是兼容的。同时，可以使用另一个与无人机兼容的遥控器操作，以此排除遥控器本身的问题	
2	检查遥控器和无人机之间的物理连接（如天线连接）是牢固的，没有损坏或松动	
3	检查遥控器设置正确，包括通道设置、摇杆位置、开关设置等。若遥控器有多个模型设置，确保选择正确的模型设置	
4	检查无人机设置正确，确保接收机的设置与遥控器相匹配。如，遥控器设置为 Mode 2（左手油门），则无人机接收机也应设置为 Mode 2	

（续）

步骤	操作内容	图示
5	检查固件版本，确保遥控器和无人机的固件都是最新的。制造商会发布更新以解决兼容性问题或修复已知的漏洞	
6	重新配对遥控器和无人机。在某些情况下，重新配对遥控器和无人机可能会解决无法解锁问题。在无人机的接收机上执行特定步骤，按住某个按钮同时打开电源	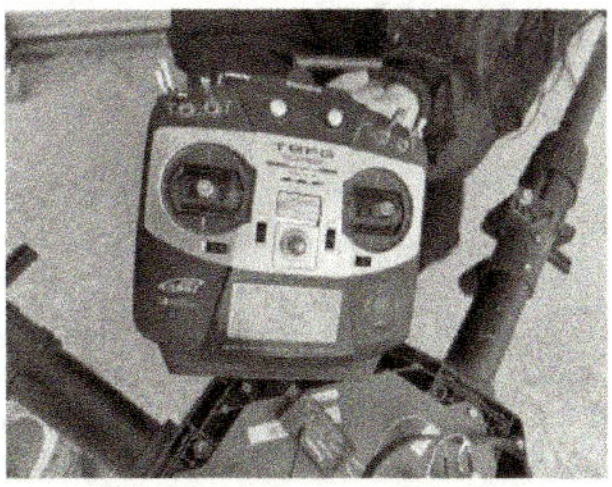

2）故障诊断二：检查遥控器与接收机对频连接。

步骤	操作内容	图示
1	确保无人机的硬件连接正常，且固件已经正确烧录	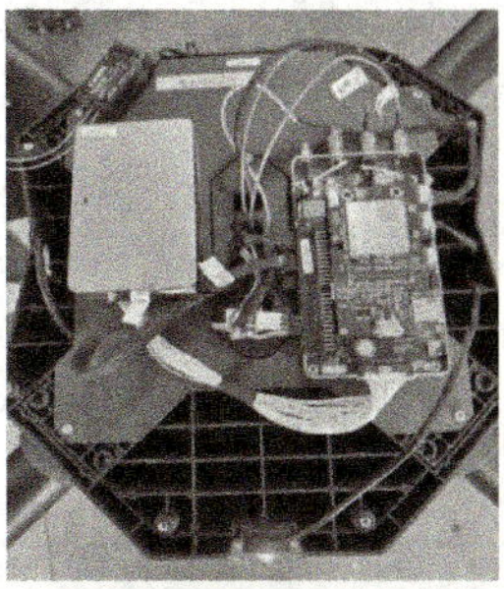
2	检查电源供应，确保电池充电状态良好，电池电量足够，且电源连接正确。检查电源连接器和线缆是否完好无损	
3	检查遥控器与接收机的对频连接，按下遥控器和接收机上的特定按钮，观察接收机由红灯转变为绿灯常亮，说明对频成功，遥控器与无人机之间的信号连接正常	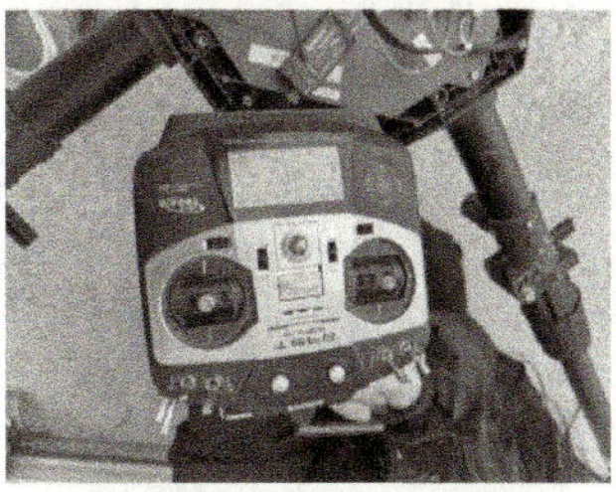
4	检查遥控器电池电量，并确认遥控器与接收机的绑定状态。如果电量不足或绑定状态不正确，可能会导致信号传输不稳定或中断	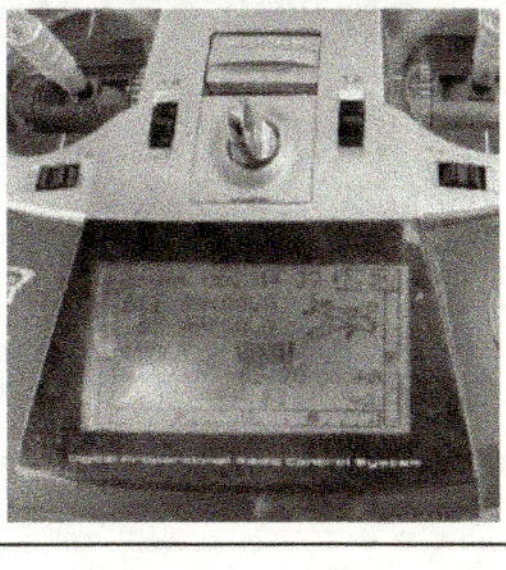

（续）

步骤	操作内容	图示
5	若以上步骤均没问题，但无人机仍无法解锁，则可能是遥控器或接收机本身存在故障。此时，可以尝试更换遥控器电池或检查接收机的连接状态	

3）故障诊断三：检查无人机自检状态。

步骤	操作内容	图示
1	检查无人机状态。确保无人机电池已正确安装且电量充足。检查无人机的各个部件是否完好无损，如螺旋桨、摄像头、传感器等。确保无人机固件版本是最新的，如果不是，请进行更新	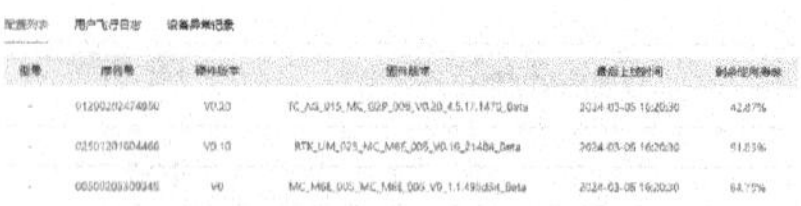
2	检查遥控器与无人机连接。确保遥控器电池已安装且电量充足。重新对频遥控器和无人机，确保它们之间的通信正常。检查遥控器和无人机之间的信号传输是否受到干扰或阻碍	
3	检查飞行环境。确保飞行环境符合无人机的飞行要求，如风力、高度限制等。检查周围是否有障碍物或干扰源，如高大建筑物、无线电发射塔等	
4	检查GNSS信号。在开阔地带尝试重新进行GNSS定位，确保无人机能够接收到足够的卫星信号	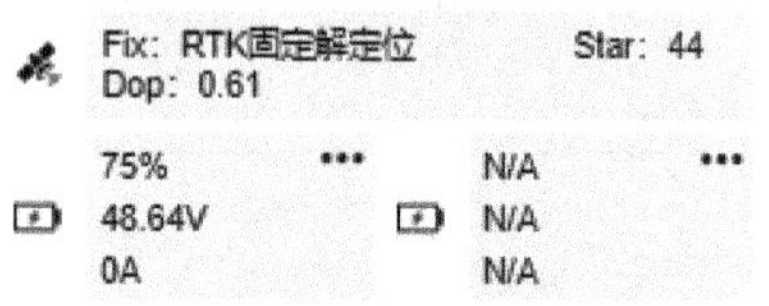
5	检查自检过程。回顾无人机的自检过程，确保所有步骤都已正确完成。检查自检时是否有错误提示或警告信息，若有，请根据提示进行排查	
6	重置无人机。将无人机重置为出厂设置，然后重新进行自检过程 注意：在重置之前，请确保已备份所有重要数据	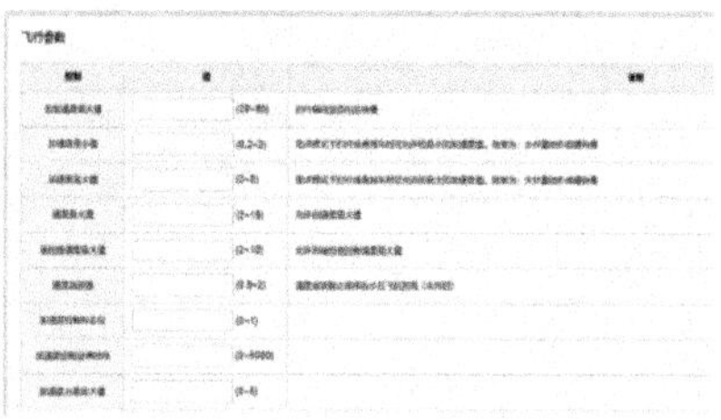

2. 工作页

学校名称			任课教师	
班　　级			学生姓名	
学习领域	无人机维保检修			
学习情境	LS6：无人机故障诊断		学习时间	30min
工作任务	D：无人机无法解锁故障诊断		学习地点	理实一体化教室

无人机无法解锁故障诊断

请提炼关键词，完成无人机无法解锁故障诊断的工作流程表格。

步骤	操作内容	工具设备仪器	标准规范	注意事项

预估完成耗时：	预估成本：

6.3.5 定点悬停自转方向故障诊断

1. 信息页

学习领域	无人机维保检修		
学习情境	LS6:无人机故障诊断	学习时间	30min
工作任务	E:定点悬停自转方向故障诊断	学习地点	理实一体化教室

定点悬停自转方向故障诊断

(1)学习目标

掌握无人机定点悬停自转方向故障诊断排除。

(2)教具准备

水平尺,如图1所示;电流计,如图2所示;示波器,如图3所示;内六角螺丝刀,如图4所示。

图1　水平尺　　　　图2　电流计　　　　图3　示波器　　　　图4　内六角螺丝刀

(3)故障现象

当无人机在起飞后没有摇杆或地面工作站控制下达时,无人机应在原地保持对应的航向悬停在空中。但无人机开始悬停后,航向开始向逆时针或顺时针方向匀速或加速转动时,此时无人机就出现了悬停自转方向的故障现象。

(4)故障原因

1)无人机螺旋桨安装问题或螺旋桨的完整程度问题。

2)无人机电机的水平状态异常。

3)无人机电机电调电流输出不均匀不稳定。

4)无人机电机信号线 PWM 信号输出不稳定。

(5)故障诊断流程

1)故障诊断一:检查螺旋桨安装方向与完整程度。

步骤	操作内容	图示
1	准备工具:螺丝刀或调整工具。在安全的地点进行无人机悬停飞行测试。若无人机在悬停时出现自转或不稳定的情况,可能是由于螺旋桨安装不正确或桨叶损坏导致的	
2	检查螺旋桨安装方向。螺旋桨上会有一个小标记或者文字说明,指示它的旋转方向。确保每个螺旋桨的旋转方向与电机旋转方向相匹配 注意:若螺旋桨安装反了,无人机在飞行时可能会出现不稳定或自转的情况	

（续）

步骤	操作内容	图示
3	检查螺旋桨桨叶是否完整，应没有裂痕或破损。若发现桨叶有损坏，应及时更换。不平衡的桨叶会导致无人机飞行不稳定	
4	进行了必要的调整或修复后，再次进行飞行测试，确保问题得到解决	

2）故障诊断二：检查电机水平状态。

步骤	操作内容	图示
1	准备工具：水平尺、螺丝刀或调整工具。选择一个平坦、无风的地面放置无人机。确保无人机四个支脚都稳定接触地面	
2	逐一检查每个电机的安装情况，确保它们都是稳固安装的	
3	将水平尺放置在每个电机的安装平面上，观察水平尺的气泡位置是否在中间，确定电机是否水平。若气泡不在中间，说明电机不水平	
4	使用螺丝刀或调整工具，轻轻调整电机的安装位置，直到水平尺的气泡处于中间位置，表示电机已水平。重复此步骤，检查并调整所有电机	
5	调整完所有电机后，进行无人机悬停飞行测试，观察无人机是否还有定点自转的问题。若问题仍然存在，可能需要检查其他因素，如无人机的校准、飞控设置等	

3）故障诊断三：检查电机电调电流输出数值。

步骤	操作内容	图示
1	准备一个高精度的电流计，将电流计连接到无人机的各个电机上，确保连接正确且稳定	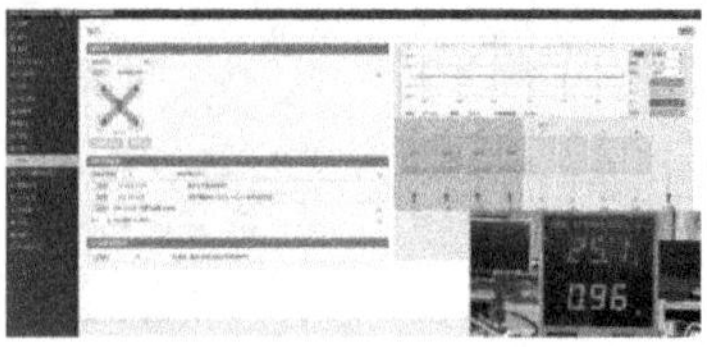
2	启动无人机，并观察电流计的读数。记录每个电机的电流输出数值	
3	比较各个电机的电流输出数值，检查是否存在显著差异。若某个电机的电流输出与其他电机相比明显偏高或偏低，则可能是导致无人机悬停自转的原因。通过调整该电机的参数，如PID参数、电机转速等，使其与其他电机保持一致	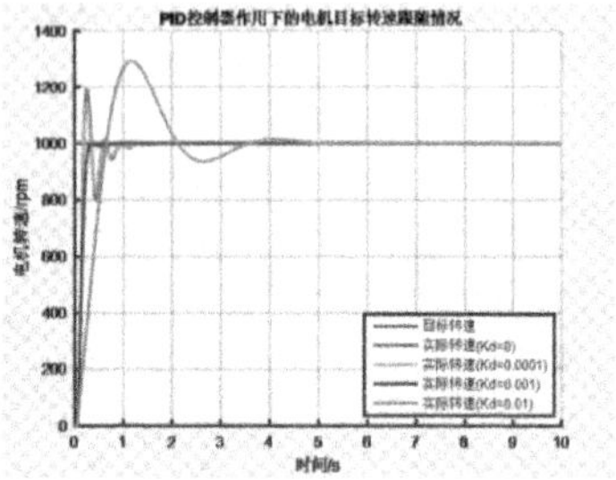
4	在调整电机参数后，重新进行电流输出测量，确保各个电机的电流输出数值一致	
5	在确认电机参数调整正确且电流输出一致后，进行飞行测试，观察无人机是否仍然存在悬停自转问题。若问题仍然存在，需进一步检查无人机的其他部分，如传感器、飞控等	

4）故障诊断四：检查电机信号线 PWM 输出数据。

步骤	操作内容	图示
1	准备一台功能正常的示波器及适当的连接线和探头，将示波器的探头连接到无人机的每个电机 PWM 输出线上 注意：电机控制板上的 PWM 输出端，通常需要打开无人机的外壳	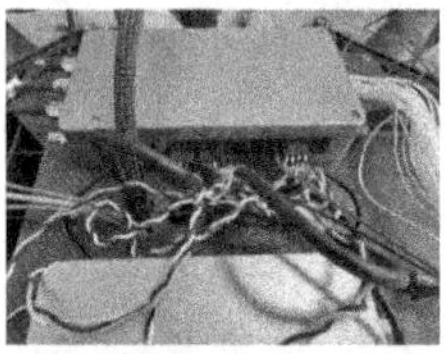
2	根据 PWM 信号的特性和频率，设置示波器的参数，包括选择合适的时基、电压范围和触发模式	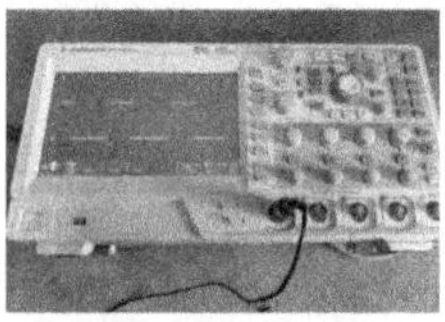
3	启动示波器，观察并记录每个电机 PWM 输出信号的波形。注意信号是否稳定，是否存在畸变或异常	
4	比较四个电机 PWM 输出信号的波形和参数。若发现某个电机的 PWM 信号与其他电机存在显著差异，则可能是导致无人机悬停自转的原因。若发现 PWM 信号存在问题，调整无人机的飞控参数或电机控制参数，以改善 PWM 信号的输出 注意：可能涉及重新校准电机或调整 PID 参数	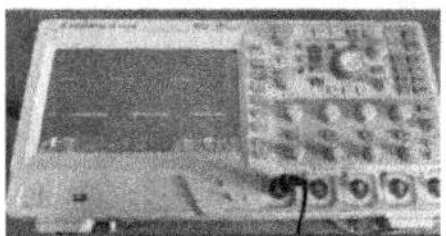 
5	在调整参数后，重新使用示波器捕捉 PWM 信号，观察是否有所改善。同时，进行实际的飞行测试，观察无人机是否仍然出现悬停自转问题 注意：在进行维修或调试工作时，务必确保无人机电池已经安全移除，并且遵循所有相关的安全操作规程	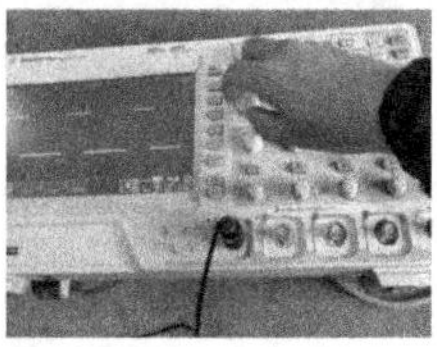

2. 工作页

学校名称		任课教师	
班　　级		学生姓名	
学习领域	无人机维保检修		
学习情境	LS6：无人机故障诊断	学习时间	30min
工作任务	E：定点悬停自转方向故障诊断	学习地点	理实一体化教室

定点悬停自转方向故障诊断

请提炼关键词，完成无人机悬停自转方向故障诊断的工作流程表格。

步骤	操作内容	工具设备仪器	标准规范	注意事项

预估完成耗时：　　　　　　　　　预估成本：

6.3.6 飞行过程中突然上窜故障诊断

1. 信息页

学习领域	无人机维保检修		
学习情境	LS6：无人机故障诊断	学习时间	30min
工作任务	F：飞行过程中突然上窜故障诊断	学习地点	理实一体化教室

飞行过程中突然上窜故障诊断

（1）学习目标

掌握无人机飞行过程中突然上窜故障诊断排除。

（2）教具准备

地面工作站，如图1所示；示波器，如图2所示；GNSS模块，如图3所示；遥控器与接收机。

图1　地面工作站

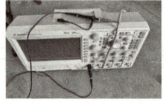
图2　示波器

图3　GNSS模块

（3）故障现象

当无人机在正常巡航过程中，突然发生上窜或抽抖动作。

（4）故障原因

1）无人机每个电调的输出不线性、不均匀。

2）无人机PWM信号不定时被干扰。

3）无人机GNSS或气压高度计模块工作异常。

4）无人机遥控器及接收机同频干扰。

（5）故障诊断流程

1）故障诊断一：检查电调输出数据。

步骤	操作内容	图示
1	确认无人机在巡航过程中确实出现了突然上窜的现象，并记录下发生此现象时的具体情况，如环境、天气、无人机状态等。查看无人机的飞行日志，检查是否有任何异常的电调输出记录。这可以帮助你定位问题发生的时间点和可能的原因	
2	检查电调连接，确保电调与飞行控制器连接正确无误，没有松动或损坏的线缆	

（续）

步骤	操作内容	图示
3	检查电调固件，确认电调固件是最新的，且与飞行控制器的固件兼容	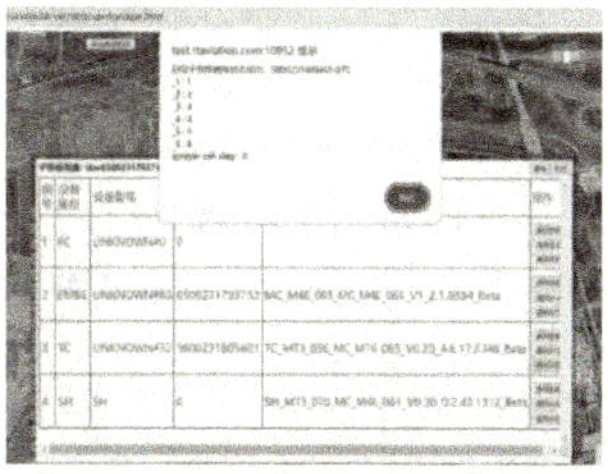
4	检查电源供应，确保无人机的电源稳定，且电池没有损坏或老化	
5	检查电机是否工作正常，没有过热或损坏的迹象	
6	按照无人机制造商的指南进行电调校准。通过飞行控制器发送特定的校准指令，让电调学习正确的输出信号	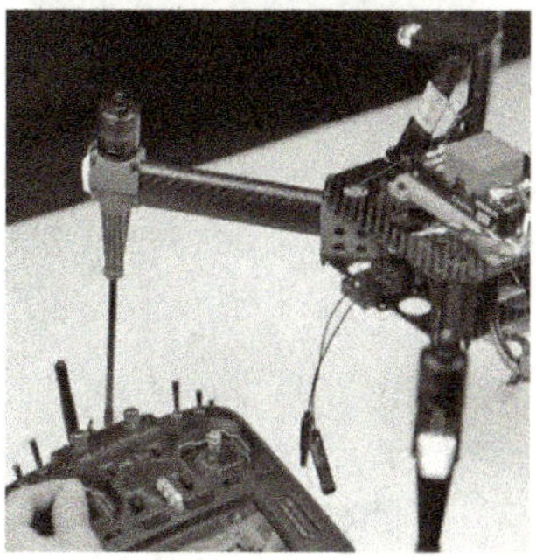
7	若电调校准后问题仍存在，对飞行控制器进行校准，包括加速度计、陀螺仪和磁力计的校准	
8	检查无人机的飞行参数配置，必要时重新配置参数，确保适合飞行需求和无人机规格。校准后，进行测试飞行，观察无人机是否仍然出现上窜现象	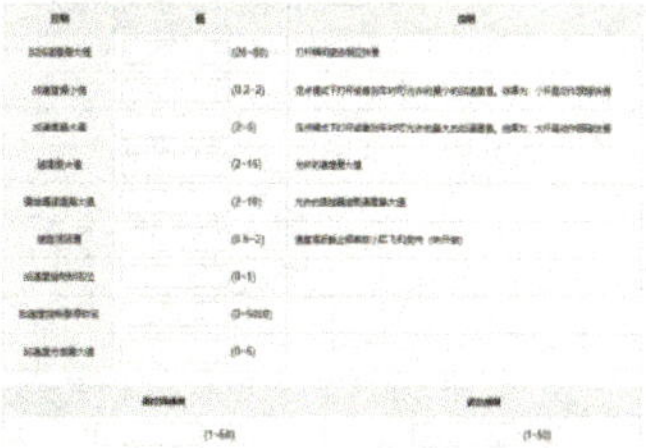

2）故障诊断二：检查 PWM 信号干扰。

步骤	操作内容	图示
1	通过观察无人机的飞控板 LED 指示灯或者通过飞行数据记录器查看飞行过程中的信号变化，确定是否是 PWM 信号受到干扰导致无人机异常上窜	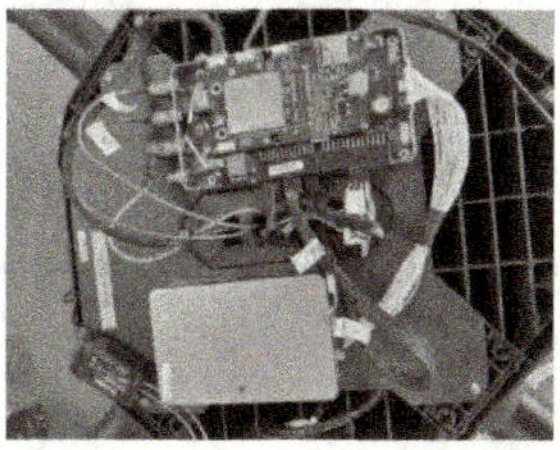

(续)

步骤	操作内容	图示
2	更换遥控器电池，确保遥控器电源稳定。检查接收机天线是否损坏或接触不良，确保其正常工作。检查遥控器和接收机是否正常工作	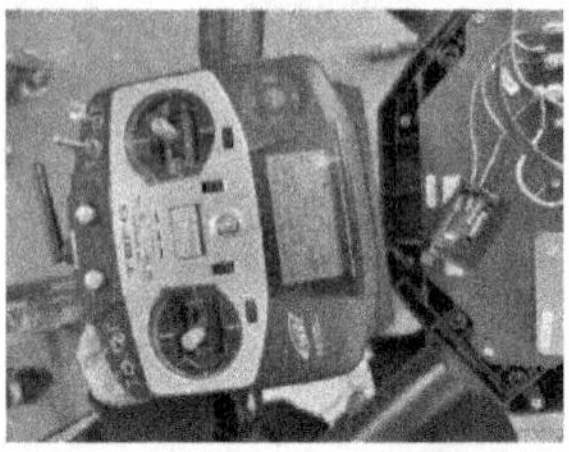
3	检查电机和电子调速器（ESC）是否工作正常。通过手动控制无人机的各个电机，观察它们是否能够正常响应指令。检查 ESC 是否有过热或损坏的迹象	
4	检查飞控板是否受到损坏或干扰。可以重新刷写飞控板的固件，或者更换一块新的飞控板进行测试	
5	检查 PWM 信号线是否连接正确、是否受到损坏或干扰。使用万用表测试信号线的通断情况，以及是否有其他电子设备对信号线产生干扰	

3）故障诊断三：检查 GNSS 模块、气压高度计故障。

步骤	操作内容	图示
1	确保无人机处于安全状态，将无人机的 GNSS 天线或模块断开或关闭。观察无人机行为，若无人机仍然出现上窜问题，则不是 GNSS 问题。若无人机表现正常，则可能是 GNSS 的问题	
2	检查 GNSS 硬件。检查天线是否有损坏或阻塞。检查 GNSS 模块是否有任何明显的故障或损坏。可以更换 GNSS 模块或天线，看看问题是否得到解决	
3	若 GNSS 没有问题，断开气压高度计的连接。观察无人机行为，若无人机仍然上窜，则不是气压高度计问题。若无人机表现正常，则可能是气压高度计的问题	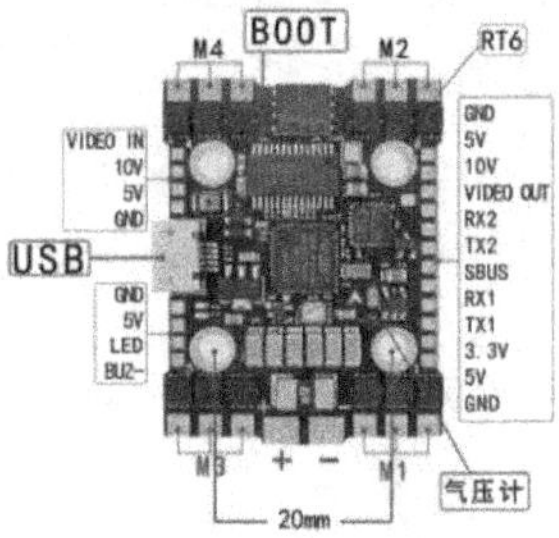
4	检查气压高度计硬件，检查其是否有任何明显的故障或损坏。更换气压高度计，看看问题是否得到解决	

（续）

步骤	操作内容	图示
5	更新固件/软件，确保无人机的固件和飞控软件都是最新的	序列号：00500203300345　设备类型：多旋翼无人机 固件版本：MC_M6E_005_MC_M6E_005_V0_1.1.495d34_Beta　硬件版本：MC-M6E-005

4）故障诊断四：检查遥控器同频干扰。

步骤	操作内容	图示
1	检查遥控器的电池电量是否充足，信号发射天线是否完好。通过更换遥控器，确认遥控器本身是否存在故障	
2	检查无人机的信号接收模块是否正常工作，是否存在损坏或老化的情况	
3	环境干扰排查。在无人机起飞前，对周围环境进行勘察，确认是否存在其他可能产生同频干扰的设备，如其他无人机的遥控器、无线电设备等	
4	更换无人机和遥控器的通信频道，看是否能够解决上窜问题	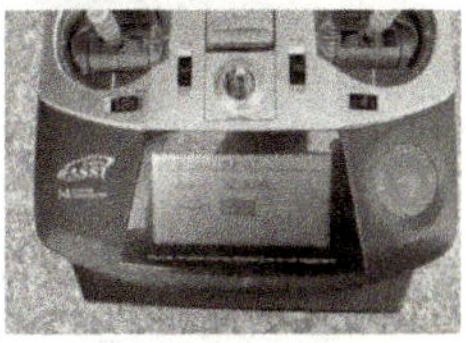
5	更新软件和硬件。检查无人机和遥控器的软件和硬件版本，如果有更新可用，及时进行更新，以修复可能存在的同频干扰问题	序列号：00500203300345　设备类型：多旋翼无人机 固件版本：MC_M6E_005_MC_M6E_005_V0_1.1.495d34_Beta　硬件版本：MC-M6E-005
6	使用抗干扰设备。在无人机和遥控器之间增加抗干扰设备，如滤波器、信号增强器等，以提高信号质量，减少干扰	
7	在无人机巡航过程中，使用数据记录设备，如飞行数据记录仪记录相关数据，如信号强度、频率等，并在问题发生后进行分析，以找出可能的原因	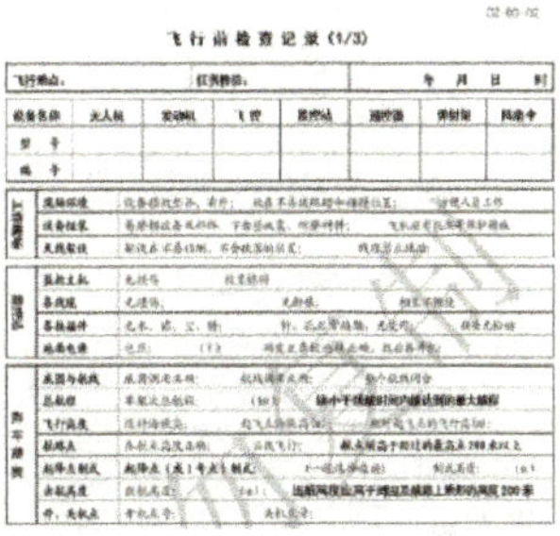 飞行前检查记录(1/3)

2. 工作页

学校名称		任课教师	
班　　级		学生姓名	
学习领域	无人机维保检修		
学习情境	LS6：无人机故障诊断	学习时间	30min
工作任务	F：飞行过程中突然上窜故障诊断	学习地点	理实一体化教室

飞行过程中突然上窜故障诊断

请提炼关键词，完成无人机飞行过程中突然上窜故障诊断的工作流程表格。

步骤	操作内容	工具设备仪器	标准规范	注意事项
预估完成耗时：		预估成本：		

6.4 任务计划

课程思政点睛

1)任务计划环节是在理实一体化学习之后,为培养学生先谋后动的思维意识和工作习惯而进行的训练,学生小组合作完成工作计划的制订。

2)利用规范性、标准性非常高的计划表格引导学生养成严谨、认真、负责任的职业态度和工匠精神。

3)通过对规范、环保、安全方面的强调和要求,培养学生的环境保护意识、安全意识及大局观。

教学实施指导

1)教师指导学生分组讨论,在6.3理实学习环节完成的工作页的基础上,按照教师派发的任务要求,合作完成工作计划海报。

2)教师选出一个组讲解展示海报内容,师生评价。教师强调统筹、标准、规范、安全、环保、时间及成本控制意识的训练。

6.5 任务决策

课程思政点睛

任务决策环节是在任务计划的基础上,跟师傅或领导对任务计划进行修改确认,或者是对多种计划方案进行优中选优。指导学生吸收采纳教师或其他人的建议,能够对自己的学习知识体系进行重新梳理,不断地接受他人的合理化意见或建议,是虚心、进取心的表现,同时也是尊重他人、客观公正对待自己的人生态度。在任务实施之前对自己的计划进行确认与调整,是严谨、认真、负责的态度体现,也是精益求精的工匠精神养成。

教学实施指导

1)教师指导学生个人独立按照任务决策的关键要素完成任务决策表。

2)教师选出某组学生代表和自己进行任务决策,其他学生观察,并进行口头评价、补充、改进。

3)学生修改任务决策方案表,提交;教师进行确认;学生获得教师对自己所做决策方案的确认信息后才有资格进行任务实施。

无人机故障诊断任务决策方案表

决策类型	决策方案
与师傅决策	请站在企业的角度,和师傅沟通工作方案实施的可能性(包括:工作步骤的正确性、规范性和合理性,工作过程的安全性、环保性等注意事项,工作质量把控,时间控制和成本控制等,并记录决策结果与师傅建议)
意见或建议	

6.6 任务实施

课程思政点睛

1)任务实施环节对学生进行严谨、规范、标准操作训练。

2)要求学生必须按照前期经过决策的任务计划执行,养成先谋后动的工作意识,深入思考后才可以操作,严禁冒失和鲁莽行事。

3)在操作过程中要求学生在一个团队内必须通力合作,分工明确,提高工作效率,以此训练学生未来步入社会工作的团队合作能力和时间把控能力。

4)若在操作中万一有违规操作或者是失误、错误出现,要求学生必须如实告知。

教学实施指导

1)学生观察教师的示范动作,或观看6.6.1~6.6.2无人机故障诊断视频中的示范动作。

2)学生分为4组,分工操作。每组每次安排2名学生操作,所有学生轮流,每个学生都要完成一次操作。当2名学生进行操作时,另外安排1~2名学生填写6.6.3任务工单(维保档案),1~2名学生分别对其进行评价,填写6.6.4评价表,1名学生拍视频,1名学生监督质量并记录,1名学生查阅组装手册改进计划。

6.6.1 无人机零部件故障诊断视频

1. 脚架收放故障排查视频

2. 磁罗盘故障排查视频

3. 动力电池故障排查视频

6.6.2 无人机及系统故障诊断视频

1. 无法解锁故障诊断视频

2. 定点悬停自转方向故障诊断视频

3. 飞行过程中突然上窜故障诊断视频

6.6.3 无人机故障诊断任务工单

项目名称	无人机维保检修
任务名称	无人机故障诊断
无人机型号	
故障状态	
故障原因	

（续）

| \multicolumn{4}{l|}{诊断流程及工具耗材使用等情况记录：} |
步骤	操作内容	工具耗材	结果
1			
2			
3			
4			
5			
6			
7			
8			

（可另附页）

调试结论：

维保检修人：	项目负责人／质检员签字：
成本核算：	完成时间：

6.6.4 无人机故障诊断任务实施评价表

被评人：

一级指标	二级指标	配分	评价	评价指标
1. 按照规范标准对无人机故障诊断。	按照工作计划执行	5		信息获取
	正确选择工具设备	5		专业能力
	规范使用工具设备	5		规范性
	正确顺序作业	5		专业能力
	规范地进行标准作业	5		专业能力
	专业地正确进行作业	5		专业能力
	操作中遵守技术规范和标准	5		规范性
	操作中遵守设备及人身安全防护	5		安全性
	操作中遵守环保要求	5		环保性
	操作过程保证工作质量	5		责任心
	诊断结果正确	5		专业能力
	诊断记录完整准确	5		记录
	走路轻快稳、手脚利落，注重工作效率	5		工作规范
2. 任务实施中的自我管理。	完成任务的时间控制把握	5		时间管理
	与队友友好且高效合作	5		团队合作
	对任务计划及时调整与改进	5		自我改进

评价人：

6.7 任务检查

课程思政点睛

任务检查环节包含三个层次的内容：

首先是复盘检查，对任务实施过程和实施结果进行检查，确保工作质量，养成学生严谨规范、认真负责的职业态度和职业精神，高标准、严要求、精益求精的工匠精神。

其次是对场地、工位、设备、环境等进行5S，养成规范、卫生、环保、自律意识。

最后是对任务计划的调整改进，对前期做的工作计划进行优化，训练学生自我改进、自我优化的自我管理能力，以此实现学生不断地进步提高。

教师要重点引导学生对队友的支持性意见的表达，并引导学生接纳他人建议。

教学实施指导

1）教师提供任务检查单。要求学生分组，小组合作完成任务检查及5S，在任务检查单上标注。

2）学生小组合作修改完善工作计划，进行全面的复盘改进，并标注。

无人机故障诊断任务检查及5S

1）请进行必要的最终任务检查。

检查项目	检查内容	问题记录	处理意见
检查实施过程			
检查实施结果			

2）请进行必要的5S。

5S 场地（   ）

5S 设备工具（   ）

5S 工位（   ）

3）请根据任务实施过程和任务实施结果的实际情况，优化、调整、完善、改进工作计划。（以另一颜色的笔在任务计划上标注作答）

6.8 任务交付

课程思政点睛

任务交付与任务接受呼应，特别适合对学生进行平等、公平、友善、和谐价值观引导。如何做到和伙伴友善合作，如何做到站在公司立场为公司的利益和效率着想，如何站在客户角度为客户着想等，在指导学生进行任务交付的话术训练时全面体现平等、公平、友善、和谐。

教学实施指导

教师指导学生依据6.8.1无人机故障诊断任务交付剧本，参考6.8.2任务交付中英文音视频，以角色扮演方式进行任务交付。

6.8.1 无人机故障诊断任务交付剧本（中英文）

1. 任务完成，正常交付

组　　　长：领导，您好！经过我们团队 3 小时的努力，我们已经按照相应类型与型号的无人机故障诊断的流程与标准规范，全部保质保量地完成了。

Hello, Director! After 3 hours efforts, we have completed the fault diagnosis process and standard specifications of the corresponding type and model of UAV with full quality and quantity.

项目负责人：好的，你们辛苦了。已经送到质检组进行检测了吧？

All right. Thank you! Have they been sent to the quality inspection team?

组　　　长：是的，已经送检了。质检全部通过！

Yes. All passed the quality inspection!

项目负责人：完美。你们先休息一下，一会儿再布置新的任务给你们。

Perfect. Have a rest. I will assign you a new task later.

组　　　长：好嘞，等您。

OK.

2. 任务未完成，异常交付

组　　　长：领导，您好！不好意思跟您说，我们团队虽然已经很努力了，但是没有在规定时间内完成项目组内所有无人机的故障诊断任务。

Hi, Director! I'm sorry to tell you that although our group has tried very hard, we have yet to completed the fault diagnosis tasks of all drones in the project team within the stipulated time.

项目负责人：啊？！为什么？到底哪里出了问题？

Ah?! Why so? What went wrong?

组　　　长：真的非常抱歉，主要是我们专业技术水平还不够娴熟，再加上团队合作不够顺畅，导致了工作结果出现问题。

I'm really sorry. Since there is still much to be desired in our professional proficiency and group cooperation, we fail to finish the work on time.

项目负责人：算了。意识到问题的原因就好，下次多注意。那你们自己能解决吗？需不需要其他团队的帮助？

Come on. Just draw the lesson next time. Can you handle it by yourselves? Do you need help from other groups?

组　　　长：我们自己能解决，不需要帮助。不过，还需要点时间。

We can handle it by ourselves. We don't need help. But it will take some more time.

项目负责人：多久？

How long will it take?

组　　　长：2 个小时吧。

About two hours.

项目负责人：好吧。再给你们团队 2 个小时，必须保质保量完成。

All right. Two more hours for you.. You must fulfill it.

组　　　长：谢谢您了！我们这就继续开工。您走好！

Thank you very much! We will continue with our work. See you!

6.8.2　无人机故障诊断任务交付音视频（中英文）

1. 无人机故障诊断任务正常交付音视频（中文）

2. 无人机故障诊断任务正常交付音视频（英文）

3. 无人机故障诊断任务异常交付音视频（中文）

4. 无人机故障诊断任务异常交付音视频（英文）

6.9　巩固拓展

课程思政点睛

巩固拓展环节是充分利用学生的课余时间布置高质量的作业，对课上所学及完成的任务进行温故知新，同时训练学生举一反三、迁移新任务的解决问题能力。任务选择注意课程内容的延续性及拓展性，稍微增加难度，在小组主持作业的情况下，既要对学生克服困难独立完成任务的职业素养进行训练，也要对学生团队合作、高效率高质量完成任务的能力和素养进行训练。

教学实施指导

1）完成信息化系统中关于教学流程的每一步测评表，并提交。

2）以小组为单位完成演练月财务结算表和成绩统计。

3）以小组为单位熟练无人机故障诊断所有项目的操作。

4）布置新任务，要求学生小组合作完成新任务的工作方案。

Studying Situation 07

学习情境 7
无人机改造优化

7.0 教学准备

知识目标
- 无人机改造优化的内容。
- 无人机系统硬件升级的方法、流程及注意事项。
- 无人机系统软件升级的方法、流程及注意事项。
- 起落架改造优化的方法、流程及注意事项。
- 重心调整与配平优化的方法、流程及注意事项。
- 根据不同机型定制改造优化的工作方案。
- 无人机系统改造优化的技术要点与规范标准。

技能目标
- 无人机系统硬件升级。
- 无人机系统软件升级。
- 起落架改造优化。
- 重心调整与配平优化。

素养目标
- 能够提炼总结简单的技术文本并建构自己的知识体系思维导图。
- 能够在两人对话中有效沟通并交换信息。
- 能够把自己的观点表达清楚。
- 能够在团队中承担自己的角色功能,平等、和谐、友善。
- 能够在团队中主动并有积极合作意识。
- 能够在制订计划时尽可能考虑全面并做到精益求精。
- 能够控制自己的情绪,跟伙伴友好合作。
- 能够认真倾听并及时记录。
- 能够进行恰当的图文展示。
- 能够以 ERP 沙盘演练的形式进行专业学习。
- 能够把企业经营理念与人文情怀贯穿到专业知识学习中。
- 能够具有创新、创业精神和意识。

7.1 任务接受

课程思政点睛

任务接受环节特别适合对学生进行平等、公平、友善、和谐价值观训练。如何做到和伙伴友善合作，如何做到站在公司立场为公司的利益和效率着想，如何做到站在客户角度为客户着想等，在指导学生进行任务接受话术训练时，教师要及时、适时地对学生进行引导训练，全面体现平等、公平、友善、和谐。

任务接受环节涉及第 7 个演练月的企业经营，在布置演练月财务核算任务时，严格要求学生具备诚信经营意识，做到严谨、规范、一丝不苟，同时还要有独特的创新意识和不屈不挠的创业精神。

教学实施指导

1) 教师指导学生依据 7.1.1 无人机改造优化任务接受剧本，学习过程参考 7.1.2 任务接受中英文音视频，采取角色扮演的方法完成任务接受。

2) 角色扮演之后明确工作任务。

7.1.1 无人机改造优化任务接受剧本（中英文）

学习情境描述

无人机越来越广泛地应用于测绘、航拍、巡检、植保、物流、应急救援等领域。你作为测绘设计研究院的无人机测绘项目部的某项目组员工，请你按照相应类型与型号无人机改造优化的技术标准规范，选择合适的方法，制订改造优化流程，正确使用工量具、设备、仪器等，完成无人机系统改造优化。

希望通过各项目组的精诚合作，能够在 3 小时内完成改造优化项目。改造优化过程注意工作效率、经济效益与安全注意事项等。

组　　　长：领导，您好！这次是什么任务？

Hi, Director! What's the mission?

项目负责人：您好！请你们完成我们项目组所有无人机的改造优化。

Hello! Please complete the transformation and optimization of all drones in our project team.

组　　　长：好的！知道了。有什么特殊的具体要求吗？

All right! I see. But are there any specific requirements?

项目负责人：没有什么特殊要求，你们按照相应类型与型号的无人机改造优化的技术标准规范，选择合适的方法，正确使用工量具、设备、仪器等，能够确保无人机飞行性能正常工作就行了。

Nothing special. You in accordance with the corresponding type and model of UAV transformation and optimization technical standards and specifications, choose the appropriate method, the correct use of measuring tools, equipment, instruments, etc., to ensure the normal operation of UAV flight performance on the line.

组　　　长：好，没问题！规范和标准我们一定严格执行。

No problem! We will follow the specifications and standards strictly.

项目负责人：另外，改造优化过程要嘱咐组员，注意谨慎安全操作，千万别磕磕碰碰或掉落、损坏零部件，谁损坏，谁赔偿。尽量节约成本。

In addition, during the transformation and optimization process, the team members should be instructed to pay attention to careful and safe operation, do not bump or drop or damage parts, whoever causes damage must compensate. Try to save costs.

组　　长：好的！您放心，我会嘱咐团队成员小心安全操作。给我们多长时间完成？

All right! Don't worry. I will tell the group members to be careful. How much time we are allowed to finish the job?

项目负责人：3小时内必须保质保量完成。完成后，上交质检组检验。

It must be perfectly accomplished within 3 hours. Then the frames shall be submitted to the quality inspection team for inspection.

组　　长：明白了。您放心！还有要嘱咐的吗？

I see. Don't worry about it. Anything more?

项目负责人：没有了。那就拜托了。有问题随时联系。

No more. Just go ahead. Please contact me if you have any questions.

组　　长：好的！您慢走！再联系。

OK. See you! Keep in touch.

7.1.2　无人机改造优化任务接受音视频（中英文）

1. 无人机改造优化任务接受音视频（中文）　　2. 无人机改造优化任务接受音视频（英文）

7.2　任务分析

课程思政点睛

任务分析环节以任务接受环节的学习情境描述为参考，对学生启发引导分析任务本身，有助于学生深入思考完成任务需要的知识点、技能点与素养点。教师要抓住机会及时训练学生在文本信息中提取的专注力、严谨、规范、标准、安全、精益求精的工匠精神，养成严谨、规范的逻辑思维意识，对任何信息不疏漏并善于利用，以此提升学生的信息获取能力、逻辑思维能力以及严谨认真的职业态度。

教学实施指导

教师指导学生制作思维导图完成任务分析。

1）学生个人独立查阅学习情境描述，在笔记本上制作明确任务的思维导图1：包含任务背景、任务对象、任务要求、任务目标、任务结果、任务角色等。

2）学生个人独立思考完成本任务需要的知识、技能、能力要求，认真制作思维导图2。

3）学生小组合作讨论出本组的思维导图1与2。

4）教师指定小组讲解展示，其他小组领会理解，补充改进。

7.3 理实一体化学习

课程思政点睛

1）以大疆无人机的全球保有量，激发学生的爱国热情和民族自豪感，引导学生树立政治立场，坚定世界观。

2）以大疆无人机、天途无人机为教学内容，及时对学生进行科技强国教育与创新创业教育。

3）通过工作站方法的学习指导，引导学生养成独立、民主、自由、公平、友善、诚信、合作、和谐、敬业等价值观，培养学生严谨、规范、精益求精的职业态度和职业精神。

教学实施指导

教师提供给学生为完成本任务（无人机改造优化）必要的学习资料（4个模块），要求并指导学生利用工作站法完成理实一体化学习。学生按照教师的要求，认真完成4个模块的企业内部培训，力争自己解决问题。

1）工作站法学习：完成7.3.1~7.3.4所有理实一体化的学习内容。

2）学生以竞争方式，采用展览馆法讲解展示学习结果。

7.3.1 硬件系统升级

1. 信息页

学习领域	无人机维保检修		
学习情境	LS7：无人机改造优化	学习时间	20min
工作任务	A：硬件系统升级	学习地点	理实一体化教室

硬件系统升级

（1）学习目标

掌握无人机硬件系统升级的方法、流程、注意事项及优缺点。

（2）教具准备

无人机硬件套件升级是保证其稳定运行和提高其性能的关键。无人机硬件套件的类型，包括传感器、控制系统、通信设备、电源系统、动力系统等，不同的硬件套件对无人机的性能和功能影响不同。因此在升级前，需了解其工作原理、技术参数、功能和运行环境等信息，以便选择合适的升级方案。

1）升级方案选择考虑的因素。

考虑到与当前无人机硬件套件的兼容性。选择新的硬件套件也必须要能够与原来的硬件套件相互匹配；需要考虑升级后对无人机性能的提高程度，决定是否值得进行升级；经济成本是一个必须考虑的因素，选择经济成本和效益最大的升级方案是有意义的。

2）制订详细的升级计划和操作。

制订计划可以让我们在升级过程中做到心中有一条明确的路线。具体操作包括：硬件套件替换、接线的更改、程序修改和测试等环节；在比较烦琐的替换硬件套件时，一定要做好进出口封闭、防静电、防误差等措施，以确保硬件顺利工作。

目前主要针对飞行精度、散热问题及电池舱进行升级。飞行精度不够会导致飞行不够精确，定位不精准，对飞行数据和安全产生影响。飞控散热不好会影响到飞控内部电子元件的使用，对线路也会有很大的影响，长期高温运行会烧坏飞控，影响无人机性能，从而影响飞行安全。升级电池舱后可以安装不同类型的电池，且材料升级后电池舱的使用寿命也会得到很大的提升，使用感受上也会有质的提升，对电池也会有一定的保护作用。

3）测试调试。

在完成更换硬件套件的升级后，进行测试和调试，以确保新硬件套件和无人机的正常工作。测试内容包括无人机运行时间、性能表现等。

4）升级设备硬件的优缺点。

①优点：升级设备可以使无人机在性能、航程、载重等方面有很大的提升，提高飞行的稳定性、安全性和应用范围，增强其对环境的适应能力和响应速度；降低无人机的故障率，减少维修成本和时间，增强用户的信赖度。

②缺点：增加成本，升级设备需要资金投入，需根据实际需求和预算作出选择；导致无人机的重量、航行时间等发生变化，需重新调整相关的控制参数和飞行策略，增加一定的时间和精力成本。

（3）硬件系统升级

步骤	操作内容	图示
1	M6E-EDU 飞行精度不太高，需要更高的飞行精度。解决办法：增加 RTK 数量以增加飞行精度，调整 RTK 天线位置	
2	M6E-EDU 更换 MT 飞控后，因 RTK 模块和飞控一体，RTK 模块温升厉害导致机壳内温度超温，达到 80℃，导致工作不稳定。解决方法：在飞控底部增加一个大面积的铝板和飞控贴合安装，增加散热面积，在铝板下面增加筋位以增大散热面积，增加风扇位置以增加主动散热，外底壳增加散热孔以增加对外气流循环从而加快散热效率	
3	M6E-EDU 需要支持多种型号的电池兼容使用。解决办法：原来的电池箱是 3D 打印件，3D 打印件长期使用容易老化和皲裂，后期改成用碳纤维和金属件加工组装使用，电池可以横放或竖放，电池的固定方式有几种，14000mA·h 的自带卡扣，28000mA·h 用魔术扎带固定开口处，其他电池用魔术扎带直接捆扎方式（可横放 14000mA·h 电池、竖放两块 28000mA·h 电池）	

2. 工作页

学校名称		任课教师	
班　　级		学生姓名	
学习领域	无人机维保检修		
学习情境	LS7：无人机改造优化	学习时间	20min
工作任务	A：硬件系统升级	学习地点	理实一体化教室

硬件系统升级

请提炼关键词，完成无人机硬件系统升级的工作流程表格。

步骤	操作内容	工具设备仪器	标准规范	注意事项

预估完成耗时：　　　　　　　预估成本：

7.3.2 软件系统升级

1. 信息页

学习领域	无人机维保检修		
学习情境	LS7：无人机改造优化	学习时间	20min
工作任务	B：软件系统升级	学习地点	理实一体化教室

软件系统升级

（1）学习目标

掌握无人机软件系统升级的方法与流程。

（2）教具准备

软件系统升级是指对已有软件系统进行功能改进、性能提升、安全加固等方面的修改和更新。

1）软件系统升级作用。

①功能改进：通过软件系统升级，可以增加新的功能和模块，满足不断变化的业务需求，提升用户体验和生产效率。

②性能提升：升级软件系统可以优化代码结构和算法，提高系统的响应速度和处理能力，增强系统的稳定性和可靠性。

③安全加固：随着网络攻击和数据泄露的威胁日益严重，软件系统升级可以修复现有系统的漏洞，加强系统的安全性，保护用户的隐私和数据安全。

④兼容性适配：随着操作系统、硬件设备和第三方软件的更新迭代，软件系统需要进行升级以适配新的环境和平台，确保系统的稳定运行。

2）软件系统升级方法。

①渐进式升级：将整个系统划分为多个模块或组件，逐步升级每个模块，确保系统的稳定运行。

②全量升级：将整个系统一次性升级到新版本，适用于小型系统或不涉及系统核心功能的升级。

③增量升级：根据业务需求或用户反馈，只升级新增的功能或修改的部分，减少升级的工作量和风险。

3）软件系统升级步骤。

①需求分析：明确升级的目标和需求，确保升级的正确性和有效性。备份数据：在升级前，必须对现有系统的数据进行备份，以免数据丢失或被破坏。

②系统评估：评估现有系统的性能、安全漏洞和兼容性问题，制订升级策略和计划。

③升级测试：在升级前，必须对新版本的系统进行充分的测试，包括功能测试、性能测试和安全测试。

④系统部署：在测试通过后，根据升级策略和计划进行系统部署，包括安装和配置新版本的软件系统。

⑤数据迁移：将备份的数据导入到新版本的系统中，确保数据的完整性和准确性。

⑥系统验证：对升级后的系统进行验证和测试，确保新版本的系统能够正常运行和满足需求。

⑦培训和支持：对系统用户进行培训，提供技术支持，确保用户能够顺利使用新版本的系统。

4）软件系统升级的注意事项。

①风险评估：在升级前，应对升级的风险进行评估，制订相应的风险应对策略，包括备份数据、保留原有系统的稳定运行等。

②版本控制：在升级过程中，应做好版本控制工作，确保升级使用的软件和代码版本正确，并记录升级的历史记录。

③回滚计划：为了应对可能出现的问题和故障，应制订回滚计划，确保在升级失败或问题发生时能够及时回滚到原有系统。

④监控和优化：在升级后，应对系统进行实时监控，及时发现和解决问题，优化系统的性能和稳定性。

（3）软件系统升级

步骤	操作内容	图示
1	联系无人机厂商售后人员，准备升级所需的升级包	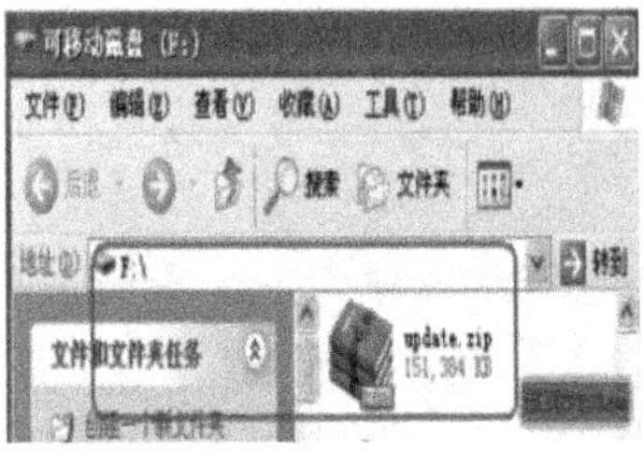
2	将升级包通过无人机云控平台推送给需要升级的所有白名单无人机	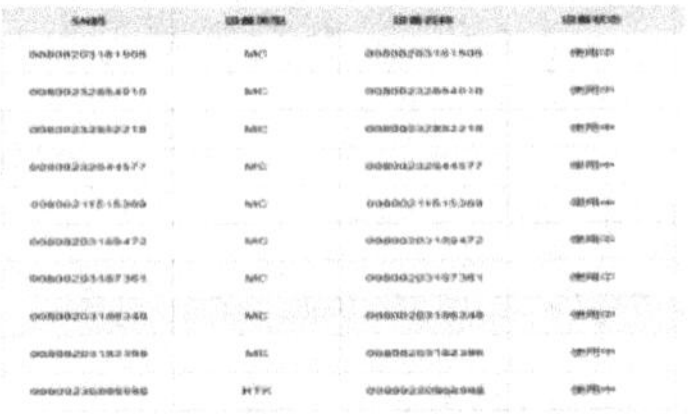
3	将已经推送升级包的白名单无人机通电，然后无人机将自动开始升级，升级提示音为"嘀嘀嘀"	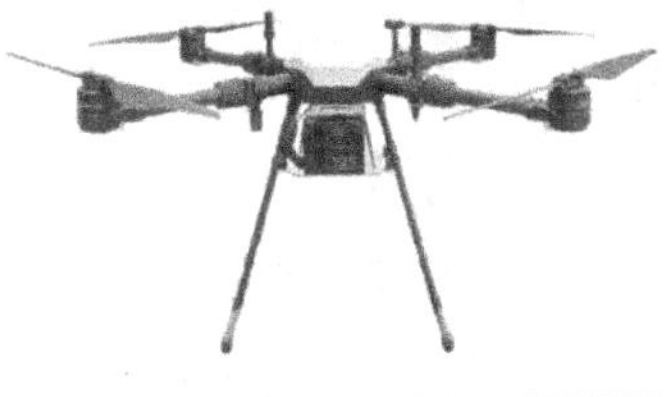
4	升级成功后重新启动无人机，并在云控平台对照版本信息，是否与最新推送的版本一致 注意：在每次升级后应对无人机全部的飞控、飞行参数全面检查。防止因升级导致所有参数恢复默认状态	

2. 工作页

学校名称		任课教师	
班　　级		学生姓名	
学习领域	无人机维保检修		
学习情境	LS7：无人机改造优化	学习时间	20min
工作任务	B：软件系统升级	学习地点	理实一体化教室

软件系统升级

请提炼关键词，完成无人机软件系统升级的工作流程表格。

步骤	操作内容	工具设备仪器	标准规范	注意事项
预估完成耗时：		预估成本：		

7.3.3 起落架改造优化

1. 信息页

学习领域	无人机维保检修		
学习情境	LS7：无人机改造优化	学习时间	20min
工作任务	C：起落架改造优化	学习地点	理实一体化教室

起落架改造优化

（1）学习目标

掌握无人机起落架的结构改造优化方法与流程。

（2）教具准备

常见无人机起落架，如图1所示。

起落架装置是飞行器重要的具有承力兼操纵性的部件，是无人机起飞、着陆、滑跑、地面移动和停放所必需的支持系统，是无人机的主要部件之一，其性能的优劣直接关系到无人机的使用与安全。没有起落架，无人机便不能在地面移动。当无人机起飞后，可以视飞行性能而收回起落架。

图1 常见无人机起落架

当无人机着陆时，起落架吸收的动量系数会发生变化，从而引起动量增加，使得起落架的冲击荷载力增加。为了尽量减少无人机在着陆时因动量增加过多引起过量冲击，无人机的起落架中，需要进一步优化其缓冲系统。在原有无人机的起落架结构利用的前提下，对起落架进行优化设计。

起落架在降落时会有较大的冲击力，起落架两边是单独固定的，在大的冲击力下容易向两边岔开使起落架变形，会影响到无人机降落的安全性，因此需要将两边的起落架用胶带等将两边起落架连接，防止在降落时导致起落架岔劈影响降落安全。

（3）起落架改造优化

步骤	操作内容	图示
1	准备透明宽胶带和已安装起落架的固定翼无人机	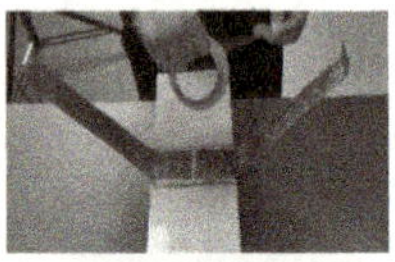
2	起落架固定螺钉拧紧后，用宽胶带对两边起落架进行缠绕	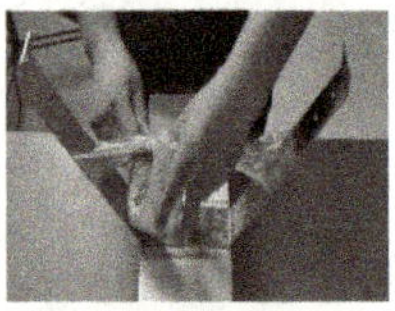
3	缠绕两边起落架使之形成一个三角形稳定状态 注意：选用硬连接，会大大增加无人机接地瞬间的压力	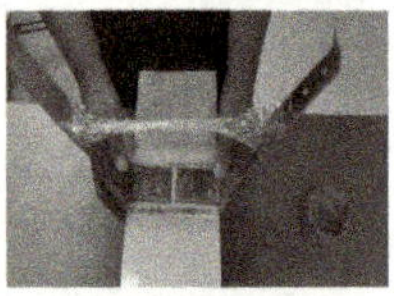
4	下压无人机查看起落架状态，起落架变稳定或外偏幅度变小，则起落架优化完成	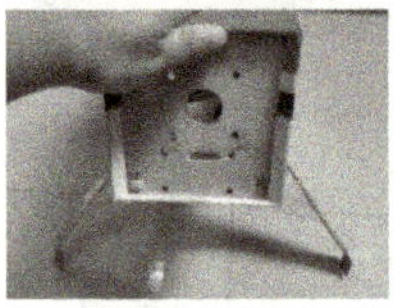

2. 工作页

学校名称			任课教师	
班　　级			学生姓名	
学习领域	无人机维保检修			
学习情境	LS7：无人机改造优化		学习时间	20min
工作任务	C：起落架改造优化		学习地点	理实一体化教室

起落架改造优化

请提炼关键词，完成无人机起落架改造优化的工作流程表格。

步骤	操作内容	工具设备仪器	标准规范	注意事项

预估完成耗时：　　　　　　　　预估成本：

7.3.4 重心调整与配平优化

1. 信息页

学习领域	无人机维保检修		
学习情境	LS7：无人机改造优化	学习时间	20min
工作任务	D：重心调整与配平优化	学习地点	理实一体化教室

重心调整与配平优化

（1）学习目标

掌握固定翼无人机重心调整与配平方法。

（2）教具准备

垂直起降固定翼无人机，如图1所示。

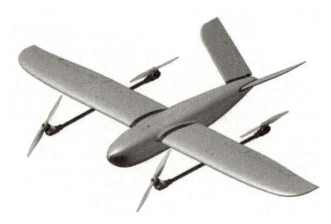

图1 垂直起降固定翼无人机

垂直起降固定翼又称复合翼无人机，常见的布局形式有 Y3 布局、4 电机倾转布局、4+1 布局、4+2 布局。垂直起降固定翼集合了多旋翼和固定翼的优势部分，同时摒弃了多旋翼和固定翼的劣势部分。

多旋翼的优势是可垂直起飞和降落，起降场地要求低，劣势是续航时间相比于固定翼要短很多，固定翼的优势是超长的续航时间，劣势是对起降场地要求高，特别是传统的滑跑式固定翼。

无人机在空中保持平衡，是无人机正常飞行的基础，决定了无人机在空中的稳定性和灵活性。无人机平衡原理主要包括重心、姿态和飞行控制三个方面。

无人机的重心是指无人机重心在空中的位置，重心位置对无人机的姿态和稳定性有重要影响。一般来说，无人机的重心位置应该尽量靠近无人机的中心点，这样可以减少无人机的旋转或倾斜。

无人机的重心配平对无人机的飞行稳定性、控制性能和安全性具有重要的意义和价值。

大部分无人机的配平主要是电池的安装位置，安装位置会很大程度影响无人机的平衡，所以我们在安装电池后一定要检查无人机的平衡状态，然后对电池的位置进行微调整，以求无人机的平衡状态达到我们的要求才不会影响到飞行的安全。

（3）重心调整与配平优化

步骤	操作内容	图示
1	将电池装入固定翼无人机电池舱，用扎带固定好	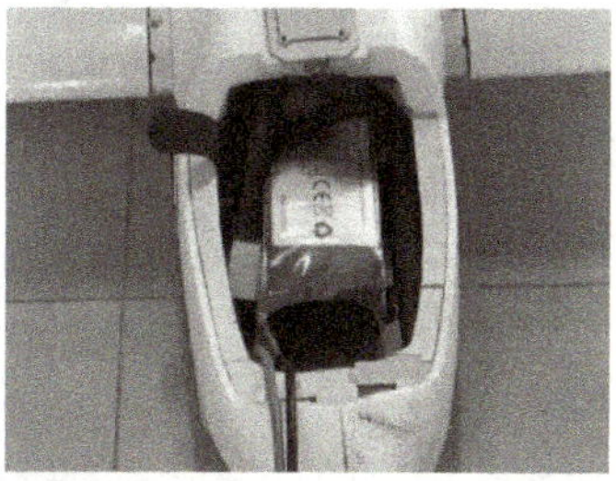
2	提住无人机机翼两侧拉环，将无人机提起，查看无人机平衡状态 注意：两侧拉环是重心配平使用的，是无人机出厂给定的	
3	发现无人机有向前倾覆现象，松开扎带，然后将电池往电池仓后部挪动一段距离，再用扎带固定 注意：因为可以移动的物品只有动力电池，所以配平优化主要移动的就是动力电池	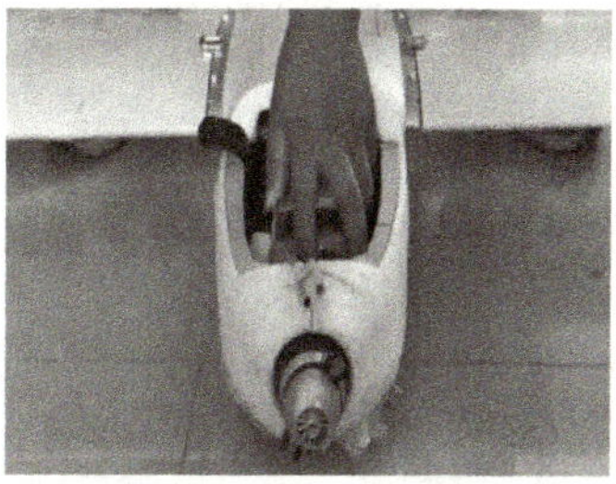
4	再次提起无人机，发现无人机可以保持水平，表明无人机重心已配平	
5	用扎带固定好电池，无人机起飞前重心配平完成	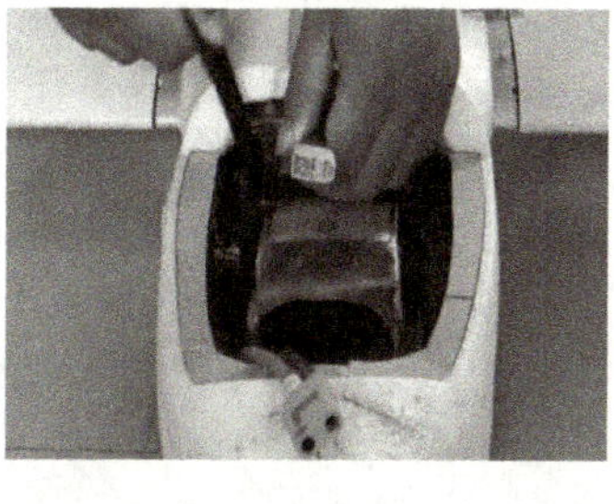

2. 工作页

学校名称		任课教师	
班　　级		学生姓名	
学习领域	无人机维保检修		
学习情境	LS7：无人机改造优化	学习时间	20min
工作任务	D：重心调整与配平优化	学习地点	理实一体化教室

重心调整与配平优化

请提炼关键词，完成无人机重心调整与配平优化的工作流程表格。

步骤	操作内容	工具设备仪器	标准规范	注意事项

预估完成耗时：	预估成本：

7.4 任务计划

课程思政点睛

1）任务计划环节是在理实一体化学习之后，为培养学生先谋后动的思维意识和工作习惯而进行的训练，学生小组合作完成工作计划的制订。

2）利用规范性、标准性非常高的计划表格引导学生养成严谨、认真、负责任的职业态度和工匠精神。

3）通过对规范、环保、安全方面的强调和要求，培养学生的环境保护意识、安全意识及大局观。

教学实施指导

1）教师指导学生分组讨论，在 7.3 理实学习环节完成的工作页的基础上，按照教师派发的任务要求，合作完成工作计划海报。

2）教师选出一个组讲解展示海报内容，师生评价。教师强调统筹、标准、规范、安全、环保、时间及成本控制意识的训练。

7.5 任务决策

课程思政点睛

任务决策环节是在任务计划的基础上，跟师傅或领导对任务计划进行修改确认，或者是对多种计划方案进行优中选优。指导学生吸收采纳教师或其他人的建议，能够对自己的学习知识体系进行重新梳理，不断地接受他人的合理化意见或建议，是虚心、进取心的表现，同时也是尊重他人、客观公正对待自己的人生态度。在任务实施之前对自己的计划进行确认与调整，是严谨、认真、负责的态度体现，也是精益求精的工匠精神养成。

教学实施指导

1）教师指导学生个人独立按照任务决策的关键要素完成任务决策表。

2）教师选出某组学生代表和自己进行任务决策，其他学生观察，并进行口头评价、补充、改进。

3）学生修改任务决策方案表，提交；教师进行确认；学生获得教师对自己所做决策方案的确认信息后才有资格进行任务实施。

无人机改造优化任务决策方案表

决策类型	决策方案
与师傅决策	请站在企业的角度，和师傅沟通工作方案实施的可能性（包括：工作步骤的正确性、规范性和合理性，工作过程的安全性、环保性等注意事项，工作质量把控，时间控制和成本控制等，并记录决策结果与师傅建议）
意见或建议	

7.6 任务实施

课程思政点睛

1)任务实施环节对学生进行严谨、规范、标准操作训练。

2)要求学生必须按照前期经过决策的任务计划执行,养成先谋后动的工作意识,深入思考后才可以操作,严禁冒失和鲁莽行事。

3)在操作过程中要求学生在一个团队内必须通力合作,分工明确,提高工作效率,以此训练学生未来步入社会工作的团队合作能力和时间把控能力。

4)若在操作中万一有违规操作或者是失误、错误出现,要求学生必须如实告知。

教学实施指导

1)学生观察教师的示范动作,或观看 7.6.1 无人机改造优化视频中的示范动作。

2)学生分为 4 组,分工操作。每组每次安排 2 名学生操作,所有学生轮流,每个学生都要完成一次操作。当 2 名学生进行操作时,另外安排 1~2 名学生填写 7.6.2 任务工单(维保档案),1~2 名学生分别对其进行评价,填写 7.6.3 评价表,1 名学生拍视频,1 名学生监督质量并记录,1 名学生查阅组装手册改进计划。

7.6.1 无人机改造优化操作视频

1. 无人机系统升级视频

2. 起落架改造优化视频

3. 重心调整与配平优化视频

7.6.2 无人机改造优化任务工单

项目名称	无人机维保检修		
任务名称	无人机改造优化		
无人机型号			
故障状态			
故障原因			
改造优化流程及工具耗材使用等情况记录:			
步骤	操作内容	工具耗材	结果
1			
2			
3			
4			
5			
6			
7			
8			
(可另附页)			

（续）

改造优化结论：	
维保检修人：	项目负责人/质检员签字：
成本核算：	完成时间：

7.6.3 无人机改造优化任务实施评价表

被评人：

一级指标	二级指标	配分	评价	评价指标
1. 按照规范标准对无人机改造优化	按照工作计划执行	5		信息获取
	正确选择工具设备	5		专业能力
	规范使用工具设备	5		规范性
	正确顺序作业	5		专业能力
	规范地进行标准作业	5		专业能力
	专业地正确进行作业	5		专业能力
	操作中遵守技术规范和标准	5		规范性
	操作中遵守设备及人身安全防护	5		安全性
	操作中遵守环保要求	5		环保性
	操作过程保证工作质量	5		责任心
	维保结果正确	5		专业能力
	维保记录完整准确	5		记录
	走路轻快稳、手脚利落，注重工作效率	5		工作规范
2. 任务实施中的自我管理	完成任务的时间控制把握	5		时间管理
	与队友好且高效合作	5		团队合作
	对任务计划及时调整与改进	5		自我改进

评价人：

7.7 任务检查

课程思政点睛

任务检查环节包含三个层次的内容：

首先是复盘检查，对任务实施过程和实施结果进行检查，确保工作质量，养成学生严谨规范、认真负责的职业态度和职业精神，高标准、严要求、精益求精的工匠精神。

其次是对场地、工位、设备、环境等进行5S，养成规范、卫生、环保、自律意识。

最后是对任务计划的调整改进，对前期做的工作计划进行优化，训练学生自我改进、自我优化的自我管理能力，以此实现学生不断地进步提高。

教师要重点引导学生对队友的支持性意见的表达，并引导学生接纳他人建议。

教学实施指导

1)教师提供任务检查单。要求学生分组,小组合作完成任务检查及 5S,在任务检查单上标注。

2)学生小组合作修改完善工作计划,进行全面的复盘改进,并标注。

无人机改造优化任务检查及 5S

1)请进行必要的最终任务检查。

检查项目	检查内容	问题记录	处理意见
检查实施过程			
检查实施结果			

2)请进行必要的 5S。

5S 场地(　　)

5S 设备工具(　　)

5S 工位(　　)

3)请根据任务实施过程和任务实施结果的实际情况,优化、调整、完善、改进工作计划。(以另一颜色的笔在任务计划上标注作答)

7.8 任务交付

课程思政点睛

任务交付与任务接受呼应,特别适合对学生进行平等、公平、友善、和谐价值观引导。如何做到和伙伴友善合作,如何做到站在公司立场为公司的利益和效率着想,如何站在客户角度为客户着想等,在指导学生进行任务交付的话术训练时全面体现平等、公平、友善、和谐。

教学实施指导

教师指导学生依据 7.8.1 无人机改造优化任务交付剧本,参考 7.8.2 任务交付中英文音视频,以角色扮演方式进行任务交付。

7.8.1　无人机改造优化任务交付剧本(中英文)

1. 任务完成,正常交付

组　　长:领导,您好!经过我们团队 3 小时的努力,我们已经按照相应类型与型号的无人机改造优化的流程与标准规范,全部保质保量地完成了。

　　　　　Hello, Director! After 3 hours efforts,We have completed the modification and optimization process and standard specifications of the corresponding types and models of UAVs with full quality and quantity.

项目负责人:好的,你们辛苦了。已经送到质检组进行检测了吧?

　　　　　All right. Thank you! Have they been sent to the quality inspection team?

组　　长:是的,已经送检了。质检全部通过!

　　　　　　　　Yes. All passed the quality inspection!

项目负责人：完美。你们先休息一下，一会儿再布置新的任务给你们。
　　　　　　　　Perfect. Have a rest. I will assign you a new task later.

组　　　长：好嘞，等您。
　　　　　　　　OK.

2. 任务未完成，异常交付

组　　　长：领导，您好！不好意思跟您说，我们团队虽然已经很努力了，但是没有在规定时间内完成项目组内所有无人机的改造优化任务。
　　　　　　　　Hi, Director! I'm sorry to tell you that although our group has tried very hard, we have yet to completed the UAV transformation and optimization tasks within the project team within the stipulated time.

项目负责人：啊?！为什么？到底哪里出了问题？
　　　　　　　　Ah?! Why so? What went wrong?

组　　　长：真的非常抱歉，主要是我们专业技术水平还不够娴熟，再加上团队合作不够顺畅，导致了工作结果出现问题。
　　　　　　　　I'm really sorry. Since there is still much to be desired in our professional proficiency and group cooperation, we fail to finish the work on time.

项目负责人：算了。意识到问题的原因就好，下次多注意。那你们自己能解决吗？需不需要其他团队的帮助？
　　　　　　　　Come on. Just draw the lesson next time. Can you handle it by yourselves? Do you need help from other groups?

组　　　长：我们自己能解决，不需要帮助。不过，还需要点时间。
　　　　　　　　We can handle it by ourselves. We don't need help. But it will take some more time.

项目负责人：多久？
　　　　　　　　How long will it take?

组　　　长：2个小时吧。
　　　　　　　　About two hours.

项目负责人：好吧。再给你们团队2个小时，必须保质保量完成。
　　　　　　　　All right. Two more hours for you.. You must fulfill it.

组　　　长：谢谢您了！我们这就继续开工。您走好！
　　　　　　　　Thank you very much! We will continue with our work. See you!

7.8.2　无人机改造优化任务交付音视频（中英文）

1. 无人机改造优化任务正常交付音视频（中文）
2. 无人机改造优化任务正常交付音视频（英文）
3. 无人机改造优化任务异常交付音视频（中文）
4. 无人机改造优化任务异常交付音视频（英文）

7.9 巩固拓展

课程思政点睛

巩固拓展环节是充分利用学生的课余时间布置高质量的作业，对课上所学及完成的任务进行温故知新，同时训练学生举一反三、迁移新任务的解决问题能力。任务选择注意课程内容的延续性及拓展性，稍微增加难度，在小组主持作业的情况下，既要对学生克服困难独立完成任务的职业素养进行训练，也要对学生团队合作、高效率高质量完成任务的能力和素养进行训练。

教学实施指导

1）完成信息化系统中关于教学流程的每一步测评表，并提交。

2）以小组为单位完成演练月财务结算表和成绩统计。

3）以小组为单位熟练无人机改造优化所有项目的操作。

4）布置新任务，要求学生小组合作完成新任务的工作方案。